婴幼儿托育相关专业教材 · 洪秀敏 /丛书主编

婴幼儿照护实务
实训指导手册

YINGYOU'ER
ZHAOHU SHIWU
SHIXUN ZHIDAO SHOUCE

赵 青 /本书主编
冯少丽 /本书副主编

北京师范大学出版集团
BEIJING NORMAL UNIVERSITY PUBLISHING GROUP
北京师范大学出版社

图书在版编目(CIP)数据

婴幼儿照护实务/赵青主编．—北京：北京师范大学出版社，2023.8(2025.9 重印)

ISBN 978-7-303-28456-6

Ⅰ.①婴…　Ⅱ.①赵…　Ⅲ.①婴幼儿－哺育－高等职业教育－教材　Ⅳ.①TS976.31

中国版本图书馆 CIP 数据核字(2022)第 242759 号

出版发行：北京师范大学出版社 https://www.bnupg.com
北京市西城区新街口外大街 12-3 号
邮政编码：100088
印　　刷：优奇仕印刷河北有限公司
经　　销：全国新华书店
开　　本：889 mm×1194 mm　1/16
印　　张：17.75
字　　数：374 千字
版　　次：2023 年 8 月第 1 版
印　　次：2025 年 9 月第 4 次印刷
定　　价：59.80 元(含实训指导手册)

策划编辑：罗佩珍　　　　责任编辑：宋　星
美术编辑：焦　丽　　　　装帧设计：焦　丽
责任校对：陈　荟　申立莹　　　　责任印制：赵　龙

读者服务电话：010-58806806
如发现印装质量问题，影响阅读，请联系印制管理部：010-58800608

目 录

目 录

模块一
盥洗照护

实训项目一　洗手照护

一、实训目的

1. 掌握七步洗手法的标准流程。
2. 能进行婴幼儿洗手的指导。
3. 体现婴幼儿洗手的回应性照护。

二、技能点

1. 七步洗手法。
2. 婴幼儿洗手照护的指导流程。
3. 回应性洗手的指导理念。

三、建议学时

1 学时。

四、实训设备及材料

婴幼儿模型、洗手液、毛巾等。

五、操作流程及要求

(一)七步洗手法的操作流程及要求

七步洗手法的操作流程及要求见表 1-1-1。

表 1-1-1　七步洗手法的操作流程及要求

序号	操作流程	要求
1	准备工作	(1)将洗手液、毛巾等放在工作区域。 (2)打开水龙头，不要开得过大，水流适中。 (3)身体前倾，双手向下，挽起衣袖，避免弄湿衣物。
2	洗手掌	用流动水湿润双手，涂抹洗手液，掌心相对，手指并拢，相互揉搓。
3	洗背侧指缝	手心对手背，沿指缝相互揉搓，双手交替进行。
4	洗掌侧指缝	掌心相对，双手交叉，沿指缝相互揉搓。

续表

序号	操作流程	要求
5	洗指背	使各手指关节弯曲，半握拳把指背放在另一手掌心旋转揉搓，双手交替进行。
6	洗拇指	一只手握另一只手的大拇指旋转揉搓，双手交替进行。
7	洗指尖	使各手指关节弯曲，指尖合拢，在另一手掌心旋转揉搓，双手交替进行。
8	洗手腕、手臂	揉搓手腕、手臂，双手交替进行。
9	清洗擦拭	(1)用流动水洗去泡沫，使用手背或手肘关闭水龙头，防止二次污染。 (2)用毛巾将手上多余的水分擦干。

(二)指导幼儿自主洗手的操作流程及要求

指导幼儿自主洗手的操作流程及要求见表 1-1-2。

表 1-1-2　指导幼儿自主洗手的操作流程及要求

序号	操作流程	要求
1	准备工作	(1)将洗手液放在幼儿方便操作的位置。 (2)将毛巾备好，放在幼儿能自主拿取的高度。
2	挽起衣袖	引导幼儿用手指伸进袖口内，以大拇指按在袖口的方式，挽起双手衣袖直至肘关节处(短袖可跳过这一步骤)。
3	洗手：湿	(1)介绍冷、热水龙头，引导幼儿感受水的温度，提醒幼儿洗手前打开冷水。 (2)引导幼儿掌握开关水龙头及控制水量的方法。 (3)引导幼儿打开水龙头，用适量的水将手淋湿后关上水龙头。
4	洗手：搓	(1)引导幼儿使用洗手液，按压 1～2 泵。 (2)引导幼儿按照七步洗手法揉搓。
5	洗手：冲	引导幼儿将双手置于水龙头下，交互揉搓，将手心、手背、手指缝、指甲缝中的泡沫冲洗干净。
6	洗手：捧	(1)引导幼儿双手捧水将水龙头的开关冲洗干净。 (2)引导幼儿用手背或手肘关闭水龙头。
7	洗手：擦	(1)引导幼儿取下自己的毛巾将手擦干，并挂回原来的位置；或用擦手纸擦干，将其扔进废纸篓。 (2)擦手时要仔细擦拭各部位直至完全没有水滴，避免打湿地板。
8	整理环境	(1)用抹布擦拭洗手台，洗净后归位。 (2)将洗手液、抹布等物品归位。

六、注意事项

1. 保证洗手环境卫生、整洁、安全、舒适。
2. 按照七步洗手法洗手需要保证每个环节都在 15 秒以上。
3. 洗手后应尽量避免手部的二次污染。
4. 指导幼儿洗手过程中注重与幼儿语言、动作和表情的交流，体现回应性照护。

七、实训自评

七步洗手法的实训自评表和指导幼儿自主洗手的实训自评表见表 1-1-3 和表 1-1-4。

表 1-1-3　七步洗手法的实训自评表

评分项目	评分标准	分值	得分
准备工作	1. 将洗手液放在工作区域。 2. 打开水龙头，不要开得过大，水流适中。 3. 身体前倾，双手向下，挽好衣袖。	10	
操作流程	操作正确，流程完整。	60	
结束工作	结束后及时将所有的操作物品归位。	10	
注意事项	能完整叙述本实训项目的注意事项。	10	
总体评价	1. 动作流畅、完整。 2. 现场处理问题沉着冷静。	10	
总分		100	
反思与收获			

表 1-1-4　指导幼儿自主洗手的实训自评表

评分项目	评分标准	分值	得分
准备工作	1. 将洗手液放在幼儿方便操作的位置。 2. 将毛巾和抹布挂好，并将毛巾放在幼儿能自主拿取的高度。	10	
指导流程	指导正确，流程完整。	60	
结束工作	结束后及时将所有的操作物品归位。	10	
注意事项	能完整叙述本实训项目的注意事项。	10	
总体评价	1. 指导流畅，体现回应性照护。 2. 现场处理问题沉着冷静。	10	
总分		100	
反思与收获			

实训项目二　面部清洁照护

一、实训目的

1. 掌握婴幼儿面部清洁的安全要求。
2. 掌握婴幼儿面部清洁的标准流程。
3. 体现婴幼儿面部清洁回应性理念。

二、技能点

1. 面部清洁的安全要求。
2. 面部清洁的顺序。
3. 面部清洁的回应性照护。

三、建议学时

1 学时。

四、实训设备及材料

婴幼儿模型、医用棉签、小毛巾等。

五、操作流程及要求

面部清洁照护的操作流程及要求见表 1-2-1。

表 1-2-1　面部清洁照护的操作流程及要求

序号	操作流程	要求
1	准备工作	(1)将婴幼儿脸盆、医用棉签、棉球、小毛巾等放在工作区域。 (2)手部清洁，用手背或手肘关闭水龙头，避免二次污染。 (3)检查室内温度，建议以 24～26℃为宜。
2	测试水温	将脸盆接满水，用手腕内侧测试水温，温热即可。
3	轻放婴幼儿	将婴幼儿抱到操作台上，先放臀部，再放头部，动作一定要轻柔。
4	擦拭眼睛	(1)取小毛巾，蘸温水浸湿，拧至不滴水状。 (2)擦拭其中一只眼睛(由内眼角向外眼角擦洗)。 (3)换小毛巾的另一面擦拭另一只眼睛。
5	擦拭脸部	(1)将小毛巾用水蘸湿，叠成小四方形，用其四个角分别擦洗婴幼儿的额头、脸颊和下巴。 (2)将小毛巾对折，按顺时针方向擦洗婴幼儿的额头、左侧脸颊、下颌、右侧脸颊。

续表

序号	操作流程	要求
6	擦拭鼻子	(1)浸湿医用棉签。 (2)固定婴幼儿的前额。 (3)右手握笔式持棉签头的一厘米处。 (4)以旋转的方式轻轻伸进入婴幼儿的鼻腔，不要太深。 (5)以旋转的方法轻轻退出来。 (6)另一侧也用同样的方法。 (7)将医用棉签用完后丢弃。
7	擦拭耳朵	用小毛巾裹手指轻轻擦拭婴幼儿的耳郭及耳后，尤其要轻轻擦拭耳后下方的褶皱，注意避免水进入耳内。
8	结束工作	(1)记录婴幼儿面部清洁的情况，便于向家长反馈。 (2)清洗物品并归位，清理垃圾桶。

六、注意事项

1. 操作时把小毛巾蘸湿，不要太湿，以不滴水为宜。
2. 面部清洁手法要轻柔，不能强行擦拭。
3. 婴幼儿不配合时，先暂停，安抚后再进行。
4. 面部清洁过程中注重与婴幼儿语言、动作和表情的交流，体现回应性照护。

七、实训自评

面部清洁照护的实训自评表见表 1-2-2。

表 1-2-2　面部清洁照护的实训自评表

评分项目	评分标准	分值	得分
准备工作	1. 物品准备齐全。 2. 将手部清洗干净。 3. 室内温度适宜。	10	
操作流程	操作正确，流程完整。	60	
结束工作	结束后及时将所有的操作物品归位。	10	
注意事项	能完整叙述本实训项目的注意事项。	10	
总体评价	1. 动作流畅、完整。 2. 现场处理问题沉着冷静。	10	
总分		100	
反思与收获			

实训项目三　口腔清洁照护

一、实训目的

1. 掌握婴幼儿口腔清洁前的准备工作。
2. 掌握婴幼儿口腔清洁的操作流程。
3. 体现婴幼儿口腔清洁的回应性照护。

二、技能点

1. 口腔清洁前的准备工作。
2. 口腔清洁的操作流程。
3. 口腔清洁的回应性照护。

三、建议学时

1 学时。

四、实训设备及材料

婴幼儿模型、纱布、指套牙刷等。

五、操作流程及要求

（一）1 岁以下婴儿口腔清洁照护的操作流程及要求

1 岁以下婴儿口腔清洁照护的操作流程及要求见表 1-3-1。

表 1-3-1　1 岁以下婴儿口腔清洁照护的操作流程及要求

序号	操作流程	要求
1	准备工作	(1)手部清洁与消毒。 (2)将婴幼儿抱到护理台上，并将纱布等放在工作区域。
2	口腔清洁	没长乳牙的婴儿： (1)把纱布缠绕在食指上，蘸取少许温开水，轻轻伸进婴儿的口腔。 (2)先清洁婴儿的上牙床，从左到右依次进行，再从右到左清洁婴儿的下牙床。 (3)清洁婴儿的上颌内及外牙龈的食物残渣和污垢，从左到右依次进行。 (4)清洁婴儿的下颌内及外牙龈的食物残渣和污垢，从右到左依次进行。 长出乳牙后的婴儿： (1)将戴有指套牙刷的食指放在婴儿的口腔内，动作要轻柔。 (2)由一侧的牙面清洁到另一侧的牙面清洁，采用轻轻按摩的方式擦拭所有牙面，不留奶垢。 (3)每日 1～2 次，每次 1～2 分钟。
3	结束工作	(1)取下纱布或指套牙刷，清洗双手。 (2)将婴儿抱起放在安全区域。

(二)1～3 岁幼儿口腔清洁照护的操作流程及要求

1～3 岁幼儿口腔清洁照护的操作流程及要求见表 1-3-2。

表 1-3-2 1～3 岁幼儿口腔清洁照护的操作流程及要求

序号	操作流程	要求
1	准备工作	将牙刷杯、牙刷、含氟牙膏和牙齿模型等放在工作区域。
2	口腔清洁	(1)将牙刷用温水浸泡 1～2 分钟。 (2)取米粒大小的牙膏置于牙刷上。 (3)指导幼儿手握牙刷柄后 1/3，将牙刷的刷毛放在靠近幼儿牙龈的部位，与牙面呈 45°角倾斜。 (4)上牙从上向下刷，下牙从下往上刷。 (5)刷完外侧面再刷内侧面和后牙的咬面与舌面，每个牙面刷 5～10 圈。 (6)刷完后引导幼儿漱口，将口中的残留冲掉。
3	结束工作	(1)倒掉牙杯中的水，清洁牙刷和牙杯。 (2)整理台面。

六、注意事项

1. 刷牙时长要控制在 2～3 分钟，每日早晚各一次。
2. 刷牙的时间要固定，建议进食后半小时。
3. 口腔清洁过程中注重与婴幼儿语言和表情的交流，体现回应性照护。

七、实训自评

1 岁以下婴儿口腔清洁照护的实训自评表和 1～3 岁幼儿口腔清洁照护的实训自评表见表 1-3-3 和表 1-3-4。

表 1-3-3 1 岁以下婴儿口腔清洁照护的实训自评表

评分项目	评分标准	分值	得分
准备工作	将婴儿抱到护理台上，并将纱布、指套牙刷等放在工作区域。	10	
操作流程	操作正确，流程完整。	60	
结束工作	结束后及时将所有的操作物品归位。	10	
注意事项	能完整叙述本实训项目的注意事项。	10	
总体评价	1. 动作流畅、完整。 2. 处理问题沉着冷静。	10	
总分		100	
反思与收获			

表 1-3-4　1～3 岁幼儿口腔清洁照护的实训自评表

评分项目	评分标准	分值	得分
准备工作	手部清洁，将牙齿模型、牙刷杯、牙刷和含氟牙膏等放在工作区域。	10	
操作流程	操作正确，流程完整。	60	
结束工作	结束后及时将所有的操作物品归位。	10	
注意事项	能完整叙述本实训项目的注意事项。	10	
总体评价	1. 动作流畅、完整。 2. 处理问题沉着冷静。	10	
总分		100	
反思与收获			

实训项目四　臀部清洁照护

一、实训目的

1. 掌握婴幼儿臀部清洁前的准备工作。
2. 掌握不同性别婴幼儿臀部清洁的操作流程。
3. 体现婴幼儿臀部清洁的回应性照护。

二、技能点

1. 臀部清洁的准备工作。
2. 臀部清洁的操作流程。
3. 臀部清洁的回应性照护。

三、建议学时

1 学时。

四、实训设备及材料

婴幼儿模型、洗手液、纱布等。

五、操作流程及要求

臀部清洁照护的操作流程及要求见表 1-4-1。

表 1-4-1 臀部清洁照护的操作流程及要求

序号	操作流程	要求
1	准备工作	(1)保证室内温度在 25℃左右。 (2)将婴幼儿模型、洗手液、纱布等放在工作区域。 (3)手部清洁，使用温水，保持手部温度，用手背或手肘关闭水龙头，避免二次污染。 (4)水盆中接入 36～37℃的温水。
2	脱下衣物和纸尿裤	解开婴幼儿的衣物，打开纸尿裤，用湿纸巾擦去臀部上残留的尿渍及粪便，然后将屁股下的纸尿裤折好。
3	清洁臀部	男婴幼儿： (1)用干净的纱布擦洗下腹部，直至脐部。 (2)将纱布清洗后再擦洗婴幼儿大腿根部或外阴部的皮肤皱褶，由内往外擦洗。 (3)用干净的纱布蘸取清水冲洗男婴幼儿的外阴部，由上往下清洗，动作要轻柔。 (4)把纸尿裤取出来折好，扔进垃圾桶里。 女婴幼儿： (1)用干净的纱布擦洗下腹部，直至脐部。 (2)将纱布清洗后再擦洗婴幼儿大腿根部的皮肤褶皱，由内向外擦洗。 (3)提起婴幼儿的双腿，一只手抓住婴幼儿的双踝，另一只手清洁其尿道口和外阴部，注意由前往后擦洗。 (4)清洗肛门和臀部时，可用手轻轻提起婴幼儿的双腿。 (5)清洗完后将婴幼儿臀部下的纸尿裤取出来，用另一块干净的纱布以按压的方式由前往后拭干臀部。
4	臀部护理	(1)清洗后，可让婴幼儿的臀部暴露在空气中 1～2 分钟。 (2)用棉签蘸护臀膏均匀涂抹婴幼儿的臀部，轻柔滚动棉签，避免二次刺激，将棉签丢进垃圾桶。 (3)给婴幼儿穿上纸尿裤。
5	结束工作	(1)将物品归位。 (2)填写纸尿裤更换记录表。

六、注意事项

1. 打开纸尿裤后，先用纸尿裤前端的干净部分擦拭臀部的粪便，预处理后再用湿纸巾擦拭。

2. 由相对干净的地方朝向脏的地方擦拭，不来回擦。

3. 男婴幼儿从出生到 3 岁前，包皮与龟头一直都是粘连的，不能上翻，表现为包皮过长或包茎，这是一种正常现象。

4. 清洁女婴幼儿的外阴部，注意由前往后擦洗。

七、实训自评

臀部清洁照护的实训自评表见表 1-4-2。

表 1-4-2　臀部清洁照护的实训自评表

评分项目	评分标准	分值	得分
准备工作	1. 环境准备适宜。 2. 物品准备齐全。 3. 手部清洁消毒。 4. 提前测试水温。	10	
操作流程	操作正确，流程完整。	60	
注意事项	能完整叙述本实训项目的注意事项。	20	
总体评价	1. 动作流畅、完整。 2. 处理问题沉着冷静。	10	
总分		100	
反思与收获			

实训项目五　身体清洁照护

一、实训目的

1. 掌握婴幼儿身体清洁前的准备工作。
2. 掌握婴幼儿身体清洁的操作流程。
3. 体现婴幼儿身体清洁的回应性照护。

二、技能点

1. 身体清洁的准备工作。
2. 身体清洁的操作流程。
3. 身体清洁的回应性照护。

三、建议学时

1 学时。

四、实训设备及材料

婴幼儿模型、浴巾、棉签等。

五、操作流程及要求

身体清洁照护的操作流程及要求见表 1-5-1。

表 1-5-1　身体清洁照护的操作流程及要求

序号	操作流程	要求
1	准备工作	(1)环境准备：关闭门窗，调节室温至 24～26℃。 (2)自身准备：摘下手表及首饰，按照七步洗手法洗净双手并温暖双手。 (3)物品准备：浴盆、小毛巾、浴巾等。 (4)水温合适：往浴盆内倒水，先倒凉水再倒热水，水位在 1/2～2/3，水温调节至 38～40℃，用水温计或用手肘内侧测试温度。
2	面部清洁	(1)脱去衣服并用浴巾包好婴幼儿，将婴幼儿横托抱。 (2)将小毛巾用水蘸湿，叠成小四方形，用其四个角分别擦洗婴幼儿的眼睛、鼻子和嘴巴。 (3)将小毛巾对折，按顺时针方向擦洗婴幼儿的额头、左侧脸颊、下颌、右侧脸颊。
3	洗头	(1)采用橄榄球抱姿，将婴幼儿仰面抱起。 (2)用左前臂托住婴幼儿的背部，用左手掌托住婴幼儿的头颈部，使其脸朝上。 (3)用左手拇指与中指分别将婴幼儿的耳郭向前按住，防止水流入。 (4)用左臂及腋下夹住婴幼儿的臀部及下肢，将头移至盆边，然后清洗头部。 (5)用右手把婴幼儿的头发打湿，在婴幼儿的头上均匀涂抹洗发液。 (6)用指腹轻轻揉搓婴幼儿的头发，再用清水冲洗干净，最后用毛巾擦干头发。 (7)洗完头后，检查婴幼儿的外耳道，若有水分或分泌物，用棉签轻轻转 2～3 圈，清洁污垢与水珠。
4	洗身体	(1)为婴幼儿脱掉衣服，取出纸尿裤。 (2)用左手托住婴幼儿的头肩部，用右手托住婴幼儿的臀部并引导婴幼儿的脚先进入水中。 (3)逐渐降低身体的其他部位，进入浴盆。 (4)松开右手，用另一小毛巾淋湿婴幼儿的全身并抹沐浴露，按顺序洗颈部、上肢、胸部、腹部、臀部(会阴部)、下肢及背部，随洗随冲净。 (5)在清洗过程中，左手始终将婴幼儿紧抱(清洗背部时，左、右手交接婴幼儿，使其头部靠于照护者的手臂上)。 (6)洗净皮肤皱褶处，如颈部、腋下、腹股沟、手(足)的指(趾)缝等。
5	擦干身体	(1)洗完后，用左手托住婴幼儿的颈和肩，用右手托住婴幼儿的大腿将其抱出澡盆。 (2)将婴幼儿放在大浴巾上，用大浴巾包裹身体，迅速吸干身上的水分，特别注意擦干颈部、臀部、腋下等部位。
6	皮肤护理	(1)对全身各部位按顺序从上到下检查。 (2)用润体乳时，先把润体乳放在手心，然后揉开涂抹到皮肤褶皱处。 (3)防止润体乳进入婴幼儿的眼、鼻、口。
7	穿衣	更换纸尿裤，将婴幼儿放在预先准备好的衣服上，先穿上衣，再穿裤子。
8	结束工作	整理用物，必要时做好记录。

六、注意事项

1. 婴幼儿沐浴于喂奶后 1 小时进行，以免呕吐和溢乳。
2. 如果婴幼儿的臀部有大便，则洗净臀部后再放入浴盆沐浴。
3. 为婴幼儿洗头时，不能用指甲抓洗头部，也不能强行剥去婴幼儿头部的皮脂。

七、实训自评

身体清洁照护的实训自评表见表 1-5-2。

表 1-5-2 身体清洁照护的实训自评表

评分项目	评分标准	分值	得分
准备工作	环境准备、自身准备、物品准备、水温合适。	10	
操作流程	操作正确，流程完整。	60	
注意事项	能完整叙述本实训项目的注意事项。	20	
总体评价	1. 动作流畅、完整。 2. 处理问题沉着冷静。	10	
总分		100	
反思与收获			

模块二
如厕照护

实训项目一 纸尿裤（拉拉裤）更换

一、实训目的

1. 掌握婴幼儿如厕环境的创设和准备。
2. 掌握婴幼儿纸尿裤（拉拉裤）更换的方法。
3. 通过如厕实操体会婴幼儿回应性照护的专业性。

二、技能点

1. 如厕环境的准备。
2. 更换纸尿裤（拉拉裤）的操作流程。
3. 更换纸尿裤（拉拉裤）过程中的回应性照护。

三、建议学时

1 学时。

四、实训设备及材料

婴幼儿模型、成人免洗手消毒液、湿纸巾等。

五、操作流程及要求

（一）婴儿纸尿裤躺换的操作流程及要求

婴儿纸尿裤躺换的操作流程及要求见表 2-1-1。

表 2-1-1 婴儿纸尿裤躺换的操作流程及要求

序号	操作流程	要求
1	准备工作	(1)将成人免洗手消毒液、湿纸巾、纸尿裤等放在工作区域。 (2)室内温度保持在 24～26℃，如果偏高或偏低，及时调整温度。 (3)垃圾桶的位置合适，使用带盖垃圾桶和束口垃圾袋，避免交叉感染，减少异味的溢出。 (4)清洁双手，铺好一次性垫巾，带上乳胶手套，将婴儿仰卧放在尿布台上。
2	脱下衣物	(1)轻轻脱掉婴儿的裤子，卷起其上衣下缘。 (2)把干净的纸尿裤打开放在旁边备用。 (3)和婴儿保持交流，让其知道正在进行的步骤。

续表

序号	操作流程	要求
3	脱下纸尿裤	(1)解开纸尿裤两侧的腰贴用其前端干净的部分擦去臀部表面的排泄物。 (2)向内折叠纸尿裤，将其放到臀部下方。
4	清洁护理	(1)取湿纸巾进行清洁。 (2)用干净的湿纸巾从前往后擦拭一侧的腹股沟。更换湿纸巾，擦拭另一侧。对于男婴儿，擦拭阴茎和肛门部位；对于女婴儿，由前往后擦拭外阴及肛门部位。 (3)如果婴儿有大便，应当先用湿纸巾将大便擦去，再用温水将婴儿的臀部和大腿部清洗干净并擦干。 (4)若婴儿有红屁屁的情况，在清洁完毕后用棉签蘸取护臀霜，在潮红处厚涂一层。
5	处理用过的纸尿裤	(1)把用过的纸尿裤卷起来，脱下手套。 (2)包住用过的纸尿裤，一起丢进带盖的垃圾桶。
6	更换纸尿裤	(1)用湿纸巾擦拭双手。 (2)轻轻提起婴儿的双腿，将纸尿裤有腰贴的一头垫在婴儿的腰部位置，适当分开婴儿的双腿。 (3)将没有腰贴的一头拉到婴儿的腹部，调整好纸尿裤的位置，打开腰贴对称粘好。 (4)调节松紧度，以手指在婴儿的腰腹间可左右滑动的距离为宜，切勿过紧或过松(新生儿要避开肚脐的位置，贴于肚脐下方)。 (5)调整大腿根部的褶边，用手指顺着大腿的根部捋一圈，让纸尿裤和屁股贴合，防止排泄物外漏。
7	穿上衣物	(1)及时为婴儿穿好衣物。 (2)整理好裤脚、裤腰，系好扣子。
8	结束工作	(1)扔掉一次性垫巾。 (2)用酒精消毒。 (3)整理台面，物品归位。 (4)填写纸尿裤更换记录表。

(二)幼儿拉拉裤站换的操作流程及要求

幼儿拉拉裤站换的操作流程及要求见表 2-1-2。

表 2-1-2　幼儿拉拉裤站换的操作流程及要求

序号	操作流程	要求
1	准备工作	(1)将成人免洗手消毒液、带盖的垃圾桶、拉拉裤等放在工作区域。 (2)室内温度保持在 24～26℃，如果偏高或偏低，及时调整温度。 (3)垃圾桶的位置合适，使用带盖垃圾桶和束口垃圾袋，避免交叉感染，减少异味的溢出。 (4)洗手消毒，带上乳胶手套。

续表

序号	操作流程	要求
2	更换拉拉裤	(1)面向幼儿，使幼儿双手抱住照护者的脖颈部，或支撑在照护者的双肩上。 (2)轻轻脱去幼儿的裤子，放置在一边；取干净的拉拉裤，用两手将拉拉裤轻轻撑开。 (3)让幼儿的两只脚分别从拉拉裤的两个空隙穿进去。 (4)撕开脏裤腰两边的封口，从幼儿的裆部取出后卷好，扔进垃圾桶。
3	穿好并调整拉拉裤	(1)将拉拉裤轻轻提至腰腹部。 (2)沿大腿内侧捋出下腿口的防侧漏边。
4	穿上裤子	(1)将幼儿的裤子轻轻提至腰部。 (2)整理好裤脚、裤腰。
5	结束工作	(1)整理台面，物品归位。 (2)填写拉拉裤更换记录表。

六、注意事项

1. 要正确辨别纸尿裤(拉拉裤)的正反面。

2. 提纸尿裤(拉拉裤)时，应使背部高于腹部，防止尿液从背部漏出。

3. 更换纸尿裤(拉拉裤)时中途不能离开，要动作熟练，保持操作的连续性，减少操作时间，防止婴幼儿感冒。

七、实训自评

婴儿纸尿裤躺换的实训自评表和幼儿拉拉裤站换的实训自评表见表 2-1-3 和表 2-1-4。

表 2-1-3 婴儿纸尿裤躺换的实训自评表

评分项目	评分标准	分值	得分
准备工作	1. 室内温度适宜。 2. 物品摆放齐全。 3. 垃圾桶的位置准确。 4. 清洁双手，铺好一次性垫巾。	10	
操作流程	操作正确，流程完整。	60	
注意事项	能完整叙述本实训项目的注意事项。	20	
总体评价	1. 动作流畅、完整。 2. 处理问题沉着冷静。	10	
总分		100	
反思与收获			

表 2-1-4 幼儿拉拉裤站换的实训自评表

评分项目	评分标准	分值	得分
准备工作	1. 室内温度适宜。 2. 物品摆放齐全。 3. 垃圾桶位置放置准确。 4. 清洁双手，铺好垫巾。	10	
操作流程	操作正确，流程完整。	60	
注意事项	能完整叙述本实训项目的注意事项。	20	
总体评价	1. 动作流畅、完整。 2. 处理问题沉着冷静。	10	
总分		100	
反思与收获			

实训项目二 如厕照护

一、实训目的

1. 掌握幼儿大小便的信号。
2. 掌握幼儿如厕指导的操作流程。
3. 体会如厕训练中的回应性照护。

二、技能点

1. 幼儿大小便信号的识别。
2. 幼儿如厕训练的指导方法。
3. 如厕训练中的回应性照护。

三、建议学时

1 学时。

四、实训设备及材料

幼儿马桶、幼儿小便器、幼儿模型等。

五、操作流程及要求

（一）男幼儿如厕照护的操作流程及要求

男幼儿如厕照护的操作流程及要求见表 2-2-1。

表 2-2-1 男幼儿如厕照护的操作流程及要求

序号	操作流程	要求
1	准备工作	(1)识别幼儿大小便前的动作和表情。 (2)盥洗区域保持地面清洁、干燥，无水渍。 (3)引导幼儿正确使用马桶和小便器。
2	脱下衣物	(1)引导幼儿将大拇指伸入内裤两侧，将内裤脱至膝盖处。 (2)幼儿的裤子较紧或冬天穿的裤子比较多时，需协助幼儿脱裤子。
3	调整姿势	(1)引导幼儿手扶阴茎，对准马桶。 (2)帮助幼儿调整身体与马桶的间距，以免尿到裤子上或地上，引起幼儿的不安。
4	指导如厕	(1)引导幼儿小便时臀部往前挺。 (2)尿完后手扶阴茎轻轻抖动，使尿液滴干。 (3)随时观察幼儿尿尿的方向及位置，协助幼儿调整姿势，避免尿在马桶外或裤子上。
5	穿上衣物	(1)引导幼儿将双手大拇指伸入内裤，将内裤提至腰部。 (2)引导幼儿将外裤提至腰部，幼儿穿裤子前可先检查幼儿的裤子有无尿湿。
6	整理衣物	(1)保证幼儿穿戴平整、舒适。 (2)结束后可适当给予表扬与鼓励。
7	按冲水阀	引导幼儿使用冲水阀，尿后轻轻按压。
8	洗手	让幼儿按照七步洗手法清洗双手。

(二)女幼儿如厕照护的操作流程及要求

女幼儿如厕照护的操作流程及要求见表 2-2-2。

表 2-2-2 女幼儿如厕照护的操作流程及要求

序号	操作流程	要求
1	准备工作	(1)识别幼儿大小便前的动作和表情。 (2)带着幼儿到马桶前，告知幼儿要如厕了。 (3)引导幼儿将马桶盖抬起，将马桶圈放下。
2	脱下衣物	(1)引导幼儿将大拇指伸入内裤两侧，将内裤脱至膝盖处。 (2)幼儿的裤子较紧或冬天穿的裤子比较多时，需协助幼儿脱裤子。
3	调整姿势	幼儿背对马桶，双手扶着马桶圈慢慢坐下。
4	指导如厕	(1)鼓励幼儿如厕，避免用流水声和嘘声催促幼儿。 (2)面对第一次用马桶的幼儿，需要给予鼓励让其消除内心的紧张和恐惧。
5	便后清洁	(1)让幼儿取纸巾，对折两次，从前往后擦拭，将纸巾丢进垃圾桶。 (2)如果是大便，告知幼儿重点擦拭肛门。
6	穿上衣物	(1)引导幼儿将双手大拇指伸入内裤，将内裤提至腰部。 (2)引导幼儿将外裤提至腰部，幼儿穿裤子前可先检查幼儿的裤子有无尿湿。
7	整理衣物	(1)保证幼儿穿戴平整、舒适。 (2)结束后可适当给予表扬与鼓励。
8	按冲水阀	引导幼儿使用冲水阀，尿后轻轻按压。
9	洗手	让幼儿按照七步洗手法清洗双手。

六、注意事项

1. 应及时掌握幼儿大小便的信号(观察眼神和表情，如眼睛瞪大、脸红、用力屏气等)。
2. 在幼儿能坐稳后逐渐培养其坐便的习惯，给予其积极回应。
3. 对 2 岁以后的男幼儿要注意培养其站立小便的习惯，不可用强迫的方式训练排便。

七、实训自评

男幼儿如厕照护的实训自评表和女幼儿如厕照护的实训自评表见表 2-2-3 和表 2-2-4。

表 2-2-3　男幼儿如厕照护的实训自评表

评分项目	评分标准	分值	得分
准备工作	将幼儿马桶、幼儿小便器、幼儿模型、洗手液等放在工作区域。	10	
操作流程	操作正确，流程完整。	60	
注意事项	能完整叙述本实训项目的注意事项。	20	
总体评价	1. 动作流畅、完整。 2. 处理问题沉着冷静。	10	
总分	100		
反思与收获			

表 2-2-4　女幼儿如厕照护的实训自评表

评分项目	评分标准	分值	得分
准备工作	将幼儿马桶、幼儿模型、洗手液等放在工作区域。	10	
操作流程	操作正确，流程完整。	60	
注意事项	能完整叙述本实训项目的注意事项。	20	
总体评价	1. 动作流畅、完整。 2. 处理问题沉着冷静。	10	
总分		100	
反思与收获			

模块三
饮水照护

实训项目一　饮水设备清洁

一、实训目的

1. 掌握饮水设备的清洁方法。
2. 能够正确进行婴幼儿饮用水的准备。

二、技能点

1. 保温水桶和水杯的清洁。
2. 婴幼儿饮用水的准备流程。
3. 婴幼儿饮水环境的准备。

三、建议学时

1 学时。

四、实训设备及材料

饮水桶、水杯、干净的抹布等。

五、操作流程及要求

(一)饮水设备清洁的操作流程及要求

饮水设备清洁的操作流程及要求见表 3-1-1。

表 3-1-1　饮水设备清洁的操作流程及要求

序号	操作流程	要求
1	环境准备	(1)将饮水桶摆放在教室入口较宽敞处，保持饮水区域地面整洁、干燥。 (2)地面可用不同的标记或图案划分出等待区、接水区、喝水区，墙面可张贴有关饮水的常规行为要求。 (3)饮水区可准备若干小椅子，方便幼儿喝水、休息。
2	清洁消毒饮水桶	(1)倒出饮水桶中剩余的水。 (2)用毛巾、餐具清洗剂先洗桶内壁及盖子、水嘴，再洗桶外壁四周，用流动水冲洗干净。 (3)倒入适量开水，晃动饮水桶，冲洗桶内壁，打开水龙头，冲洗出水口。 (4)用半干的干净抹布擦干饮水桶外部，并用消毒液消毒。

续表

序号	操作流程	要求
3	清洁消毒水杯	(1)用餐具清洗剂浸泡 3 分钟。 (2)用百洁布由内到外、由上到下，先洗杯内壁，再洗杯外壁及杯柄，用流动水冲洗干净。 (3)将水杯放入消毒柜中消毒。
4	摆放饮水桶和水杯	(1)向饮水桶内倒入适宜温度的开水，盖好顶部盖子，下方水龙头朝外，方便幼儿接水。 (2)将消毒过的水杯放在水杯架上，拿杯子时手不碰杯口，放置时，要露出水杯架的标志，水杯的杯柄朝外，方便幼儿识别与拿取。
5	幼儿准备	帮助或引导幼儿按照七步洗手法洗净双手。

六、注意事项

1. 清洗饮水桶和水杯时，要用专用抹布，使用后每天清洁、蒸汽消毒至少半小时。
2. 要求饮水桶和水杯的清洁顺序由内到外。
3. 放置已消毒的水杯之前，清洁双手，取放水杯时，应手握水杯的杯柄，勿触碰杯口。

七、实训自评

饮水设备清洁的实训自评表见表 3-1-2。

表 3-1-2　饮水设备清洁的实训自评表

评分项目	评分标准	分值	得分
准备工作	1. 将餐具清洗剂、清洁毛巾等放在工作区域。 2. 按照七步洗手法清洗双手。	10	
操作流程	操作正确，流程完整。	60	
结束工作	操作结束后及时将所有的物品归位。	10	
注意事项	能完整叙述本实训项目的注意事项。	10	
总体评价	1. 动作流畅、完整。 2. 现场处理问题沉着冷静。	10	
总分		100	
反思与收获			

实训项目二　婴幼儿饮水照护

一、实训目的

1. 掌握婴幼儿饮水的指导流程。
2. 体会指导婴幼儿饮水的回应性照护。

二、技能点

1. 婴幼儿饮水的准备工作。
2. 婴幼儿饮水照护的指导流程。
3. 婴幼儿饮水的回应性照护。

三、建议学时

1 学时。

四、实训设备及材料

水杯等。

五、操作流程及要求

婴幼儿饮水照护的操作流程及要求见表 3-2-1。

表 3-2-1　婴幼儿饮水照护的操作流程及要求

序号	操作流程	要求
1	准备工作	(1)组织婴幼儿按照七步洗手法洗手。 (2)为不同月龄的婴幼儿准备不同的水杯。 (3)将温度和水量适中的饮用水倒入水杯中，放在婴幼儿面前，杯柄朝向婴幼儿的右侧。
2	引导婴幼儿正确使用水杯	(1)位于婴幼儿身后，慢慢拿起水杯放到婴幼儿的嘴前。 (2)引导婴幼儿自己用手拿稳水杯，将双手附在婴幼儿的手背上，带动其把杯子放到嘴前。 (3)握住婴幼儿的手腕，训练其能够自主平稳地抓握杯子。 (4)停止辅助引导，让婴幼儿自主练习举杯子的动作，从旁协助提醒婴幼儿动作的规范性。
3	引导婴幼儿学习喝水的节奏	(1)位于婴幼儿身后，头偏向一侧便于观察杯中水面的位置。 (2)缓慢地倾斜水杯，使水面接触到婴幼儿的口唇部。 (3)提示婴幼儿略微张嘴含一口水，将口中水咽下，重复操作。 (4)双手继续附在婴幼儿的手背上，带动婴幼儿学习倾斜水杯停顿式喝水的节奏。

续表

序号	操作流程	要求
3	引导婴幼儿学习喝水的节奏	(5)继续握住婴幼儿的手腕，训练婴幼儿自主把握喝水的节奏。 (6)让婴幼儿尝试连续喝水的技能，即缓慢地倾斜水杯，一口一口地将水喝下。 (7)停止辅助引导，让婴幼儿自主练习连续喝水的技能。 (8)从旁协助，避免婴幼儿摄入过多，引起呛水。
4	整理工作	(1)帮助或提醒婴幼儿将嘴角的水渍擦干净。 (2)帮助或引导婴幼儿将杯中残留的水倒入指定的收集桶内，并将水杯放回固定的位置。 (3)整理桌面与物品，记录婴幼儿喝水的频率与单次喝水量。

六、注意事项

1. 杯子里的水不宜过多，喝完再添加，否则容易呛到婴幼儿。
2. 指导幼儿饮水过程中注重与幼儿语言、动作和表情的交流，体现回应性照护。

七、实训自评

婴幼儿饮水指导的实训自评表见表 3-2-2。

表 3-2-2　婴幼儿饮水指导的实训自评表

评分项目	评分标准	分值	得分
准备工作	1. 组织婴幼儿清洁双手。 2. 为婴幼儿准备好水杯，并检查水杯是否完好。 3. 将适量温水倒入水杯中，摆到婴幼儿面前。	10	
操作流程	操作正确，流程完整。	60	
结束工作	及时将所有的物品归位。	10	
注意事项	能完整叙述本实训项目的注意事项。	10	
总体评价	1. 动作流畅、完整。 2. 现场处理问题沉着冷静。	10	
总分		100	
反思与收获			

模块四
进餐照护

实训项目一　奶瓶喂养

一、实训目的

1. 掌握婴儿奶瓶喂养的操作流程。
2. 掌握喂奶环节中的注意事项。

二、技能点

1. 奶瓶喂养的操作流程。
2. 奶瓶喂养的回应性照护。

三、建议学时

1 学时。

四、实训设备及材料

喂养台、奶粉、奶瓶等。

五、操作流程及要求

奶瓶喂养的操作流程及要求见表 4-1-1。

表 4-1-1　奶瓶喂养的操作流程及要求

序号	操作流程	要求
1	准备工作	(1)将奶粉罐及奶瓶等放在工作区域。 (2)按照七步洗手法洗手，用手背关闭水龙头，避免二次污染。
2	查看说明	(1)查看奶粉罐、保质期、粉质、奶粉正确配比。 (2)将奶粉罐盖子朝上搁置，避免污染。
3	查看水位	(1)向奶瓶注入 45℃的温开水。 (2)精确奶瓶水量，可将奶瓶放在桌面上观察水量，反复调整。
4	刮平奶粉	取正确匙数的奶粉放入奶瓶，利用奶粉罐刮板精确测量奶粉量。
5	奶粉融合	(1)紧握奶瓶身，双手前后交错，缓慢揉搓，将奶粉溶于水中。 (2)切勿上下剧烈摇动奶瓶，否则会导致浮泡或奶液从奶嘴喷出。

续表

序号	操作流程	要求
6	试奶温度	(1)测试奶液不外漏：将奶瓶倒置，无奶液漏出。 (2)测试奶液温度，用手腕内侧感受温度，避免过热烫伤婴儿。
7	喂奶	(1)选择舒适的坐姿坐稳。 (2)将婴儿摇篮式抱起，让婴儿的头颈部靠近自己的肘弯曲部位，背部贴着前臂，用手托住婴儿的臀部，使婴儿整个身体呈45°倾斜，将口水巾放在婴儿的颈胸部。 (3)拿起奶瓶，使奶瓶的奶液充满奶嘴，避免婴儿吸入空气。用奶嘴轻触婴儿的下唇，待其张开口后顺势放入奶嘴。 (4)喂奶时，始终保持奶瓶倾斜，使奶液充满奶嘴。 (5)用口水巾或纱布将婴儿嘴角的奶渍擦干净。
8	拍嗝	(1)将口水巾/纱布垫在自己的肩部。 (2)竖式拍嗝：支撑婴儿的头、颈、臀部，直立式抱起婴儿，婴儿的下巴靠在口水巾/纱布的肩膀处，一只手支撑婴儿的臀部，另一只手呈空心状，由下至上缓慢轻拍婴儿的背部，将胃内的空气排出。 (3)坐式拍嗝：让婴儿坐在腿上，一只手扶住婴儿的下颚以及颈部，手臂放在其胸前起到支撑作用，使其身体前倾。另一只手呈空心状，由下至上缓慢轻拍婴幼儿的背部，将胃内的空气排出。 (4)观察婴儿是否打嗝，如未能拍出嗝可多抱一段时间。
9	结束工作	(1)奶瓶的清洁与消毒。 (2)记录婴儿喝奶的情况并给予反馈。

六、注意事项

1. 喂哺时，应避免用手直接触碰奶嘴。
2. 若婴儿的情绪不稳定，不要强行喂食，避免呛奶。
3. 要注意奶嘴孔的大小是否合适，孔太小易使婴儿吸奶费劲，孔太大易使婴儿呛奶。

七、实训自评

奶瓶喂养的实训自评表见表4-1-2。

表4-1-2　奶瓶喂养的实训自评表

评分项目	评分标准	分值	得分
准备工作	1. 手部清洁、消毒。 2. 物品准备齐全。	10	
操作流程	操作正确，流程完整。	60	
注意事项	能完整叙述本实训项目的注意事项。	20	

续表

评分项目	评分标准	分值	得分
总体评价	1. 动作流畅、完整。 2. 处理问题沉着冷静。	10	
总分		100	
反思与收获			

附：婴儿喂养记录表

婴儿喂养记录表见表 4-1-3。

表 4-1-3　婴儿喂养记录表

日期：　　年　　月　　日　　　　　　　　　　　　　　　　　　　　记录人：

婴儿姓名	喂奶时间	奶粉量(mL)	水(mL)	其他

实训项目二　用勺喂食

一、实训目的

1. 掌握婴儿用勺喂养的操作流程。
2. 体现婴儿用勺喂食指导的回应性照护。

二、技能点

1. 婴儿用勺喂食的操作流程。
2. 识别婴儿吃饱的信号。
3. 婴儿用勺喂养的回应性照护。

三、建议学时

1 学时。

四、实训设备及材料

辅食勺、辅食碗、围嘴等。

五、操作流程及要求

用勺喂食的操作流程及要求见表 4-2-1。

表 4-2-1 用勺喂食的操作流程及要求

序号	操作流程	要求
1	准备工作	(1)用洗手液、流动水清洗双手。 (2)准备婴儿餐具、餐椅。 (3)调配婴儿米粉，制成泥糊状辅食。 (4)给婴儿带上围嘴，将其抱入餐椅。
2	分阶段哺喂	(1)开始阶段，用辅食勺取少量米粉，放于婴儿嘴角的一侧让其吮舔。 (2)顺利吞咽后，可取大半勺米粉，用辅食勺的勺尖轻轻触碰婴儿的下唇，待其张嘴喂入口。 (3)喂食过程中与婴儿互动，多示范、鼓励，如示范张嘴、咀嚼的动作，说出食物的名称。
3	识别吃饱的表现	(1)不看食物，注意力分散，东张西望。 (2)拿辅食勺或食物对着婴儿时，他们的嘴巴闭起，扭头躲避喂食。 (3)被喂时发出声音或做手势，试图表达不想要。 (4)吐食物、玩食物，用手将食物推开。 当婴儿出现上述行为时，表示他吃饱了，不要强迫进食。
4	清洁整理	及时帮助婴儿取下围嘴，将进食工具清理干净。

六、注意事项

1. 辅食勺的选择应考虑材质、长度、柔软性、弧度大小等方面。

2. 用辅食勺喂婴儿时，辅食勺应平进平出，将辅食勺平行放在婴儿的舌头上面，等婴儿将嘴闭上，把辅食勺上的食物抿下来，帮助婴儿锻炼上下嘴唇的控制能力。

七、实训自评

用勺喂食的实训自评表见表 4-2-2。

表 4-2-2 用勺喂食的实训自评表

评分项目	评分标准	分值	得分
准备工作	1. 用洗手液、流动水清洗双手。 2. 准备婴儿餐具、餐椅。 3. 调配婴儿米粉，制成泥糊状辅食。 4. 给婴儿带上围嘴，将其抱入餐椅。	10	

续表

评分项目	评分标准	分值	得分
操作流程	操作正确，流程完整。	60	
结束工作	结束后及时帮助婴儿取下围嘴，清洗整理进食工具。	10	
注意事项	能完整叙述本实训项目的注意事项。	10	
总体评价	1. 动作流畅、完整。 2. 现场处理问题沉着冷静。	10	
总分		100	
反思与收获			

实训项目三　幼儿独立用勺进食指导

一、实训目的

1. 能够指导幼儿独立用勺进食。
2. 体现幼儿独立用勺进食的回应性照护。

二、技能点

1. 幼儿独立用勺进食的指导流程。
2. 幼儿独立用勺进食的回应性照护。

三、建议学时

1 学时。

四、实训设备及材料

勺子、小碗、幼儿桌椅等。

五、操作流程及要求

幼儿独立用勺进食指导的操作流程及要求见表 4-3-1。

表 4-3-1　幼儿独立用勺进食指导的操作流程及要求

序号	操作流程	要求
1	食物准备	准备幼儿喜欢的、细碎且软的食物。
2	幼儿准备	将幼儿的脚平放在地面上，身体可略微前倾，不左右倾斜，不佝腰，不耸肩，前臂可自然地放在餐桌的边缘处。

续表

序号	操作流程	要求
3	餐具准备	小碗应放在距桌边 10 cm 处，左手扶碗，固定碗的位置，右手拿勺子，如需将小碗端起，应用双手。
4	独立用勺进食	(1)边示范边指导幼儿用手握住勺柄，正确用手抓握勺子。 (2)示范并指导幼儿将勺子移至碗的上方，向下插入食物中。 (3)引导幼儿将勺子凹陷处朝上，从碗中舀起食物。 (4)将勺子举到嘴边，张开嘴把食物送入口中。 (5)告诉幼儿细嚼慢咽，咽下一口，再吃一口。 (6)重复上述操作。
5	结束工作	指导幼儿漱口、擦嘴，及时取下围嘴，将进食工具清洗干净。

六、注意事项

1. 指导幼儿用手握住离勺柄上端约 1/3 处，不要满把攥，而是用大拇指、食指和中指三个手指头捏住勺柄，手心朝上。

2. 指导幼儿每一勺不能盛得太多，以防掉出来。

3. 提醒幼儿不掉饭、不剩饭、不捡掉在桌上或地上的食物。

七、实训自评

幼儿独立用勺进食指导的实训自评表见表 4-3-2。

表 4-3-2　幼儿独立用勺进食指导的实训自评表

评分项目	评分标准	分值	得分
准备工作	食物准备、幼儿动作准备和餐具准备。	10	
操作流程	操作正确，流程完整。	60	
结束工作	结束后及时指导幼儿漱口、擦嘴，清洗整理进食工具。	10	
注意事项	能完整叙述本实训项目的注意事项。	10	
总体评价	1. 动作流畅、完整。 2. 现场处理问题沉着冷静。	10	
总分		100	
反思与收获			

实训项目四　幼儿集体进餐照护

一、实训目的

1. 掌握幼儿餐前准备、餐中管理和餐后整理的工作内容。
2. 掌握组织幼儿集体进餐的照护流程。
3. 在进餐过程中体现对幼儿的回应性照护。

二、技能点

1. 组织幼儿集体进餐的操作流程。
2. 集体进餐过程中安全隐患的排除与突发事件的应对。
3. 集体进餐过程中的回应性照护。

三、建议学时

1 学时。

四、实训设备及材料

小勺、幼儿餐盘、围嘴等。

五、操作流程及要求

幼儿集体进餐照护的操作流程及要求见表 4-4-1。

表 4-4-1　幼儿集体进餐照护的操作流程及要求

序号	操作流程	要求
1	准备工作	(1)洁手消毒，用手背关闭水龙头，避免二次污染。 (2)餐桌清洁与消毒。 (3)根据出勤人数，领取餐具和食物。
2	进餐组织	(1)引导幼儿有序就座，并帮助幼儿调整座椅。 (2)辅助幼儿将围嘴戴在脖子上，调整松紧，不宜过紧。
3	餐前仪式	(1)引导幼儿观察当日菜肴。 (2)介绍菜肴及其营养价值，提醒幼儿进餐的注意事项。
4	进餐指导	(1)引导幼儿的脚平放在地面上，身体略微前倾，前臂自然放在桌子边缘。 (2)指导幼儿用小勺进餐，提醒幼儿喝汤时两手将碗端平。 (3)观察幼儿的用餐情况，鼓励幼儿吃各种食物，针对个别不会咀嚼、吞咽有困难的幼儿，及时给予指导和帮助。
5	结束工作	(1)指导幼儿漱口、擦嘴、擦手、取下围嘴。 (2)收拾好餐具，清洁桌面和地面。

六、注意事项

1. 在幼儿集体进餐过程中，应确保能观察到每个幼儿的进餐情况。
2. 如果幼儿在集体进餐过程中有危险行为(如挥舞勺子、口含食物笑闹)时，需要及时制止。
3. 在进餐过程中，应做到不强迫、不催促、不责怪，让幼儿在愉快的氛围中进餐。

七、实训自评

幼儿集体进餐照护的实训自评表见表 4-4-2。

表 4-4-2　幼儿集体进餐照护的实训自评表

评分项目	评分标准	分值	得分
准备工作	1. 洁手消毒，用手背关闭水龙头，避免二次污染。 2. 餐桌清洁与消毒。 3. 根据出勤人数，领取餐具和食物。	10	
操作流程	操作正确，流程完整。	60	
注意事项	能完整叙述本实训项目的注意事项。	20	
总体评价	1. 动作流畅、完整。 2. 处理问题沉着冷静。	10	
总分		100	
反思与收获			

模块五
睡眠照护

实训项目一 给婴幼儿穿脱衣物

一、实训目的

1. 掌握给婴幼儿穿脱衣物的操作流程。
2. 明确给婴幼儿穿脱衣物环节中的注意事项。

二、技能点

1. 给婴幼儿穿脱衣物的流程。
2. 给婴幼儿穿脱衣物的注意事项。

三、建议学时

1 学时。

四、实训设备及材料

婴幼儿床、婴幼儿模型、换洗的衣物等。

五、操作流程及要求

(一)给婴幼儿穿衣物的操作流程及要求

给婴幼儿穿衣物的操作流程及要求见表 5-1-1。

表 5-1-1 给婴幼儿穿衣物的操作流程及要求

序号	操作流程	要求
1	准备工作	(1)将婴幼儿衣物放置在工作区域。 (2)检查婴幼儿的衣物是否有线头、尖锐物等。
2	穿上衣	穿开衫: (1)将衣服打开，平放在床上，让婴幼儿躺在平放好的衣服上。 (2)一只手从袖口伸进去，抓住婴幼儿的一只手，用另一只手将衣袖一点点向上拉。 (3)用同样的方法给婴幼儿穿上另一侧的衣袖。 (4)将穿好的衣服弄平，系上带子或扣好扣子。

续表

序号	操作流程	要求
2	穿上衣	穿套头衣： (1)双手将套头衫的衣领处撑开，从婴幼儿的头顶套入。 (2)将套头衫领口拉到婴幼儿的脖颈处。 (3)将套头衫的一个袖口撑开，将婴幼儿的手拉入袖笼里，轻轻地拉出。 (4)用同样的方法给婴幼儿穿上另一个袖子。 (5)待婴幼儿的两个胳膊都穿进袖子后，将套头衣拉下来整理好。
3	穿裤子	(1)让婴幼儿平躺在床上。 (2)把一只手从裤脚沿裤筒伸进去，另一只手握住婴幼儿的一只脚放在已伸入裤腿的手中，然后将裤子一点点从下往上拉。 (3)用同样的方法穿上另一个裤腿。 (4)轻轻抬起婴幼儿的臀部，双手将裤子提至腰部。
4	穿袜子	(1)让婴幼儿平躺在床上。 (2)将袜子从袜口卷到袜跟，撑开袜口，将婴幼儿的脚送入袜中。 (3)两只手从婴幼儿的脚趾处轻轻将袜子拉到脚踝处。 (4)用同样的方法穿上另一只袜子。
5	穿鞋子	(1)解开鞋扣或鞋带，一只手握住鞋头，另一只手握住婴幼儿的脚踝，顺着脚背的方向将婴幼儿的脚送入鞋中。 (2)用同样的方法穿上另一只鞋。 (3)扣好鞋扣或系好鞋带。
6	结束工作	将衣物等收拾整齐，放回原位。

(二)给婴幼儿脱衣的操作流程及要求

给婴幼儿脱衣的操作流程及要求见表 5-1-2。

表 5-1-2　给婴幼儿脱衣的操作流程及要求

序号	操作流程	要求
1	准备工作	检查婴幼儿床是否安全。
2	脱鞋子	(1)解开婴幼儿的鞋扣或鞋带。 (2)轻轻握住婴幼儿的脚踝，从鞋后跟处向下拉，将鞋子脱下。 (3)用同样的方法脱下另一只鞋子。
3	脱袜子	(1)让婴幼儿平躺在床上。 (2)一只手握住婴幼儿的脚后跟，另一只手将袜口向下拉至脚底，捏住袜尖向外拉。 (3)用同样的方法脱下另一只袜子。
4	脱裤子	(1)让婴幼儿平躺在床上，将裤子从裤腰脱至大腿处。 (2)一只手握住婴幼儿的大腿，另一只手拉住裤脚将裤腿脱下。 (3)用同样的方法脱下另一个裤腿。

续表

序号	操作流程	要求
5	脱套头衣	(1)让婴幼儿平躺在床上，一只手伸进一侧袖笼抓住婴幼儿的肘部，使其稍稍弯曲，另一只手抓住该侧袖口往外拉，将袖子脱下。 (2)用同样的方法脱下另一侧袖子。 (3)双手抓住套头衫领口，从婴幼儿的面部脱至脑后，然后一只手抬起婴幼儿的头，另一只手把衣服脱下。
6	脱开衫	(1)让婴幼儿平躺在床上，将开衫带子或扣子解开。 (2)将婴幼儿的手微微上举，一只手从袖笼中抓住婴幼儿的肘部，使其稍稍弯曲，另一只手抓住袖口往下拉，将袖子脱下。 (3)用同样的方法脱下另一侧袖子。 (4)一只手轻轻托起婴幼儿的头颈部，另一只手将衣服从婴幼儿的身体下面取出。
7	结束工作	将衣物等收拾整齐，放回原位。

六、注意事项

1. 给婴幼儿穿衣物之前要仔细检查衣物是否有多余的线头、尖锐物等。
2. 给 1 岁以下的婴儿穿脱衣服时，注意护好婴儿的头颈部。
3. 穿脱衣的过程中注重与婴幼儿语言、表情、声音、眼神的互动。

七、实训自评

给婴幼儿穿衣物的实训自评表和给婴幼儿脱衣物的实训自评表见表 5-1-3 和表 5-1-4。

表 5-1-3 给婴幼儿穿衣物的实训自评表

评分项目	评分标准	分值	得分
准备工作	1. 检查操作区的环境是否安全。 2. 物品准备齐全。	10	
操作流程	操作正确，流程完整。	60	
结束工作	及时将所有的物品归位。	10	
注意事项	能完整叙述本实训项目的注意事项。	10	
总体评价	1. 动作流畅、完整。 2. 现场处理问题沉着冷静。	10	
总分		100	
反思与收获			

表 5-1-4　给婴幼儿脱衣物的实训自评表

评分项目	评分标准	分值	得分
准备工作	1. 检查操作区的环境是否安全。 2. 物品准备齐全。	10	
操作流程	操作正确，流程完整。	60	
结束工作	及时将所有的物品归位。	10	
注意事项	能完整叙述本实训项目的注意事项。	10	
总体评价	1. 动作流畅、完整。 2. 现场处理问题沉着冷静。	10	
总分		100	
反思与收获			

实训项目二　指导幼儿穿脱衣物

一、实训目的

1. 指导幼儿掌握自行穿部分衣物和鞋袜的技能。
2. 指导幼儿掌握自行脱部分衣物和鞋袜的技能。

二、技能点

1. 幼儿自行穿衣物和鞋袜。
2. 幼儿自行脱衣物和鞋袜。

三、建议学时

1 学时。

四、实训设备及材料

幼儿床、幼儿模型、换洗衣物等。

五、操作流程及要求

（一）指导幼儿穿衣物的操作流程及要求

指导幼儿穿衣物的操作流程及要求见表 5-2-1。

表 5-2-1 指导幼儿穿衣物的操作流程及要求

序号	操作流程	要求
1	准备工作	(1)检查幼儿床是否安全。 (2)物品准备，检查是否有线头、尖锐物等。
2	指导幼儿穿上衣	穿开衫： (1)指导幼儿先分辨衣服的里外和前后。 (2)指导幼儿将衣服朝里的一面对着前面，领口贴近腹部(衣服自然下垂)，双手抓住衣领向后甩，将衣服披在肩上。 (3)用手攥住内衣袖子，再将手伸入外衣袖内。 (4)翻好衣领，将衣服的前襟对齐，可自下而上系扣子。 (5)认真检查扣子是否一对一地扣好、领子是否翻平整。 穿套头上衣： (1)指导幼儿分清前后，前面朝下(领口低的是前面)，先将头钻入领口。 (2)将衣服正面转到胸前，双手分别从衣服底下进入，从两侧的袖口出来。 (3)指导幼儿将套头上衣拉下来整理好。
3	指导幼儿穿裤子	(1)指导幼儿分辨裤子的前后。 (2)指导幼儿双手抓住裤腰两侧，将两腿伸进裤筒里。 (3)指导幼儿将裤子向上拉，脚露出裤腿后，站立提起裤腰。
4	指导幼儿穿袜子	(1)指导幼儿分清袜子的袜尖、袜底、袜跟、袜口。 (2)指导幼儿将袜跟朝下，双手抓住袜口，将脚伸进袜口，脚跟伸到袜跟处将袜口提至脚踝。 (3)用同样的方法将另一只袜子穿上。
5	指导幼儿穿鞋子	(1)指导幼儿分清鞋的左右，将左鞋、右鞋并排放正，解开鞋扣或鞋带。 (2)指导幼儿将脚伸入鞋内，用手提鞋后跟，往上拉，用同样的方法将另一只鞋穿上。 (3)指导幼儿扣好鞋扣，或系好鞋带。
6	结束工作	将衣物等收拾整齐，放回原位。

(二)指导幼儿脱衣物的操作流程及要求

指导幼儿脱衣物的操作流程及要求见表 5-2-2。

表 5-2-2 指导幼儿脱衣物的操作流程及要求

序号	操作流程	要求
1	准备工作	检查幼儿床是否安全。
2	指导幼儿脱鞋子	(1)指导幼儿解开鞋扣或鞋带。 (2)指导幼儿从鞋后跟处向下拉，将鞋脱下。 (3)用同样的方法，脱下另一只鞋，并将两只鞋摆放整齐。
3	指导幼儿脱袜子	(1)指导幼儿双手抓住一侧袜口脱至脚跟，用手抓住袜尖朝外脱离脚部。 (2)用同样的方式脱下另一只袜子。

续表

序号	操作流程	要求
4	指导幼儿脱裤子	(1)指导幼儿双手抓紧裤腰下拉，将裤腰脱到膝盖下处后坐下。 (2)用手把裤子的两个裤脚逐一向下拉，直至整条裤子被脱掉。
5	指导幼儿脱上衣	脱开衫： (1)指导幼儿解开扣子。 (2)指导幼儿双手攥住衣襟向后拉，将衣服脱至肩下，再从背后逐一脱下两个袖子。 脱套头衣： (1)指导幼儿右手拉住左手袖口，左手肘微微弯曲，脱下左袖。 (2)用同样的方法脱下右袖。 (3)指导幼儿拉住领口，小心通过头部，将衣服脱下。
6	结束工作	指导幼儿将脱下的衣物分类，整齐叠放，放在床尾。

六、注意事项

1. 幼儿穿衣物之前要指导幼儿仔细检查衣物是否有多余的线头、尖锐物等。
2. 指导幼儿穿脱衣的过程中注重与婴幼儿语言、表情、声音、眼神的互动。

七、实训自评

指导幼儿穿衣物的实训自评表和指导幼儿脱衣物的实训自评表见表 5-2-3 和表 5-2-4。

表 5-2-3 指导幼儿穿衣物的实训自评表

评分项目	评分标准	分值	得分
准备工作	1. 检查操作区是否安全。 2. 物品准备齐全。	10	
操作流程	操作正确，流程完整。	60	
结束工作	将衣物等收拾整齐，放回原位。	10	
注意事项	能完整叙述本实训项目的注意事项。	10	
总体评价	1. 动作流畅、完整。 2. 处理问题沉着冷静。	10	
总分		100	
反思与收获			

表 5-2-4　指导幼儿脱衣物的实训自评表

评分项目	评分标准	分值	得分
准备工作	1. 检查操作区是否安全。 2. 物品准备齐全。	10	
操作流程	操作正确，流程完整。	60	
结束工作	将衣物等收拾整齐，归位。	10	
注意事项	能完整叙述本实训项目的注意事项。	10	
总体评价	1. 动作流畅、完整。 2. 处理问题沉着冷静。	10	
总分		100	
反思与收获			

实训项目三　婴幼儿集体睡眠照护

一、实训目的

1. 能有序组织婴幼儿入睡。

2. 能对婴幼儿的不良睡姿进行识别和矫正。

二、技能点

1. 婴幼儿集体睡眠照护的指导流程。

2. 婴幼儿不良睡姿的识别与纠正。

三、建议学时

1 学时。

四、实训设备及材料

婴幼儿模型、婴儿床、室内温度计等。

五、操作流程及要求

婴幼儿集体睡眠照护的操作流程及要求见表 5-3-1。

表 5-3-1 婴幼儿集体睡眠照护的操作流程及要求

序号	操作流程	要求
1	准备工作	环境准备： (1)准备好婴儿床，根据季节选择合适的被褥。 (2)关窗，拉上窗帘。 (3)检查室内温度，随时观察室温，及时调节温度并注意风向(不能直接对着婴幼儿吹)。 安全检查： (1)检查婴幼儿的口腔，确保口中不含食物。 (2)检查床铺，以防婴幼儿将活动时夹带的小玩具等不安全物品带上床。 幼儿准备： (1)睡前 20 分钟，开启入睡音乐或给婴幼儿讲睡前故事，让婴幼儿做好入睡准备。 (2)入睡前，组织婴幼儿有序小便；给需要穿纸尿裤的婴幼儿提前穿好纸尿裤。 (3)帮助和指导婴幼儿脱去衣物。
2	引导入睡	(1)帮助或引导婴幼儿盖好被子。 (2)引导婴幼儿闭上眼睛，放好双手，不要趴着睡，也不要蒙着头睡。
3	入睡巡视	(1)注意婴幼儿是否在被子下面玩玩具、玩弄被褥、玩身上的衣服等。 (2)为蹬被子的婴幼儿盖好被子，为出汗的婴幼儿及时擦汗。 (3)纠正婴幼儿张嘴睡、枕臂睡、蒙头睡和趴睡等不良睡姿，动作应轻柔。 (4)针对 1 岁以下的婴儿，建议每 5 分钟巡视一次；针对 1～3 岁的幼儿，建议每 10 分钟巡视一次。关注婴幼儿的呼吸是否顺畅，面色、体温是否正常，确保第一时间发现特殊情况并及时处理。
4	睡眠中的特殊保育	(1)对易尿床的婴幼儿的护理：入睡前提醒婴幼儿小便。 (2)对年龄较小、体质较弱的婴幼儿的护理：组织他们提前入睡。 (3)对怕热的婴幼儿，将他们的床铺安排在通风良好的地方。
5	起床	(1)营造起床的氛围，播放轻柔的音乐或节奏平缓的故事唤醒婴幼儿，观察幼儿的精神、情绪、面色等是否异常。 (2)帮助或指导婴幼儿穿衣，顺序是上衣—裤子—袜子—鞋子。 (3)检查床上是否有尿床痕迹，对于穿纸尿裤的婴幼儿，查看纸尿裤，组织婴幼儿如厕、洗漱。

六、注意事项

1. 做好睡前检查，防止婴幼儿携带危险物品就寝，检查婴幼儿口腔内是否有食物。
2. 午睡时，应随时关注，不随意离开，根据不同年龄按要求做好巡视。

七、实训自评

婴幼儿集体睡眠照护的实训自评表见表 5-3-2。

表 5-3-2 婴幼儿集体睡眠照护的实训自评表

评分项目	评分标准	分值	得分
准备工作	环境准备、安全检查。	10	
操作流程	操作正确，流程完整。	60	
结束工作	及时将所有的物品归位。	10	
注意事项	能完整叙述本实训项目的注意事项。	10	
总体评价	1. 动作流畅、完整。 2. 现场处理问题沉着冷静。	10	
总分		100	
反思与收获			

模块六 卫生保健

实训项目一　奶瓶的清洁与消毒

一、实训目的

1. 掌握奶瓶的清洁与消毒的正确方式。
2. 明确奶瓶的清洁与消毒的注意事项。

二、技能点

1. 奶瓶和奶嘴的不同清洁与消毒方式。
2. 奶瓶的清洁与消毒的注意事项。

三、建议学时

1 学时。

四、实训设备及材料

喂养台、奶瓶清洗液、奶瓶等。

五、操作流程及要求

奶瓶的清洁与消毒的操作流程及要求见表 6-1-1。

表 6-1-1　奶瓶的清洁与消毒的操作流程及要求

序号	操作流程	要求
1	准备工作	(1)将奶瓶清洗液、奶瓶清洗刷等放置在工作台上。 (2)按照七步洗手法洗手，用手背或手肘关闭水龙头，避免二次污染。
2	清洗奶瓶	(1)将奶瓶中剩余的奶液倒入水槽，并用清水冲洗干净。 (2)在盆中放入热水，倒入适量奶瓶清洗液。 (3)将奶瓶、奶瓶盖、奶嘴拆开，放入水中浸泡，浸泡 5～10 分钟。
		(1)用奶瓶刷清洗奶瓶；用拇指轻轻按住奶嘴口，用奶嘴刷依次清洗奶嘴的内侧、外侧、凹痕外，奶嘴固定圈的内侧、外侧，奶瓶盖的内侧、外侧。 (2)将奶嘴、奶瓶盖、奶嘴刷用清水冲洗干净，并将刷子放回原处。

续表

序号	操作流程	要求
3	奶瓶消毒	(1)将洗净的奶瓶放入消毒锅下部，奶嘴套、奶瓶盖放入消毒锅上部。 (2)按启“消毒＋烘干”按钮，等待消毒完成。 (3)洗净双手，将奶瓶、奶嘴、奶瓶盖取出来并安好。
4	结束工作	清理物品，摆放整齐。

六、注意事项

1. 每次婴幼儿喝完奶后都要及时将奶瓶清洗干净，不要放置太久，否则容易滋生细菌。
2. 应使用专用奶嘴刷清洗奶嘴，清洗时用大拇指轻轻按住奶嘴口，避免奶嘴口因用力过大而开裂。

七、实训自评

奶瓶的清洁与消毒的实训自评表见表 6-1-2。

表 6-1-2　奶瓶的清洁与消毒的实训自评表

评分项目	评分标准	分值	得分
准备工作	1. 物品准备齐全。 2. 手部清洁消毒。	10	
操作流程	操作正确，流程完整。	60	
注意事项	能完整叙述本实训项目的注意事项。	20	
总体评价	1. 动作流畅、完整。 2. 处理问题沉着冷静。	10	
总分		100	
反思与收获			

实训项目二　物品的清洁与消毒

一、实训目的

1. 掌握婴幼儿物品的清洁与消毒的方法。
2. 掌握婴幼儿物品的清洁与消毒的注意事项。

二、技能点

1. 婴幼儿物品的清洁与消毒的操作流程。
2. 婴幼儿物品的清洁与消毒的注意事项。

三、建议学时

1学时。

四、实训设备及材料

玩教具、流动水、消毒液等。

五、操作流程及要求

物品的清洁与消毒的操作流程及要求见表6-2-1。

表6-2-1　物品的清洁与消毒的操作流程及要求

序号	操作流程	要求
1	准备工作	(1)物品准备：抹布、马桶刷、量杯、配置桶、盆、含氯消毒剂等。 (2)人员准备：佩戴好帽子、口罩、围裙，洗净双手后佩戴好手套。 (3)消毒液配比：桌子和玩具消毒使用浓度为250 mg/L的含氯消毒剂；坐便器消毒使用浓度为500 mg/L和1000 mg/L的含氯消毒剂。
2	桌子的清洁与消毒	(1)用蘸清水的抹布按从左到右、从上到下呈Z字形擦拭；擦拭完后翻转抹布擦拭桌子的边缘。 (2)用浸泡有浓度为250 mg/L的含氯消毒剂的抹布，按上述顺序再次擦拭，作用20分钟。 (3)用蘸清水的抹布再擦拭一遍桌子，消除残留的消毒液。
3	玩具的清洁与消毒	(1)在流动的水下将玩具表面的灰尘清洗干净。 (2)用250 mg/L含氯消毒剂溶液浸泡或擦拭表面，作用10分钟。 (3)用蘸清水的抹布擦拭干净，根据污染情况每周至少消毒1次。
4	坐便器的清洁与消毒	(1)先用流动的水清洗。 (2)用抹布蘸浓度为500 mg/L的含氯消毒剂擦拭坐便器外壁、坐便盖内外、坐便圈外侧、内侧、坐便底座和底部，每次擦拭一个部位。 (3)用马桶刷蘸浓度为1000 mg/L的含氯消毒剂擦拭坐便器内壁。 (4)消毒剂作用时间30分钟。 (5)用蘸有清水的抹布擦拭坐便器外壁、坐便盖内外、坐便圈外侧和内侧等，坐便器内壁用清水冲洗干净。
5	结束工作	操作后物品归放整齐；抹布、马桶刷按规范要求消毒晾干。

六、注意事项

1. 婴幼儿户外活动时对物品消毒，消毒后应进行有效通风。
2. 在传染病流行期间，适当提高消毒液的有效氯浓度。

七、实训自评

物品的清洁与消毒的实训自评表见表 6-2-2。

表 6-2-2 物品的清洁与消毒的实训自评表

评分项目	评分标准	分值	得分
准备工作	1. 消毒物品准备齐全。 2. 操作人员的防护措施到位。 3. 消毒剂的配比正确。	10	
操作流程	操作正确，流程完整。	60	
注意事项	能完整叙述本实训项目的注意事项。	20	
总体评价	1. 动作流畅、完整。 2. 处理问题沉着冷静。	10	
总分		100	
反思与收获			

实训项目三 环境的清洁与消毒

一、实训目的

1. 掌握环境的清洁与消毒的方法。
2. 掌握环境清洁与消毒的注意事项。

二、技能点

1. 环境的清洁与消毒的操作流程。
2. 环境的清洁与消毒的注意事项。

三、建议学时

1 学时。

四、实训设备及材料

胶皮手套、拖把、清洁刷等。

五、操作流程及要求

环境的清洁与消毒的操作流程及要求见表 6-3-1。

表 6-3-1　环境的清洁与消毒的操作流程及要求

序号	操作流程	要求
1	准备工作	(1)物品准备：拖把、量杯、配置桶、盆、含氯消毒剂、紫外线消毒灯、刷子等。 (2)人员准备：佩戴好帽子、口罩、围裙；洗净双手后佩戴好手套等。 (3)消毒液配比：教室、活动室地面消毒使用浓度为 250 mg/L 的含氯消毒剂；盥洗室、厕所地面消毒使用浓度为 500 mg/L 的含氯消毒剂。
2	地面消毒	教室、活动室地面： (1)每日 2 次用清水拖地清洁，清除地面的污迹。 (2)当受到血液、排泄物、呕吐物等的污染时，清除污染物后，及时使用 250 mg/L 含氯消毒剂拖拭 30 分钟，再用清水拖拭清洁。 盥洗室、厕所地面： 每天早晚各用 500 mg/L 含氯消毒剂溶液洗刷一遍。
3	空气消毒	(1)在外界温度适宜、空气质量较好、有安全性保障的条件下，每日婴幼儿入园前、午睡前和离园后开窗通风，每次 30 分钟。 (2)在不具备开窗通风空气消毒条件且室内无人时，打开悬吊式或移动式紫外线消毒灯，直接照射室内 60 分钟。
4	结束工作	操作后将物品归放整齐；拖把、清洁刷按规范要求消毒晾干。

六、注意事项

1. 婴幼儿不在场时消毒，消毒后应进行有效通风。
2. 在传染病流行期间，适当提高消毒液的有效氯浓度。

七、实训自评

环境的清洁与消毒的实训自评表见表 6-3-2。

表 6-3-2　环境的清洁与消毒的实训自评表

评分项目	评分标准	分值	得分
准备工作	1. 消毒物品准备齐全。 2. 操作人员的防护措施到位。 3. 消毒剂的配比正确。	10	
操作流程	操作正确，流程完整。	60	
注意事项	能完整叙述本实训项目的注意事项。	20	

续表

评分项目	评分标准	分值	得分
总体评价	1. 动作流畅、完整。 2. 处理问题沉着冷静。	10	
总分		100	
反思与收获			

实训项目四　婴幼儿晨、午检

一、实训目的

1. 掌握婴幼儿晨、午检的操作流程。
2. 掌握婴幼儿晨、午检的注意事项。

二、技能点

1. 晨检和午检的检查内容及方法。
2. 晨检和午检的区别及检查要点。

三、建议学时

1 学时。

四、实训设备及材料

额温枪、笔式手电筒、婴幼儿模型等。

五、操作流程及要求

（一）婴幼儿晨检的操作流程及要求

婴幼儿晨检的操作流程及要求见表 6-4-1。

表 6-4-1　婴幼儿晨检的操作流程及要求

序号	操作流程	要求
1	准备工作	(1)将洗手液、额温枪、笔式手电筒、压舌板和全日观察记录本等放在工作区域。 (2)按照七步洗手法清洁双手。
2	一问	(1)询问家长婴幼儿在家时的健康状况，了解婴幼儿的饮食、睡眠、大小便情况等。 (2)若婴幼儿需要吃药，则帮助家长填写用药记录表。
3	二看	观察婴幼儿的面色、精神状态以及咽喉、裸露在外的皮肤等有无异常。

续表

序号	操作流程	要求
4	三摸	(1)用额温枪测量婴幼儿的额头，看有无发热的现象，对可疑婴幼儿用耳温测量仪或水银温度计再次测量，确保婴幼儿的体温无异常。 (2)触摸婴幼儿的淋巴结、腮腺，辨别有无肿大。
5	四查	(1)查看婴幼儿双手和指甲是否干净卫生，衣着是否便于活动。 (2)检查婴幼儿身上是否携带危险物品，如小珠子、尖锐的玩具或外来食品等，如果发现应交由家长带回。
6	五记录	在晨检过程中若发现异常情况，要及时翔实记录在全日观察记录本中的晨检情况一栏，并在一日观察中，重点关注晨检异常的婴幼儿。

(二)婴幼儿午检的操作流程及要求

婴幼儿午检的操作流程及要求见表 6-4-2。

表 6-4-2　婴幼儿午检的操作流程及要求

序号	操作流程	要求
1	午睡前	(1)检查卧室的温湿度、光线是否适宜。 (2)观察婴幼儿的面色和精神状态，用额温枪测量体温，用笔式手电筒检查口腔，确认其是否正常。 (3)检查婴幼儿是否携带危险物品，嘴里有无异物。
2	午睡中	(1)观察婴幼儿是否安静入睡，针对暂时未入睡的婴幼儿，轻声提醒其保持安静，并尽快哄其入睡。 (2)检查婴幼儿的睡姿是否正确。 (3)检查婴幼儿的被子是否盖好，测量其体温，看是否有发热症状。 (4)如有异常，及时报告给保健医生。
3	午睡后	(1)观察婴幼儿的精神状态。 (2)触摸婴幼儿的额头和手心，检查体温情况。

六、注意事项

若怀疑婴幼儿有疾病或传染病迹象，应主动与保健医生联系，并及时通知家长。

七、实训自评

婴幼儿晨、午检的实训自评表见表 6-4-3。

表 6-4-3　婴幼儿晨、午检的实训自评表

评分项目	评分标准	分值	得分
准备工作	1. 将洗手液、额温枪、笔式手电筒、压舌板和全日观察记录本等放在工作区域。 2. 按照七步洗手法清洁双手。	10	

续表

评分项目	评分标准	分值	得分
操作流程	操作正确，流程完整。	60	
注意事项	能完整叙述本实训项目的注意事项。	20	
总体评价	1. 动作流畅、完整。 2. 处理问题沉着冷静。	10	
总分		100	
反思与收获			

实训项目五　婴幼儿体格检查

一、实训目的

1. 掌握婴幼儿体格检查的方法。
2. 掌握婴幼儿体格检查的注意事项。

二、技能点

1. 婴儿体格检查工具的测量方法。
2. 婴幼儿体格检查数据的解读、分析。

三、建议学时

1 学时。

四、实训设备及材料

卧式身高体重测量仪、立式身高体重测量仪、三围尺等。

五、操作流程及要求

婴幼儿体格检查的操作流程及要求见表 6-5-1。

表 6-5-1　婴幼儿体格检查的操作流程及要求

序号	操作流程	要求
1	物品准备	准备好卧式身高体重测量仪、立式身高体重测量仪、三围尺、记录本和笔等。
2	人员准备	按照七步洗手法清洗双手，不佩戴首饰。

续表

序号	操作流程	要求
3	环境调节	(1)调整室内光线及温度。 (2)确认室内温度在26～28℃。
4	婴幼儿准备	(1)排空大小便、情绪稳定。 (2)确认姓名和月龄等信息。
5	身高体重测量	婴儿的身高体重测量(卧式身高体重测量仪): (1)将称归零，脱去婴儿的鞋、帽。 (2)一只手托住婴儿的头部，另一只手托住臀部，将其仰卧位放在量床底板中线上，挡板拖到婴儿脚底。 (3)让婴儿面朝上，两耳在同一水平线，头顶接触头板，左手轻压婴儿的两膝，使其伸直，右手移动足板使其接触婴儿的足底。 (4)读数并记录，身高读数精确至0.1 cm，体重读数保留小数点后两位。 (5)连续测量三遍，取平均值。 (6)给婴儿穿好鞋，戴好帽。 幼儿的身高体重测量(立式身高体重测量仪): (1)将称归零，测量者位于幼儿前方或一侧。 (2)引导幼儿脱去鞋子，站到体重秤上，两眼平视前方，两臂自然下垂，手指并拢，头部保持正直。 (3)读数并记录，身高读数精确至0.1 cm，体重读数保留小数点后两位。 (4)连续测量三遍，取平均值。 (5)引导幼儿穿好鞋。
6	胸围测量	(1)婴幼儿取卧位或立位，两手自然平放或下垂。 (2)一只手将软尺的零点固定于一侧乳头下缘，另一只手将软尺紧贴皮肤，经两侧肩胛角下缘绕至另一侧乳头下缘回到零点。 (3)读取软尺与零点重合处的数据，取平均数精确至0.1 cm。
7	头围测量	(1)将婴儿放置在操作台上仰卧、脱去帽子；幼儿直接站立即可。 (2)用拇指将软尺零点固定于一侧眉弓上缘处，软尺过耳上方，经枕骨结，两侧对称，从另一侧眉弓上缘回至零点。 (3)读取软尺与零点重合处的数据，精确至0.1 cm。
8	结束工作	数据记录准确，物品归放整齐。

六、注意事项

1. 测量头围时，注意软尺应贴紧皮肤，左右对称，且软尺不要打折。
2. 操作结束后及时将所有物品收回原位并清洁与消毒。

七、实训自评

婴幼儿体格检查的实训自评表见表 6-5-2。

表 6-5-2 婴幼儿体格检查的实训自评表

评分项目	评分标准	分值	得分
准备工作	1. 物品准备齐全。 2. 洗净双手。 3. 温度适宜。 4. 婴幼儿信息无误。	10	
操作流程	操作正确，流程完整。	60	
结束工作	结束后及时将所有物品归位。	10	
注意事项	能完整叙述本实训项目的注意事项。	10	
总体评价	1. 动作流畅、完整。 2. 现场处理问题沉着冷静。	10	
总分		100	
反思与收获			

附：婴幼儿身体发育测评表

婴幼儿身体发育测评表见表 6-5-3。

表 6-5-3 婴幼儿身体发育测评表

日期：　　年　　月　　日　　　　　　　　　　　　　　　　记录人：

婴幼儿姓名	月龄	头围(cm)	身高(cm)	体重(kg)	胸围(cm)	综合评价

模块七
护理与急救

实训项目一　体征测量

一、实训目的

1. 掌握婴幼儿体征测量的操作流程。
2. 明确体征测量环节的注意事项。

二、技能点

1. 体征测量的操作流程。
2. 体征测量的注意事项。

三、建议学时

1 学时。

四、实训设备及材料

幼儿床、温度计、酒精等。

五、操作流程及要求

体征测量的操作流程及要求见表 7-1-1。

表 7-1-1　体征测量的操作流程及要求

序号	操作流程	要求
1	准备工作	(1)将温度计、酒精、棉纱布等放在工作区域。 (2)清洁双手，用手背或手肘关闭水龙头，避免二次污染。
2	体温测量	水银温度计： (1)测体温时，先将体温计上的水银柱甩到 35℃以下，用棉纱布蘸酒精擦拭消毒后再用。 (2)腋温测量法：测量前，先擦去腋窝的汗，把体温计有水银的一头放入腋部中央夹紧，扶住婴幼儿的胳膊，以免移动造成测量不准。5～10 分钟后取出并读数。 (3)口温测量法：测量前 30 分钟不进食、不喝热水，将消毒后的口表的水银端倾斜放于舌下，不能用牙咬，3～5 分钟后取出读数，其间要求婴幼儿不能讲话。

续表

序号	操作流程	要求
2	体温测量	电子温度计： (1)按下电子体温计的开关按钮。 (2)腋温测量：将电子体温计置于婴幼儿的腋窝中央，夹紧上臂，约 90 秒即可。 (3)口温测量：将电子体温计置于舌下两侧的热包部位，将口紧闭约 1 分钟，读数并记录。
3	脉搏测量	(1)婴幼儿采取坐位或卧位。 (2)将食指、中指、无名指的指端按在婴幼儿的动脉处，力度大小以摸到脉搏的跳动为宜。 (3)测量 15～30 秒，用脉率乘 4(或 2)得出每分钟的脉搏次数，异常脉搏测量 1 分钟。
4	呼吸测量	(1)婴幼儿采取平卧位。 (2)将手放在婴幼儿的胸部或腹部，观察其呼吸情况，一起一伏为一次。 (3)计数 30 秒后乘 2，得出每分钟呼吸的次数，异常呼吸测量 1 分钟。
5	结束工作	数据记录准确，物品归放整齐。

六、注意事项

1. 测量脉搏时应在婴幼儿安静时进行。
2. 有口腔溃疡的婴幼儿不适宜使用口表。

七、实训自评

体征测量的实训自评表见表 7-1-2。

表 7-1-2 体征测量的实训自评表

评分项目	评分标准	分值	得分
准备工作	1. 手部清洁与消毒。 2. 物品准备齐全。	10	
操作流程	操作正确，流程完整。	60	
注意事项	能完整叙述本实训项目的注意事项。	20	
总体评价	1. 动作流畅、完整。 2. 处理问题沉着冷静。	10	
总分		100	
反思与收获			

实训项目二　温水擦拭降温

一、实训目的

1. 掌握婴幼儿温水擦拭降温的操作流程。

2. 明确温水擦拭降温的注意事项。

二、技能点

1. 温水擦拭降温的操作流程。

2. 温水擦拭降温的注意事项。

三、建议学时

1 学时。

四、实训设备及材料

婴幼儿模型、毛巾、脸盆等。

五、操作流程及要求

温水擦拭降温的操作流程及要求见表 7-2-1。

表 7-2-1　温水擦拭降温的操作流程及要求

序号	操作流程	要求
1	准备工作	(1)通风后关闭门窗，保持环境安静、整洁。 (2)将婴幼儿模型、脸盆、毛巾、温度计、记录本、笔等放到工作区域。 (3)清洁双手，用手背或手肘关闭水龙头，避免二次污染。 (4)排尿后评估婴幼儿的意识状态、体温及情绪状态。
2	操作过程	(1)取半盆 32～34℃的温水，将毛巾浸湿后拧至半干缠绕在手上。 (2)以离心方向依次擦拭婴幼儿的上肢、下肢和背部。 (3)擦拭上肢：婴幼儿平卧，从上肢近心端向远心端擦拭，在擦拭腋窝、肘窝直至手掌心时适当停留。 (4)擦拭下肢：婴幼儿平卧或侧卧，从下肢近心端向远心端擦拭，在擦拭腹股沟、腋窝时适当停留。 (5)擦拭背部：婴幼儿侧卧，擦拭顺序为颈下至臀部。
3	状态观察	(1)密切观察婴幼儿的面色、神志等情况。 (2)30 分钟后为婴幼儿复测体温并准确记录。
4	整理二作	(1)为婴幼儿穿好外衣。 (2)开窗通风、整理用物、洗手、记录。

六、注意事项

密切观察婴幼儿的面色、神志等情况，若出现寒战、面色苍白、呼吸异常等情况应立即停止擦拭，寻求紧急救助。

七、实训自评

温水擦拭降温的实训自评表见表 7-2-2。

表 7-2-2 温水擦拭降温的实训自评表

评分项目	评分标准	分值	得分
准备工作	1. 手部的清洁与消毒。 2. 物品准备齐全。	10	
操作流程	操作正确，流程完整。	60	
注意事项	能完整叙述本实训项目的注意事项。	20	
总体评价	1. 动作流畅、完整。 2. 处理问题沉着冷静。	10	
总分		100	
反思与收获			

实训项目三　婴幼儿给药

一、实训目的

1. 掌握婴幼儿给药的操作流程。
2. 掌握婴幼儿给药的注意事项。

二、技能点

1. 婴幼儿给药的操作流程。
2. 给药的注意事项。

三、建议学时

1 学时。

四、实训设备及材料

婴幼儿模型、碗、勺子等。

五、操作流程及要求

(一)婴幼儿口服给药的操作流程及要求

婴幼儿口服给药的操作流程及要求见表 7-3-1。

表 7-3-1 婴幼儿口服给药的操作流程及要求

序号	操作流程	要求
1	准备工作	(1)将婴幼儿模型、碗、勺子、口服药物等放在工作区域。 (2)按照七步洗手法清洁双手，用手背或手肘关闭水龙头，避免二次污染。
2	核实信息	(1)核对婴幼儿班级、姓名、药名、剂量、用药方法、用药时间。 (2)检查药物是否在保质期内、是否受到污染或变质，包装是否完整。 (3)若发现药物标签脱落或标签字迹不清，需联系家长，再次确认。
3	准备药物	(1)液体药物使用前摇匀。 (2)将普通片剂药物研磨碎后用水冲成原液状，泡腾片和分散片放水里让其融化。 (3)颗粒剂药物用水适量充分搅拌，其他注意事项见说明书。 (4)拿出滴管取适当药液，在手臂内侧试一下温度。
4	喂药	(1)将婴幼儿抱在怀里，颈部固定在照护者的左侧胳膊上，左手固定婴儿的手臂，让婴幼儿处于半仰卧位或半坐位状态。 (2)拿滴管吸取药物，轻轻碰触婴幼儿的下唇，使他的嘴巴张开，把药物缓慢滴入，待婴幼儿吞咽后，再喂下一口。 (3)喂完药后，再用滴管吸取少量温水给婴幼儿冲洗口腔，用纸巾将婴幼儿的嘴角擦干净。
5	观察记录	(1)观察婴幼儿有无不良反应。 (2)记录婴幼儿的给药情况。

(二)婴幼儿眼部给药的操作流程及要求

婴幼儿眼部给药的操作流程及要求见表 7-3-2。

表 7-3-2 婴幼儿眼部给药的操作流程及要求

序号	操作流程	要求
1	准备工作	(1)将婴幼儿模型、眼药水、棉签等放在工作区域。 (2)清洁双手，用手背或手肘关闭水龙头，避免二次污染。
2	滴眼药水	(1)告知婴幼儿要滴眼药水了，让婴幼儿平躺在台面上，用棉球清洁婴幼儿眼部的分泌物。 (2)右手拿眼药水，左手轻轻扒开婴幼儿的下眼睑；将眼药水滴到眼球与眼睑之间。 (3)滴完后，轻轻将下眼睑放开，引导婴幼儿慢慢闭上眼睛，将眼球转动 1～2 分钟。 (4)根据需要，重复上述动作，为另一只眼睛滴眼药水。
3	用药记录	记录婴幼儿的给药情况。

（三）婴幼儿耳部给药的操作流程及要求

婴幼儿耳部给药的操作流程及要求见表 7-3-3。

表 7-3-3　婴幼儿耳部给药的操作流程及要求

序号	操作流程	要求
1	确认信息	(1)将婴幼儿模型、耳药、棉签和棉球等放在工作区域。 (2)清洁双手，用手背或手肘关闭水龙头，避免二次污染。
2	滴耳药	(1)告知婴幼儿要滴耳药了，让婴幼儿侧躺在台面上，病耳向上。 (2)向下、向后轻拉耳垂，使外耳道变直，用干净的棉签把耳道的分泌物清理干净。 (3)滴入耳药之前用手将药物搓热，达到体表温度即可，过凉会引起眩晕。 (4)将耳药轻轻滴入耳内。 (5)轻揉耳屏使药液分布均匀。 (6)引导婴幼儿保持侧躺姿势 3 分钟，在此过程中安抚婴幼儿的情绪。 (7)3 分钟后让婴幼儿坐起，用棉球堵住耳道，让液体自然流出，流出后拿出棉球，如果外耳道还有潮湿，拿棉签把潮湿的部位擦干。
3	用药记录	记录婴幼儿的给药情况。

六、注意事项

1. 给药前需核对婴幼儿的班级、姓名、药名、剂量、用药方法、用药时间。
2. 滴耳药前，可将耳药在手里温暖一段时间，使耳药温度和人体温度差不多，以缓解耳部不适感。

七、实训自评

婴幼儿给药的实训自评表见表 7-3-4。

表 7-3-4　婴幼儿给药的实训自评表

评分项目	评分标准	分值	得分
准备工作	1. 手部清洁与消毒。 2. 物品准备齐全。	10	
操作流程	操作正确，流程完整。	60	
注意事项	能完整叙述本实训项目的注意事项。	20	
总体评价	1. 动作流畅、完整。 2. 处理问题沉着冷静。	10	
总分		100	
反思与收获			

实训项目四　跌伤的应急处理

一、实训目的

1. 能按规范步骤对婴幼儿实施跌伤应急处理的操作。
2. 掌握婴幼儿跌伤处理的注意事项。

二、技能点

1. 婴幼儿跌伤的症状、危害、常见原因及预防措施。
2. 对婴幼儿的初步伤病情况进行评估，为婴幼儿实施现场应急处理。

三、建议学时

1 学时。

四、实训设备及材料

婴幼儿模型、毛巾、冰袋等。

五、操作流程及要求

跌伤的应急处理的操作流程及要求见表 7-4-1。

表 7-4-1　跌伤的应急处理的操作流程及要求

序号	操作流程	要求
1	观察现场	快速观察现场，确保周围环境安全，迅速查明婴幼儿受伤的原因。
2	评估伤情	(1)原地观察婴幼儿，不要随意搬动，判断其有无意识，精神是否正常，若婴幼儿昏迷，呼吸停止，应立即实施心肺复苏并拨打 120。 (2)检查婴幼儿的受伤情况，如有无骨折、出血等。
3	处理伤口	淤青、红肿，无皮损： (1)冷敷：用毛巾包裹冰袋，冷敷 5～10 分钟，以消肿并缓解疼痛。 (2)热敷：24 小时后，取半盆适当温度的热水，将毛巾浸湿后拧至半干，敷于患处。 伤轻，出血少： (1)用生理盐水冲洗伤口。 (2)用碘伏对伤口进行消毒，用无菌敷料包扎。 创口大，出血较多： (1)压迫止血。 (2)用生理盐水冲洗伤口。 (3)用碘伏消毒后包扎，送医院。 皮下血肿： (1)用生理盐水清洁皮肤。 (2)用冰袋冷敷，每次不超过 30 分钟，以免冻伤，禁止局部揉搓。

续表

序号	操作流程	要求
4	健康监测	跌落后 24～48 小时内，若婴幼儿出现以下情况，应立即就医。 (1)精神萎靡不振，嗜睡，难以唤醒。 (2)持续性头痛，小月龄婴儿表现为哭闹不止、烦躁、不能正常进食和睡觉等。
5	记录与追踪	(1)记录情况并归档。 (2)做好事后追踪，及时了解婴幼儿的健康状况，并与相关人员进行及时有效的沟通。

六、注意事项

1. 婴幼儿跌落后，不要立马抱起婴幼儿，先原地观察。
2. 不可对婴幼儿的受伤部位进行揉搓、按摩，这样会加重肿胀和疼痛。

七、实训自评

跌伤的应急处理的实训自评表见表 7-4-2。

表 7-4-2　跌伤的应急处理的实训自评表

评分项目	评分标准	分值	得分
准备工作	将毛巾、冰袋、生理盐水、纱布、医用棉签、无菌敷料、碘伏等放在工作区域。	10	
操作流程	操作正确，流程完整。	60	
注意事项	能完整叙述本实训项目的注意事项。	20	
总体评价	1. 动作流畅、完整。 2. 处理问题沉着冷静。 3. 通过语气、表情、肢体动作等给予婴幼儿关注与呵护。	10	
总分		100	
反思与收获			

实训项目五　烧（烫）伤的应急处理

一、实训目的

1. 能按规范步骤对婴幼儿实施烧（烫）伤应急处理的操作。
2. 掌握婴幼儿烧（烫）伤处理的注意事项。

二、技能点

1. 婴幼儿烧（烫）伤的症状、危害、常见原因及预防措施。

2. 对婴幼儿的初步伤病情况进行评估，为婴幼儿实施现场应急处理。

三、建议学时

1 学时。

四、实训设备及材料

婴幼儿模型、烫伤膏、无菌纱布等。

五、操作流程及要求

烧(烫)伤的应急处理的操作流程及要求见表 7-5-1。

表 7-5-1　烧(烫)伤的应急处理的操作流程及要求

序号	操作流程	要求
1	准备工作	(1)将婴幼儿模型、烫伤膏、无菌纱布等放在工作区域。 (2)摘去首饰，按照七步洗手法清洗双手。
2	评估伤情	尽快进行伤情评估，了解婴幼儿的受伤部位、受伤面积等。
3	紧急处理	(1)脱离热源。 (2)将婴幼儿的烧(烫)伤部位用凉水冲洗 10～20 分钟，使烧(烫)伤部位尽快降温，再将婴幼儿的衣服脱去或剪破。 (3)轻度烧(烫)伤后经降温处理，局部仅出现红斑，说明情况不太严重，涂一些常用的烫伤膏，安抚婴幼儿使其休息即可。 (4)如果烧(烫)伤严重，出现水疱或破皮，降温后用无菌纱布覆盖，立即送医院治疗。
4	结束工作	将剪坏的衣服扔到垃圾桶，其他物品摆放整齐。

六、注意事项

1. 不要将冰块直接敷在烧(烫)伤局部，以免引起二次损伤。
2. 不要去掉粘连在烧(烫)伤部位的任何东西，以免再次损伤或感染。

七、实训自评

烧(烫)伤的应急处理的实训自评表见表 7-5-2。

表 7-5-2　烧(烫)伤的应急处理的实训自评表

评分项目	评分标准	分值	得分
准备工作	1. 将婴幼儿模型、烫伤膏、无菌纱布等放在工作区域。 2. 摘去首饰，按照七步洗手法清洗双手。	10	
操作流程	操作正确，流程完整。	60	
注意事项	能完整叙述本实训项目的注意事项。	20	

续表

评分项目	评分标准	分值	得分
总体评价	1. 动作流畅、完整。 2. 处理问题沉着冷静。 3. 通过语气、表情、肢体动作等给予婴幼儿关注与呵护。	10	
总分		100	
反思与收获			

实训项目六　鼻出血的应急处理

一、实训目的

1. 能按规范步骤对婴幼儿实施鼻出血应急处理的操作。
2. 掌握婴幼儿鼻出血处理的注意事项。

二、技能点

1. 婴幼儿鼻出血的典型体征、危害、常见原因及预防措施。
2. 婴幼儿鼻出血的应急处理。

三、建议学时

1 学时。

四、实训设备及材料

婴幼儿模型、冰袋、纸巾、毛巾等。

五、操作流程及要求

鼻出血的应急处理的操作流程及要求见表 7-6-1。

表 7-6-1　鼻出血的应急处理的操作流程及要求

序号	操作流程	要求
1	准备工作	(1)将婴幼儿模型、毛巾、冰袋、洗手液、纸巾、水盆等放到工作区域。 (2)衣着整齐，摘去首饰，按照七步洗手法清洁双手。
2	评估伤情	尽快进行生命体征评估和二次评估，了解婴幼儿鼻腔出血的情况。

续表

序号	操作流程	要求
3	急救处理	(1)将婴幼儿抱入怀中进行安抚，鼓励婴幼儿不要害怕。 (2)将婴幼儿的身体置于前倾的位置，可以是坐位，也可以是直立位，切忌让婴幼儿仰望或抬头，否则会使鼻血流向咽部，血量多时还可能引发窒息。 (3)用食指和拇指捏住婴儿的鼻翼部位，用冰袋或湿毛巾冷敷幼儿的额头及鼻周，压迫时间 5～10 分钟。 (4)压迫止血 5～10 分钟后，松开手清理婴幼儿面部的血迹，观察出血是否停止。
4	及时送医	如果采取上述措施后，鼻出血还是无法止住，或者出血量大，并伴有脸色苍白、出冷汗、呼吸困难等症状，应及时送医就诊。
5	整理	(1)安抚婴幼儿，并嘱咐婴幼儿不要用手揉搓鼻子，避免出现二次出血。 (2)整理物品，将毛巾进行清洗晾晒，其他物品摆放整齐。

六、注意事项

1. 不要让婴幼儿平躺或仰头，以防鼻血流入呼吸道引起窒息。
2. 鼻血止住后，不要急于挖出鼻孔内的血凝块和揉搓鼻子，以防再次出血。

七、实训自评

鼻出血的应急处理的实训自评表见表 7-6-2。

表 7-6-2　鼻出血的应急处理的实训自评表

评分项目	评分标准	分值	得分
准备工作	1. 将婴幼儿模型、毛巾、冰袋、洗手液、纸巾、水盆等放到工作区域。 2. 衣着整齐，摘去首饰，按照七步洗手法清洁双手。	10	
操作流程	操作正确，流程完整。	60	
注意事项	能完整叙述本实训项目的注意事项。	20	
总体评价	1. 动作流畅、完整。 2. 处理问题沉着冷静。 3. 通过语气、表情、肢体动作等给予婴幼儿关注与呵护。	10	
总分		100	
反思与收获			

浙江省高职院校“十四五”
重点立项建设教材

新形态教材
入眼·入脑·入手
易教·乐学

婴幼儿托育相关专业教材

洪秀敏 /丛书主编

婴幼儿照护实务

YINGYOU'ER
ZHAOHU
SHIWU

赵　青 /本书主编
王春芝　张　静 /本书副主编

北京师范大学出版集团
BEIJING NORMAL UNIVERSITY PUBLISHING GROUP
北京师范大学出版社

图书在版编目(CIP)数据

婴幼儿照护实务/赵青主编．—北京：北京师范大学出版社，2023.8(2025.9 重印)

ISBN 978-7-303-28456-6

Ⅰ.①婴… Ⅱ.①赵… Ⅲ.①婴幼儿—哺育—高等职业教育—教材 Ⅳ.①TS976.31

中国版本图书馆 CIP 数据核字(2022)第 242759 号

出版发行：北京师范大学出版社 https://www.bnupg.com
北京市西城区新街口外大街 12-3 号
邮政编码：100088

印　　刷：优奇仕印刷河北有限公司
经　　销：全国新华书店
开　　本：889 mm×1194 mm　1/16
印　　张：17.75
字　　数：374 千字
版　　次：2023 年 8 月第 1 版
印　　次：2025 年 9 月第 4 次印刷
定　　价：59.80 元(含实训指导手册)

策划编辑：罗佩珍　　责任编辑：宋　星
美术编辑：焦　丽　　装帧设计：焦　丽
责任校对：陈　荟　申立莹　　责任印制：赵　龙

本书编委会

丛 书 主 编： 洪秀敏

丛书副主编： 张根健　商传辉

本 书 主 编： 赵　青

本书副主编： 王春芝　张　静

使用说明

《婴幼儿照护实务》由教材和实训指导手册两部分组成。教材将典型工作任务及工作过程知识作为主体内容，遵循教育教学规律，按照学习初体验、学习任务单、学习内容和学习效果检测一体化构建，课程学习贯穿课前、课中和课后。实训指导手册以实训目的、技能点、建议学时、实训设备及材料、操作流程及要求、注意事项、实训自评为主要内容，引导学习者自主学习及评估。

教材中还有许多辅助、引导学习者的学习资源，这些资源如下。

“拓展阅读”展示的是与学习任务相关的拓展内容。

“典型案例”展示的是与学习任务相关的案例应用。

“想一想”“练一练”展示的是与学习任务相关的思考、练习、应用或角色扮演等活动。

“扫一扫”展示的是实训标准操作流程视频及相关文件，扫二维码即可观看。

课前建议使用学习初体验布置课前学习任务单，课前学习任务单根据学习者已有的知识水平和认知能力，借助旧知的迁移、各种小调查、预习后的反思等多种途径对新知识进行个性化的解读。这样不仅能提升学习者的自主学习能力，而且也为教师的课堂教学做好了充足准备。

课中授课建议采用任务驱动教学法，可以借助教材中的案例作为典型任务，基于托育机构岗位任务，开展婴幼儿照护知识和技能的任务化活动、场景化教学，并完成任务中的相关活动，促进学生基于岗位需求的职业素养、照护知识与技能的提升。课程中涉及的实训内容建议使用配套的实训指导手册，实训指导手册针对照护的难点进行技能点的拆解，规范操作流程、指导详细，并可通过实训自评表自评，体现了“以学生为中心、以学习成果为导向、促进自主学习”的教学理念。同时，通过提供的立体化、信息化融媒体资源，引导学习者按照规范操作流程进行自主练习，开展自我评估或同伴互评，为技能学习的标准化、自主化提供支持。

课后完成学习效果检测，这些检测以思考题、实践应用和案例分析等形式呈现，既有对知识点的巩固，也有对托育机构岗位工作实际问题的分析应用，能有效引导学习者巩固知识，提高实际解决问题的能力。

丛书序

3 岁以下婴幼儿照护服务是生命全周期服务管理的重要内容，事关婴幼儿健康成长，事关千家万户。党中央、国务院高度重视婴幼儿照护服务的发展。党的十九大报告在保障和改善民生的蓝图中将“幼有所育”排在七项民生之首；党的二十大报告指出，要深入贯彻以人民为中心的发展思想，在“幼有所育”等方面持续用力，建立生育支持政策体系。加快发展普惠托育服务体系，专业人才培养是关键。支撑职业教育高质量发展，专业教材建设是关键。教材建设是育人育才的重要依托，是培养学生职业道德、职业技能、就业创业和继续学习能力的重要载体。职业教育专业教材是职业院校开展教学工作的基础，建设什么样的教材体系，核心教材传授什么内容、倡导什么价值，都直接影响着托育专业职业教育的学科建设和人才培养质量。

2021 年，教育部发布新调整的职业教育专业目录，一体化设计了中职—高职专科—高职本科专业体系，新增了中职、高职专科、高职本科三个学段的婴幼儿托育相关专业，亟须建设相关配套专业教材。《“十四五”职业教育规划教材建设实施方案》明确指出，要服务民生领域急需紧缺行业发展，加快建设学前、托育、护理、康养、家政等领域专业课程教材。为服务于托育相关专业教学与课程建设需求，本套教材以促进学生全面发展、增强综合素质为目标，以打造培根铸魂、启智增慧、适应时代要求、具有较高质量的托育专业职业教育教材为重点，力图做到“四个坚持”。

1. 坚持德育为先，发挥课程思政与立德树人功能

教材建设的根本问题是培养人的问题。在本套教材的编写过程中，编写团队始终坚持正确的政治方向和价值导向，将习近平新时代中国特色社会主义思想，特别是关于教材建设的重要论述贯穿教材建设的各个环节，全面落实课程思政要求，努力贯彻落实立德树人根本任务。编写团队认真贯彻落实党中央、国务院关于发展婴幼儿照护服务的政策精神，将培育和践行社会主义核心价值观融入教材编写的全过程，在价值理念导向、专业知识诠释和实践案例选取过程中，扎根中国大地，站稳中国立场，坚定“四个自信”，努力增强教材铸魂育人功能，注重引导学生增强专业认同感，关爱婴幼儿，热爱托育事业，正确理解 3 岁以下婴幼儿发展特点研究和托育机构保育工作的重要意义，坚定专业信念，并能自觉努力成长为有理想信念、有道德情操、有扎实学识、有仁爱之心的婴幼儿健康成长的启蒙者和引路人。

2. 坚持学生为本，遵循学生的学习规律与发展需求

本套教材坚持以学生为中心的理念，深入研究托育专业人才的成长规律和学生的认知特点，遵循职业教育学生学习的特点、规律和需求，增强教材对学生专业学习与发展的适切性。在编写过程中，编写团队努力以学习成果为导向设计教材结构和内容，注重托育机构工作场景、典型的保育工作任务以及案例分析等模块化课程和项目化学习成果设计，创新教材呈现形式，通过生活化、情景化、动态化、形象化的案例场景，积极开发具有补充性、更新性和延伸性的学习资源，遵循理论知识与实践技能相统一、从简单到复杂、从单一到综合的学习规律与职业成长规律，注重通过通俗易懂的文字论述和丰富的案例材料，最大限度地激发学生的学习兴趣和探究行为，满足学生多样化、个性化和实用化的学习需求和专业发展需求，提高他们对婴幼儿托育的专业认知、专业情感、专业态度和专业精神等专业素养。

3. 坚持研究为要，反映托育领域的最新政策、研究与实践

托育领域涉及多学科，综合性强，目前可直接参考借鉴的资源并不多，教材的编写难度大。为此，编写团队做到了以下几点：一是注重国家托育改革创新实践与最新政策的动态，认真学习并全面贯彻我国托育服务相关政策与法规的最新要求，在教材编写中力求及时反映托育政策和事业改革发展的新要求、新理念和新规范；二是全面对标托育专业相关教学标准和保育师、育婴师等国家职业技能标准，持续追踪婴幼儿发展与托育研究的动态，深入研究婴幼儿生理与心理发展、营养与喂养、学习与发展、卫生与保健、常见病和伤害预防与处理等专业知识与最新进展，及时吸纳新方法和新成果，尽可能体现出先进性、引领性和科学性；三是为充分体现职业教育的实用性与实践性特点，坚持深入调研了解行业企业和托育机构的现状与需求，跟进了解行业企业发展与院校培养的最新动态，努力反映托育行业的新探索、新实践和新经验。

4. 坚持质量为重，建设联合攻关高水平教材编写团队

多主体协同、多元化参与，是确保教材思想方向、保障专业水准、拓展教材形式、提升编写质量等的关键所在。本套教材在编写过程中，充分调动了一批儿童早期发展、卫生保健、儿童心理学、学前教育学等方面的高校的研究者和职业院校婴幼儿托育相关专业的教师的积极性，整合了医疗机构、行业协会、托育机构等多方优质资源，组建了一支产教融合、校企合作、结构合理、经验丰富、专业能力强的高水平教材编写团队。编写团队凝智聚力，联合攻关，统一指导思想、编写理念、编写策略和编写风格，发挥各家所长，分工明确，相互协调配合，同时，编写、审定和出版各环节严格把关，确保专业教材的编写质量，力争打造一套培根铸魂、启智增慧，具有时代性、科学性、权威性、前沿性、实用性的托育职业教育专业精品教材。

本套教材的编写得到了北京师范大学出版社的大力支持，在撰写过程中参考和引用了国内外的许多研究成果与观点，在此深致谢忱。真诚希望本套教材能够为托育职业教育、托育培训者和管理者、广大托育机构工作者等提供有益的参考与借鉴。

洪秀敏
北京师范大学

前 言

党的二十大报告提出“深入贯彻以人民为中心的发展思想，在幼有所育、学有所教、劳有所得、病有所医、老有所养、住有所居、弱有所扶上持续用力，人民生活全方位改善”。《中华人民共和国国民经济和社会发展第十四个五年规划和 2035 年远景目标纲要》更是将托育服务体系的发展列入国家级“KPI”，实现“幼有所育”已经上升为我国全局性和战略性的重大问题之一。建设一支品德高尚、富有爱心和敬业精神、素质优良的婴幼儿照护服务队伍势在必行。现阶段，婴幼儿照护相关专业人才的培养由高等院校和职业院校(含技工院校)负责，高职院校已经成为培养婴幼儿照护相关专业人才的主力军。职业教育作为类型教育，具有与普通教育不一样的教育规律、教育性质、培养目标和培养方式。2014 年，习近平总书记就加快职业教育发展做出了重要指示，其中提到职业教育坚持产教融合、校企合作，坚持工学结合、知行合一，深刻揭示了职业教育作为类型教育基本的办学和教学规律，为我国现代职业教育的发展指明了方向。

本教材认真贯彻落实习近平新时代中国特色社会主义思想，围绕国家发展战略，紧密对接托育服务，围绕“幼有所育”，为“幼有善育”提供婴幼儿照护高技能人才培养支持。本教材紧扣当下托育机构对婴幼儿照护从业人员的素质要求，体现工学结合、理实一体。编写团队校企合作、医教融合，多元主体优势互补，确保教材质量优先。本教材体现出以下特色。

1. 对接国家发展战略，服务托育新需求

本教材严格遵循国家发布的托育新政策、新规范和新标准，参考了《托育机构设置标准(试行)》《托育机构管理规范(试行)》《托育机构保育指导大纲(试行)》等政策文件精神，充分体现了托育的新观念、新要求、新技术。

2. 对接典型工作任务，“岗课赛证”深度融通

本教材对接婴幼儿托育岗位工作要求，围绕托育机构一日生活中的安全防护、日常照料、健康管理和疾病防控工作内容，融入教育部“1 + X”母婴护理、幼儿照护证书和国家职业技能标准中对保育师的职业技能要求，以及育婴师、早期教育专业保教技能大赛相应的知识技能，将教材内容与岗位能力要求、职业技能要求与技能大赛要求相融通，通过内容模块化、活动任务化、教学场景化，促进学习者基于岗位需求的职业情感、婴幼儿照护知识与技能的提升。

3. 任务融合课程思政，综合育人有味无痕

本教材围绕“为谁培养人，培养什么人，怎样培养人”三个核心问题，融入习近平新时代中国特色社会主义思想，培养学生胸怀祖国、服务人民的爱国精神。依据托育行业道德、行业规范提炼出核心价值体系，深度挖掘每个学习任务中的思政元素，自然融入爱国教育和价值观教育，以及职业道德、职业情感和职业精神教育等内容。同时，充分体现婴幼儿回应性照护的教育价值，在照护过程中育人，为建设教育强国、办好人民满意的教育奠定基础。通过知识与技能融合、认知与实践衔接、素养与师德浸润，培养学习者爱国、爱民的情感及知婴、爱婴、育婴的职业能力和职业素养。

4. 学习资源立体化呈现，教材融媒体新形态

本教材配有实训指导手册和丰富的数字教学资源，呈现方式多样，使用方便。实训指导手册针对婴幼儿照护的难点进行技能点的分解，配有操作流程的详细指导，并通过实训项目自评表实施自我评估，体现“以学生为中心、以学习成果为导向、促进自主学习”的教学理念。同时，提供多种类型的立体化、信息化融媒体教学资源，其中有大量视频及文本资源，扫码即可查看，方便学生学习及应用。这种新形态使教材内容得以拓展与延伸。

5. 编写团队校企医三方合作，强强联合优势互补

本教材的编写团队由擅长婴幼儿照护课程教学研究和婴幼儿照护实践研究的成员组成。主编赵青为金华职业技术学院早期教育专业主任，主持完成了省部级课题5项，主编了国家“十二五”规划教材1本、早期教育专业系列教材《0～3岁婴幼儿卫生与保育》、幼儿保育专业教材《0～3岁婴幼儿生活照护》，参与了教育部新专业目录早期教育、幼儿保育专业简介的研制。副主编王春芝为上海爱绿教育管理咨询有限公司副总经理，主管护理师、高级育婴师、高级营养师，主管爱绿集团下属幼儿园和集团旗下上海堃苗教育科技有限公司下属的贝思优托育园的安全与保健管理工作。副主编张静为金华市妇幼保健院儿童保健部副部长兼儿童保健科共同主任，中国妇幼保健协会儿童疾病和保健分会青年委员，中国医师协会全国新生儿专科医师医联体专家委员会省网委员，美国心脏协会基础生命支持、高级生命支持导师，擅长神经发育障碍性疾病、儿童营养性疾病的诊治。实训指导手册副主编冯少丽为上海幼之乐教育科技有限公司产品部总监，主管幼之乐的产品设计及研发工作，搭建了幼之乐婴幼儿照护实训室、早期学习支持实训室、营养与膳食实训室、虚拟仿真实训室等，并参与了配套内容的资源建设，就读硕士期间参与了欧盟伊拉斯谟计划芬兰坦佩雷大学“高等教育研究与创新”(MARIHE)项目的学习，了解了芬兰的早期教育体系，为芬兰自然教育导师。

赵青教授主持编写本教材，确定教材的框架结构、教材目录，组织并指导教材的编写与教学资源的制作，负责教材内容的统稿和修改，以及绪论、学习模块一和学习模块二游戏活动照护的编写；山西运城幼儿高等师范专科学校牛丽萍副教授负责学习模块二盥洗照护和如厕照护的编写；金华职业技术学院胡玉敏老师负责学习模块二饮水照护和进餐照护的编写；宁波幼儿高等师范专科学校董钰萍副教授负责学习模块二睡眠照护的编写；上海爱绿集团王春芝、李琴和钟艳分别负责学习模块三健康检查、体格锻炼和健康教育的编写；金华市妇幼保健院儿童保健部副部长兼儿童保健科共同主任张静负责学习模块四传染病防控和卫生保健的编写；金华市妇幼保健院儿童保健部护士长周晓负责学习模块四护理与急救的编写。本教材的实训指导手册由冯少丽负责编写。

特别感谢北京师范大学洪秀敏教授和青岛市妇女儿童医院儿童保健科专家许培斌对本教材提出的宝贵建议。在本教材的编写过程中，编者借鉴了国内外的相关文献，在此对这些文献的作者表示衷心的感谢！

由于我国婴幼儿照护的发展才刚起步，编者的水平有限，再加上有关托育政策、法规和标准正在陆续出台中，婴幼儿照护的研究成果也不断涌现，本教材难免有不完善之处，期待大家提出宝贵意见，使本教材日臻完美。

编　者

目 录

绪　论

《婴幼儿照护实务》以0～3岁婴幼儿生活照护的理论与技能要求为基础，旨在维护0～3岁婴幼儿的身心健康和发展，是婴幼儿托育服务与管理专业、早期教育专业学生必修的一门专业课。

医学杂志《柳叶刀》于2016年10月公布的儿童早期发展系列报告的关键词是“养育照护”，并明确指出为儿童早期发展提供高质量的养育照护是实现其未来潜能的重要保障。2018年，世界卫生组织等国际机构联合发布了养育照护促进儿童早期发展框架(Nurturing Care Framework，NCF)，确定了以健康、营养、安全、回应性照护和早期学习机会为核心内容的养育照护策略。

近年来，随着我国“三孩政策”等人口政策的落地与持续推进，人们对婴幼儿照护服务的需求日益迫切。为了指导托育机构为3岁以下婴幼儿提供科学、规范的照护服务，国家卫生健康委员会发布了《托育机构保育指导大纲(试行)》，明确了托育机构保育是婴幼儿照护服务的重要组成部分，并提出了托育机构保育需要遵循的四大原则为“尊重儿童”“安全健康”“积极回应”“科学规范”。其中，“积极回应”解释为提供支持性环境，敏感观察婴幼儿，理解其生理和心理需求，并及时给予积极适宜的回应。结合托育机构服务的主要内容和世界卫生组织提出的养育策略，《托育机构保育指导大纲(试行)》中提到的“积极回应”对应的是婴幼儿回应性照护。

一、 托育机构回应性照护的基本概念

托育机构回应性照护主要围绕托育机构婴幼儿保育工作开展，是婴幼儿生命全周期服务管理的重要内容。通过创设适宜的环境，合理安排一日生活和活动，提供生活照护、安全看护、平衡膳食和早期学习机会，促进婴幼儿身体和心理的全面发展。

回应性照护是指照护者密切观察婴幼儿的动作、声音和手势等线索，通过肌肤接触、眼神、表情、言语等形式对婴幼儿的需求做出及时且恰当的回应。

结合托育机构的实际工作，托育机构回应性照护是指托育机构的照护者在照护婴幼儿的过程中，通过创设适宜于婴幼儿生活和游戏活动的物质和心理环境，密切观察婴幼儿的表情、声音、动作和情绪等表现，理解其所发出的信号和表达的生理与心理需求，通过身体接触、肢体语言、语言交流、行为支持等形式及时给予恰当、积极的回应，从而促进婴幼儿身心全面发展的一系列照护行为。

二、 托育机构回应性照护与婴幼儿发展的关系

（一）有利于婴幼儿更好地建立安全感

婴幼儿依恋的性质不仅与照护者和婴幼儿在一起的时间的多少有关，而且还与照

护者的照护方式相关。托育机构提倡的回应性照护使照护者在与婴幼儿互动的过程中能更敏锐地把握和理解婴幼儿的需求，持续、恰当地为婴幼儿提供支持和帮助。婴幼儿与照护者之间发展出的安全型依恋会逐渐拓展为婴幼儿对周围人的信任与爱，增强他们的自信心和安全感，使他们放心地探索世界，逐渐理解自己与他人、与周围环境之间的关系。

（二）有利于促进婴幼儿的多方面发展

托育机构回应性照护不仅能满足婴幼儿的生理需求，而且会关注婴幼儿的心理需求及发展。照护过程伴随着及时且恰当的肢体动作、身体接触、眼神表情、语音语调的刺激，为满足婴幼儿的大脑发育提供了必要条件，在促进其认知能力、语言能力以及社会性和情绪发展等方面发挥着重要作用，能有效减少婴幼儿的心理和行为障碍。

（三）有利于婴幼儿良好生活习惯的养成

在托育机构回应性照护过程中，照护者与婴幼儿之间的互动是一种信号发出与反馈的连贯互动。照护者密切观察婴幼儿，并以其动作、声音和手势等为线索，评估婴幼儿的多样化需求，通过肌肤接触、眼神、微笑、言语、动作等形式对婴幼儿的需求做出及时且恰当的回应。婴幼儿发出的信号能得到照护者的回应又是诱发下一个互动的重要前提，这种多次重复的生活环节，以及有规律的、规范性的重复刺激有利于婴幼儿良好条件反射的建立，从而促进他们良好生活习惯的养成。

三、托育机构回应性照护的要求及任务

（一）托育机构保育是婴幼儿照护服务的重要组成部分

刚出生的婴儿无法离开成人独自在社会中生存。即使是幼儿期，其自我照护、自我保护的能力及知识、经验等也都比较缺乏，必须依赖成人生存和生活。婴幼儿的这种依赖性决定了成人要为他们提供必需的生活环境与条件，给予他们精心的照顾与养育，这是婴幼儿得以生存和健康成长的重要保证。《托育机构保育指导大纲(试行)》指出，托育机构保育是婴幼儿照护服务的重要组成部分，是生命全周期服务管理的重要内容。因此，照护者只有熟知婴幼儿的身心发展特点，习得必要的安全防护、卫生保健和疾病预防的知识，掌握支持婴幼儿早期学习所需的知识与技能，才能有效地实施回应性照护。

（二）托育机构回应性照护是构建婴幼儿安全型依恋的基础

托育机构回应性照护将婴幼儿视为值得尊重的人，这种尊重体现在照护者与婴幼儿互动时，将婴幼儿视为独立、完整的个体，尊重其学习意愿及行动能力，让婴幼儿相信照护者是值得信任的人，愿意表现、表达自己的真实需要和想法，从而产生安全型依恋。例如，在需要婴幼儿身体配合时，照护者能提前向他们解释正在进行的以及接下来要发生的事情，学会耐心等待婴幼儿的回应；在婴幼儿沉浸于自己的世界时，照护者不轻易打扰，就在一旁静静地观察、守护，相信他们的学习能力和解决问题的能力；在婴幼儿需要外界的帮助时，照护者尽量采用温和的、带有引导性的方式给予回应与支持，帮助他们最终凭借自身的力量解决问题。

（三）托育机构回应性照护是体现婴幼儿保教融合的最佳途径

婴幼儿的生活和学习密不可分，这决定了托育机构回应性照护必然是保育与教育的融合。托育机构的照护者与婴幼儿之间通过每天必不可少的照护行为建立互动关系，这些重复的一日生活照护蕴含着重要的教育价值，如进餐、如厕、睡眠、盥洗、游戏等环节就涵盖了动作、言语、行为、习惯等多方面能力和品质的养

成与发展。吃饭、如厕、穿衣等日常照护，都是帮助婴幼儿发展身心、探索世界、学习技能以及建立规则意识的重要机会。因此，照护者不能只是一位懂照顾婴幼儿的生活保姆，还应是具备良好的照护技能和早期教育能力，能为婴幼儿提供有准备的物质环境，创造丰富的早期学习机会，促进婴幼儿动作、认知、言语、情绪和社交等方面发展的引导师。

（四）托育机构回应性照护需要准确解读婴幼儿的行为

照护者需要及时、适时地理解和判断婴幼儿的需求，确保托育机构回应性照护的及时性和有效性。婴幼儿具有独特性和个体差异性，其行为表现出明显的多样性和多源性，这就需要照护者仔细观察婴幼儿的行为表现，正确解读这些信号背后的需求。例如，在喂养过程中比较常见的饥饿信号有张开嘴寻找乳头、看到食物就兴奋、小勺靠近时张嘴、时不时发出吮吸的动作或响声等。照护者需要每日记录婴幼儿的生理节律、活动状态和能力水平，在一日生活观察中了解、判断不同婴幼儿的需求特点，为给予积极恰当的回应奠定基础。

（五）托育机构回应性照护需要保证回应的恰当性和合理性

回应是指照护者解读婴幼儿发出的信号后做出的反应。积极回应不仅体现在回应的恰当性上，而且体现在回应的合理性上。例如，刚睡醒的婴幼儿躺在床上还没有发出起床信号时，照护者无须着急抱起，过早的回应反而可能会对其造成干扰。因此，照护者做出回应时需要准确判断婴幼儿在面对问题时所承受的最大压力水平，在合理的压力水平内做出恰当的反馈。照护者要想避免不恰当的回应，需要积极了解婴幼儿的年龄特点、身心发展规律以及他们对于周围环境的需求，在实践中不断积累照护经验。

（六）托育机构回应性照护需要处理好婴幼儿共性及个性的需求

照护者需要充分了解婴幼儿的身心发展特点，在掌握普遍性规律的基础上，还需兼顾患病、有其他生理障碍以及健康的婴幼儿个体间的差异性，这都需要照护者重视并积极与家长沟通。除了常规的与家长日常交流之外，照护者还可以通过设计宝宝入园调查表详细了解每个婴幼儿的生活习惯和特殊需要，如独特的沟通方式，包括哭声、语言、动作、手势、面部表情以及身体姿势等。例如，有些婴幼儿入睡时必须有母亲或带有母亲气味的衣物在身边；有些婴幼儿对皮肤接触十分敏感，不喜欢与他人有长时间的身体接触；有些婴幼儿对个别食物过敏，易出现呕吐、皮肤红肿等问题。对于以上情况，照护者需认真咨询家长的想法和意见，商量恰当的解决办法。

（七）托育机构回应性照护需要正视工作的辛苦性和复杂性

照护者需要无条件地接纳婴幼儿，正确看待他们先天性和后天发展过程中出现的问题。无论婴幼儿展现出何种气质、性格或行为，照护者都要尽可能表现出肯定和接纳的积极态度，正视婴幼儿照护工作的辛苦性和复杂性。就从换尿片这一工作来说，从出生时算起，一个婴幼儿所需尿片的总量为 4000～5000 片。如果没有真心接纳他们，换尿片也可能会成为令人厌烦的工作，对他们的排泄物产生厌恶的心理，进而不愿意与之互动。这势必会影响安全照护的质量，从而影响婴幼儿的健康发展。因此，积极接纳婴幼儿，对婴幼儿有充分的心理预期，更有利于高质量回应性照护的实施。

学习模块一

安全防护

托育机构是实施婴幼儿照护的场所，能够为婴幼儿的日常生活照护和室内外活动提供良好的物质基础。托育机构应如何配置安全、丰富的生活和活动环境？对其中的家具、玩教具有哪些卫生要求？婴幼儿的游戏材料又该如何配置？婴幼儿的食品安全要求是怎样的？在全面了解托育机构的房屋建筑设计、空间功能设计、安全防范措施、硬件设施、玩教具配置要求及食品安全要求之后，进行安全检查、科学评估，并对构成的安全威胁予以清除，为婴幼儿创设适宜的生活和学习环境。

学习导图

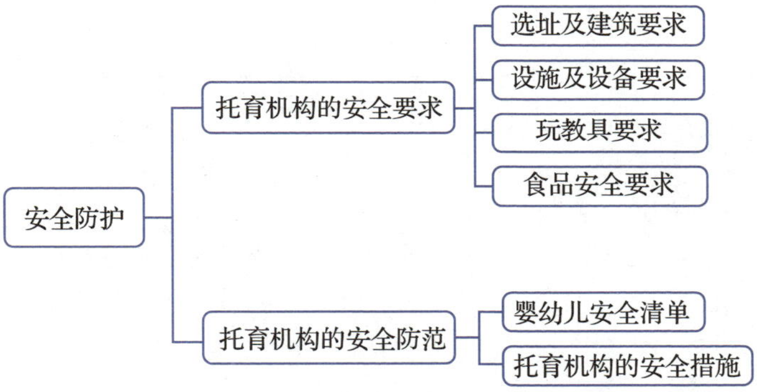

学习任务一
托育机构的安全要求

学习初体验

观察当地的托育机构室内外及其周边环境，对于0～3岁的婴幼儿而言，这是否是安全的环境？应该从几个方面评估？如何来评估？有没有需要改进的地方？应该怎么改进？请记录你的观察和结论，学完本任务后再来看看最初的记录。

学习任务单

项目	内容
学习目标	学完本任务后，你应该能够 ①根据托育机构的选址要求对托育机构的选址进行评估。 ②明确托育机构的房屋建筑、空间配置、室内环境和安全防范要求，对托育机构开展安全评估。 ③明确托育机构的设施和设备要求，对托育机构的设施和设备开展安全评估。 ④根据托育机构的玩教具要求开展安全评估。 ⑤根据托育机构的食品安全要求开展安全评估。 ⑥阐释生命至上的思想，关爱生命，增强保护婴幼儿安全的意识和能力。
学习要点	本任务的重点、难点 ①明确托育机构的选址、建筑、设施及设备、玩教具、食品安全要求。 ②能根据安全规定初步开展托育机构的安全评估。
学习建议	学习前 ①完成本任务中的学习初体验活动。 ②查阅《托育机构设置标准（试行）》《托育机构管理规范（试行）》《托育机构消防安全指南（试行）》等文件中的相关规定。 ③阐述并讨论托育机构中有关的安全措施。 学习中 1. 完成本任务中的相关活动。 2. 观看相关的视频资料，并记录下自己的认识。 学习后 完成本任务后的学习效果检测。

续表

项目	内容
学习运用	你觉得在哪些工作场景中可以运用到所学知识？(学生填写)
学习反思	记录你在学习过程中的思考。(学生填写)

情景导入

学习笔记

某托育机构开学不久，一些儿童就出现了皮肤瘙痒的症状，而且这种现象有扩大的趋势。经调查发现，导致儿童出现皮肤瘙痒症状的正是有毒的再生塑料制成的雪花片积木，以及油漆中苯含量超标的供婴幼儿睡眠和使用的小床、桌椅。当初为图便宜和方便，托育机构从非正规渠道购置的这些东西。

你是否考虑过托育机构的环境安全问题？如何避免这些安全隐患呢？本部分将围绕托育机构的环境安全问题展开，其中会涉及托育机构的安全要求，以及确保安全与预防危险的内容。

一、 选址及建筑要求

环境是人类生存与发展的条件和根基，0～3 岁的婴幼儿正处于大脑和身体发育的关键时期，托育机构的环境将对其身心健康和全面发展产生重要影响。因此，托育机构的选址需要在充分考虑婴幼儿照护服务体系建设要求的基础上，坚持婴幼儿优先的原则，确保婴幼儿的安全和健康，根据城乡发展规划，综合考虑人口密度、人口增长、婴幼儿照护服务需求、交通、环境等因素，做到功能完善、布局合理、安全舒适、保障安全；必须符合国家颁布的《托育机构设置标准(试行)》《托儿所、幼儿园建筑设计规范》JGJ39—2016 局部修订条文(2019 年版)和《托育机构消防安全指南(试行)》中有关托育机构建筑设计规范及安全卫生条例的要求，同时应以服务半径、服务人口、服务人口分布和人口增长为基本依据，建设与常住人口规模相适应的托育机构，充分发挥其良好的社会效益。

（一）托育机构的布点

托育机构的布点应满足就近入托、方便接送的要求：新建居住区应当规划建设与人口密度及人口增长相适应的托育机构；老城区和已建成居住区应当采取多种方式完善托育机构的布点，满足居民的需求；在农村社区综合服务设施建设中，相关人员应当统筹考虑托育机构建设。《城市居住区规划设计标准》(GB50180—2018)规定，托育机构属于五分钟生活圈居住区配套设施，根据实际情况按需配建，服务半径宜为 300 m。

（二）托育机构的选址

1. 远离污染、环境安全

选址时，应有意识地考察拟定地点周边 1～2 km，具有较好的工程地质条件和水文地质条件，不易发生自然地质灾害，且市政基础设施完善的地段；不设置在建筑物三层以上的空间或建筑物的地下或半地下空间内；远离废气、污水、烟尘、垃圾、病原微生物等各种污染源，应符合国家现行有关卫生、防护的标准；与易发生危险的建筑物、储罐、可燃物品和材料堆场等之间的距离应符合国家现行有关标准的规定；不与大型娱乐场所、商场、批发市场等人流密集的场所相毗邻；园所内无高压输电线、燃气和输油管道主干道等穿过。

2. 地势平坦，便于活动

托育机构需要设置室外活动场地，面积宜为 3 m^2/托位及以上。在城市人口密集地区改扩建的托育机构设置室外场地确有困难时，室外活动场地不应小于 2 m^2/托位。选址时，应充分确保该场所或附近有良好、适宜的户外活动场地，具有良好的日照和通风条件，场地平整、干燥，土质以砂砾土为宜，易于绿化，排水通畅，场地无碎石、坑凹、无尖锐物，并设有安全防护设施。没有专属场地的托育机构应能利用周边公共区域，通过改造，可设置有安全的隔离围栏、软质地和硬质地等的活动场所。

3. 光照充足，绿化对标

托育机构的主体建筑物应有良好的朝向，并与附近的建筑物保持一定的距离，达到冬至日不少于 3 h 的日照标准。一般来说，良好的朝向基本是南向。在西、北两个方向，与邻近建筑物的距离不得小于最高建筑物的 1.5 倍，在东、南两个方向，间距则不得小于最高建筑物的 1 倍。户外场地有充足的日照，有 1/2 以上面积在标准建筑日照阴影线之外。场地内绿化率不应小于 1.5～3 m^2/托位，严禁种植有毒、有刺、有飞絮、病虫害多、有刺激性的植物。有条件的机构还可以开辟种植园地和饲养角，让婴幼儿在自由的户外活动中获得更多学习探索的机会。

4. 就近选址，方便接送

托育机构的服务半径为 300 m，宜设置在居住区内的相对中心区域，可独立设置或结合公共服务设施等设置，有独立的出入口。为方便婴幼儿的接送，托育机构的周边道路应通畅，附近有方便停车的环境。托育机构的主入口不应直接设在城市主干道或

学习笔记

拓展阅读

为加强和规范托育机构的建设，合理确定建设规模和标准，国家卫生健康委员会组织制定了《托育机构建设标准(征求意见稿)》。

想要了解相关内容，请扫二维码。

过境公路干道一侧，应设置人流缓冲区和安全警示标志，园区周围应设置安全防护措施。

（三）房屋建筑要求

托育机构的房屋建筑应遵循安全实用、经济美观的原则，并依据各类规范、标准建设。如果是新建的托育机构，建设前需要做好细致的规划设计，宜为低层或多层建筑；当托育机构与其他建筑合建时，宜设置在第一层或第二层；如果是改扩建，需要了解原房屋结构是否安全、是否可用于托育服务，对于房龄超过 20 年的房屋建筑，须通过房屋结构安全检测后，才可用于提供托育服务。无论是新建还是改扩建托育机构，其建筑布局、建筑面积、内部设施结构、功能、材料、各室及区域的设计、层高、走廊、楼地面、内外墙、门窗、楼梯等，均需要符合《托儿所、幼儿园建筑设计规范》JGJ39—2016 局部修订条文(2019 年版)的相关规定，符合抗震、防火、环保等方面的规定。

> **拓展阅读**
>
> 为建立专业化、规范化的托育机构，国家卫生健康委员会组织制定了《托育机构设置标准(试行)》。
>
> 想要了解相关内容，请扫二维码。

1. 房屋性质合规

托育机构的选址对房屋建筑的性质有相应的规范要求。托育机构应当有自有场地或租赁期不少于 3 年的场地，4 个班以上的托育机构应独立设置，3 个班及以下时，可与居住、养老、教育、办公建筑合建。

2. 建设规模适宜

托育机构的建设规模应考虑周边社区潜在服务对象的人口数量、班级之外的其他活动空间的面积要求及后期发展规划等。由于婴幼儿的年龄小，规模过大对于机构的管理、安全和服务质量等都会带来不利影响，根据《托儿所、幼儿园建设设计规范》JGJ39—2016 局部修订条文(2019 年版)，托育机构的规模分为小型、中型和大型 3 种(见表 1-1-1)。《托育机构设置标准(试行)》根据婴幼儿的年龄分成乳儿班、托小班和托大班 3 种班型，18 个月以上的婴幼儿可混合编班(见表 1-1-2)。参考目前发达国家和地区的做法，托育机构的建设规模一般建议不超过 8 个班，总人数建议在 150 人以内。

表 1-1-1　托育机构的规模

	小型	中型	大型
班数(个)	1～3	4～7	8～10

表 1-1-2　托育机构班级的年龄阶段及人数

	乳儿班(6～12 个月)	托小班(12～24 个月)	托大班(24～36 个月)	混龄班(18 个月以上)
人数(人)	＜10	＜15	＜20	＜18

3. 建筑布局合理

托育机构的建筑布局应因地制宜，做到功能分区明确，方便婴幼儿生活和活动。建筑应由婴幼儿活动用房、服务管理用房和供应用房等组成。

学习笔记

婴幼儿活动用房是婴幼儿一日生活与活动的主要场所，婴幼儿活动用房应布置在第一层或第二层，不应设在地下室、半地下室。婴幼儿活动用房应有直接天然采光，并满足冬至日底层满窗日照不少于 3 h 的条件，符合有关防火安全疏散的规定，满足婴幼儿生活、照护等功能的需要。

托育机构宜在乳儿班或托小班附近设置相对独立的哺乳室，使用面积不宜小于 10 m^2，哺乳室宜临近婴幼儿生活空间，宜设尿布台、洗手池等设施，有开向疏散通道的门。

服务管理用房是机构对外联络、对内开展婴幼儿保健和教育服务的房间，包括晨检室(厅)、保健观察室、教职工办公室等。在有条件的情况下，托育机构可在保健观察室旁边设置独立的隔离室。隔离室使用面积不宜小于 10 m^2。规模有限时，隔离室可与保健观察室合并。开展人员培训、婴幼儿早期发展培训、家庭养育指导等服务的托育机构，应根据相应的业务需求，增加相应的用房面积。

供应用房是保障机构人员饮食、饮水、清洁、后期服务等使用的房间，厨房应自成一区，按工艺流程合理布局，符合《饮食建筑设计规范》(JGJ64—89)的相关规定，并与婴幼儿活动用房保持一定的距离。需建设变电室、锅炉房、水泵房、信息中心等设备机房的托育机构，可根据需要，增加相应的用房面积。新建托育机构应按当地要求设置相应的停车位和人防工程，并增加相应的车库、人防工程建筑面积。

（四）空间配置要求

1. 婴幼儿活动用房

婴幼儿活动用房因婴幼儿的年龄不同而要求不同。乳儿班活动用房包括睡眠区、活动区、配餐区、清洁区、储藏区等；托小班和托大班活动用房包括睡眠区、活动区、配餐区、清洁区、卫生间、储藏区等。托育机构各班各区最小使用面积应符合表 1-1-3 的规定。

表 1-1-3　托育机构各班各区最小使用面积(m^2)

各区名称	最小使用面积		
	乳儿班	托小班	托大班
睡眠区	30	35	40
活动区	15	35	46
配餐区	6	6	8
清洁区	6	6	8
卫生间		8	12
储藏区	4	4	9

注：①托小班睡眠区与活动区合用时，其使用面积不应小于 50 m^2。②托大班睡眠区与活动区合用时，其使用面积不应小于 70 m^2。③混合编班的班级活动单元各区最小使用面积可参考托大班相应区域对应人数比例的面积指标。

婴幼儿活动用房应有明确的功能区域划分和丰富的区域材料，以满足婴幼儿生活、自主游戏活动和探索的需要；应具备日照充足、光线明亮、通风良好等条件；宜采用柔性、易清洁的楼地面材料，有水房间的地面应采用防滑材料。墙面宜选用环保、耐久、易清洁、美观、吸声降噪的材料，并选用符合婴幼儿心理特点的色彩。内墙阳角、柱子及窗台宜做成小圆角。家具宜适合婴幼儿尺度、防蹬踏，边缘宜做成小圆角。窗台距楼地面不宜高于 0.60 m，当窗台面距楼地面高度低于 0.90 m 时，应采取防护措施，防护高度应从可踏部位顶面起算，不应低于 0.90 m。

在睡眠区，每个婴幼儿都应有一张床位，不应设双层床，床侧不宜紧靠外墙布置；睡眠区和活动区合并的，应设置床位的收纳空间。

活动区可以满足婴幼儿探索的需要，有条件的托育机构，在场所充足的情况下，可以设置专用区(角)，如阅读区、建构区、艺术活动区、体能活动区等，以满足婴幼儿更多的活动需求。

配餐区应远离清洁区，设有食物调理台、小型冰箱、消毒柜、微波炉、洗涤池、洗手池等常用设施。

清洁区宜临近活动区或睡眠区，乳儿班应设婴儿尿布台、婴儿冲洗设施和洗手池等。托小班和托大班至少设 3 个适合幼儿使用的洗手池或盥洗台水龙头，高度宜为 0.40～0.45 m，宽度宜为 0.35～0.40 m。

卫生间宜分间或分隔设置，不宜设置台阶，托小班宜设婴儿护理台和婴儿冲洗设施，托小班和托大班宜设适合幼儿使用的卫生器具，每个班宜设 2～4 个坐便器、2～3 个小便器，坐便器高度宜在 0.25 m 以下，便器之间宜设隔断；可结合使用需求设置成人卫生间。日常使用后均须及时做好清洗消毒工作。若卫生间无窗，需要考虑安装通风设施。

储藏区可以临近出口，照护者与婴幼儿用品的储藏柜应分别设置，不宜交叉。

学习笔记

2. 服务管理用房

服务管理用房主要房间的最小使用面积应符合表 1-1-4 的规定。

表 1-1-4 服务管理用房主要房间的最小使用面积(m^2)

房间名称	最小使用面积
晨检室(厅)	10
保健观察室	12

晨检室(厅)是入园时进行健康检查的场所，是保证婴幼儿健康入园的第一道关卡，在保健工作中起着举足轻重的作用。晨检室(厅)应设在建筑物的主入口处，并靠近保健观察室。

保健观察室用于婴幼儿体检、一般伤势处理、隔离观察等，应与生活用房有适当的距离，并与婴幼儿活动路线分开，宜设单独出入口。保健观察室的采光和通风要好，其使用面积因机构规模的大小而不同，室内配置婴幼儿观察床、桌椅、药品柜、资料柜、洗手池和洗涤池、婴幼儿杠杆式体重秤、体围测量软尺，以及消毒压舌板、体温计、手电筒等晨检用品，空间消毒装置和消毒液等，具有独立的厕所，厕所内应设幼儿专用蹲位和洗手盆。

3. 供应用房

供应用房包括厨房、消毒室、汽车库等房间，与婴幼儿活动用房应有一定距离。

厨房使用面积宜为 0.4 m^2/每人，最小使用面积不宜小于 12 m^2。厨房是食品加工的主要场所，应设置粗加工区、烹饪区、备餐区、餐具洗消区。为避免厨房中的油烟、气味和噪声对婴幼儿产生不良影响，不应将厨房设置在主建筑内，厨房应自成一区。厨房按工艺流程合理布局，并符合现行国家标准的有关规定。厨房加工间室内净高不应低于 3 m。当托育机构建筑为二层及以上时，应设提升食梯，食梯呼叫按钮距地面高度应大于 1.7 m。

消毒室应保证婴幼儿所处的环境得到合理、卫生的消毒。配置洗衣机、烘干机、吹风机、衣架、洗涤池、洗涤剂、消毒剂等。

汽车库。汽车库应与婴幼儿的活动区域分开，设置单独的车道和出入口，并符合现行国家标准的有关规定。

（五）室内环境要求

1. 采光

托育机构的生活用房、服务管理用房和供应用房中的厨房等均应有直接天然采光，采光应符合现行国家标准的有关规定。其采光系数标准值和窗地面积比应符合表 1-1-5 的规定。

表 1-1-5　采光系数标准值和窗地面积比

采光等级	场所名称	采光系数最低值(%)	窗地面积比
Ⅲ	活动室、寝室	3.0	1/5
	多功能活动室	3.0	1/5
	办公室、保健观察室	3.0	1/5
	睡眠区、活动区	3.0	1/5
Ⅴ	卫生间	1.0	1/10
	楼梯间、走廊	1.0	1/10

资料来源：《托儿所、幼儿园建筑设计规范》JGJ39—2016 局部修订条文(2019 年版)。

2. 隔声、噪声控制

托育机构建筑的环境噪声应符合现行国家标准的有关规定。室内允许噪声级应符合表 1-1-6 的规定，主要房间的空气声隔声性能应符合表 1-1-7 的规定。

表 1-1-6　室内允许噪声级

房间名称	允许噪声级(A 声级，dB)
生活单元、保健观察室	≤45
多功能活动室、办公室	≤50

资料来源：《托儿所、幼儿园建筑设计规范》JGJ39—2016 局部修订条文(2019 年版)。

表 1-1-7　空气声隔声标准

房间名称	空气声隔声标准（计权隔声量）(dB)	楼板撞击声隔声单值评价量(dB)
生活单元、办公室、保健观察室与相邻房间之间	≥50	≤65
多功能活动室与相邻房间之间	≥45	≤75

资料来源：《托儿所、幼儿园建筑设计规范》JGJ39—2016 局部修订条文(2019 年版)。

3. 空气质量

托育机构的婴幼儿用房应有良好的自然通风条件，其通风口面积不应小于房间地板面积的 1/20。使用的建筑材料、装修材料和室内设施应符合现行国家标准的有关规定，室内空气质量应符合现行国家标准的有关规定。室外活动场地如果使用塑胶，应保证其质量。

4. 供暖与通风

采用低温地面辐射供暖方式时，地面表面温度不应超过 28℃。热水地面辐射供暖系统供水温度宜采用 35～45℃，不应大于 60℃；供回水温差不宜大于 10℃，且不宜小于 5℃。托育机构房间的供暖设计温度宜符合表 1-1-8 的规定。托育机构应因地制宜采取可靠的能源形式供暖，保障环境安全，同时具备可靠的安全防护措施。

表 1-1-8　托育机构房间的供暖设计温度

房间名称	室内设计温度(℃)
活动室、寝室、保健观察室、晨检室(厅)、办公室	20
睡眠区、活动区、喂奶室	24
盥洗室、厕所	22
门厅、走廊、楼梯间、厨房	16
洗衣房	18
淋浴室、更衣室	25

资料来源：《托儿所、幼儿园建筑设计规范》JGJ39—2016 局部修订条文(2019 年版)。

最热月平均室外气温大于和等于 25℃地区的托育机构建筑，宜设置空调设备或预留安装空调设备的条件，并应符合表 1-1-9 的规定。

表 1-1-9　空调房间室内设计参数

参数		冬季	夏季
温度(℃)	活动室、寝室、保健观察室、晨检室(厅)、办公室	20	25
	睡眠区、活动区、喂奶室	24	25
风速(v)(m/s)		$0.10 \leq v \leq 0.20$	$0.15 \leq v \leq 0.30$
相对湿度(%)		30～60	40～60

资料来源：《托儿所、幼儿园建筑设计规范》JGJ39—2016 局部修订条文(2019 年版)。

通风。托育机构的通风设计应符合表 1-1-10、表 1-1-11 的规定。

表 1-1-10　房间的换气次数

房间名称	换气次数(次/h)
活动室、寝室、睡眠区、活动区、喂奶室	3～5
卫生间	10
多功能活动室	3～5

资料来源:《托儿所、幼儿园建筑设计规范》JGJ39—2016 局部修订条文(2019 年版)。

表 1-1-11　人员所需最小新风量

房间名称	新风量(m^3/h 人)
活动室、寝室、活动区、睡眠区	30
保健观察室	38
多功能活动室	30

资料来源:《托儿所、幼儿园建筑设计规范》JGJ39—2016 局部修订条文(2019 年版)。

5. 建筑电气

托育机构的婴幼儿用房宜采用细管径直管形三基色荧光灯，配用电子镇流器，也可采用防频闪性能好的其他节能光源；睡眠区、活动区、喂奶室应采用漫光型灯具，光源应采用防频闪性能好的节能光源。托育机构的房间照明标准值应符合表 1-1-12 的规定。活动室、寝室、幼儿卫生间等幼儿用房宜设置紫外线杀菌灯，紫外线杀菌灯的控制装置应单独设置，并应采取防误开措施，也可采用安全型移动式紫外线杀菌消毒设备。托育机构应设置视频安防监控系统，园区大门和厨房宜设置出入口控制系统。

表 1-1-12　房间照明标准值

房间或场所	参考平面及高度	照度标准值(lx)	*UGR*	*Ra*
活动室	地面	300	19	
多功能活动室	地面	300	19	
寝室、睡眠区、活动区	0.5 m 水平面	100	19	
办公室、会议室	0.75 m 水平面	300	19	80
厨房	台面	200	—	
门厅、走道	地面	150	—	
喂奶室	0.5 m 水平面	150	19	

资料来源:《托儿所、幼儿园建筑设计规范》JGJ39—2016 局部修订条文(2019 年版)。

(六)安全防范要求

1. 婴幼儿活动用房

托育机构婴幼儿活动用房要求房屋净高不低于 2.80 m，单侧采光的活动室进深不宜大于 6.60 m。

学习笔记

婴幼儿活动用房宜设双扇平开门、门扇固定装置，不应设置弹簧门、推拉门、旋转门，不宜设置门槛，门距离地面 0.60 m 处加设儿童专用拉手，距离楼地面 1.20 m 以下部分应设防夹手设施。门应设置观察窗，采用安全玻璃。

婴幼儿活动用房窗台距楼地面不宜过高。具体要求在前面已做介绍，在此不赘述。为了防止婴幼儿爬高，窗的下部需做固定扇(或加护栏)。

活动区的设置要求在前面已做介绍，在此不赘述。

活动室安装的电源插座不应少于 4 组、寝室不应少于 2 组，采用安全型插座：安装高度不低于 1.80 m，插座回路与照明回路分开，设接地孔，安全紧闭等。

2. 盥洗间和卫生间

婴幼儿卫生间宜临近活动区或睡眠区设置，宜分间或分隔设置；卫生间不宜设置台阶，使用防滑地砖，避免婴幼儿出现滑跌的现象；宜设婴儿护理台和婴儿冲洗设施；托小班和托大班宜设适合幼儿使用的卫生器具，每个班宜设 3～5 个适合婴幼儿使用的洗手池或盥洗台水龙头，婴幼儿专用盥洗池距地面高度宜为 0.50～0.55 m，进深宜为 0.40～0.45 m，水龙头的间距宜为 0.35～0.40 m。2～4 个大便器、2～3 个小便器，婴幼儿专用沟槽式大便器宽度宜为 0.16～0.18 m，坐式大便器高度宜为 0.25～0.30 m，便器之间宜设隔断，可结合使用需求设置成人卫生间。乳儿班和托小班的卫生间需要提供尿布台(挂壁或台式)，单独设置在一个区域中，如有条件还应提供单独配套使用的水池和专用垃圾桶，避免交叉感染。

3. 厨房

加工间室内净高不应低于 3 m。厨房室内墙面、隔断及各种工作台、水池等设施的表面应采用无毒、无污染、光滑和易清洁的材料；墙面阴角宜做弧形，地面应防滑，并应设排水设施；厨房内应配置各种烹饪设备，切洗食物、储存生熟食物和洗刷食具的设备，对食具进行消毒和保洁的设备以及防鼠、灭蝇、灭蟑螂的设备和防尘设施等。烹饪区须使用对食品无污染的炉灶，设有足够的操作台，能满足生熟分开的要求，有排烟、排气装置，配有食物专用留样冰箱，有专人管理和记录，配有合适的餐具消毒柜和储藏柜，加盖的中型垃圾桶、泔水桶各 1 个。

不自行加工膳食但提供午餐服务的托育机构，需与具有餐饮服务资质和配餐资质的公司签订合同，购买餐饮服务。托育机构需设置配餐间为婴幼儿提供简单餐饮的配备、分餐、奶瓶洗涤、餐具消毒、点心制作、开水供应配置，如微波炉、电磁炉、洗手池、洗涤池、饮水装置、操作台、冰箱、消毒柜等。

4. 公共区域

托育机构外廊、室内回廊、阳台、平台、看台及室外楼梯等临空处应设置防护栏杆，栏杆应以坚固、耐久的材料制作。防护栏杆的高度应从可踏部位顶面起算，且净高不应小于 1.30 m，防护栏杆必须采用防止幼儿攀登和穿过的构造，当采用垂直杆件做栏杆时，其杆件净距离不应大于 0.09 m。

学习笔记

供幼儿使用的楼梯不采用扇形、螺旋形踏步，踏步高度宜为 0.13 m，宽度宜为 0.26 m，踏步面应采用防滑材料，踏步踢面不应漏空，踏步面应做明显的警示标识；楼梯除设成人扶手外，应在梯段两侧设幼儿扶手，其高度宜为 0.60 m，当楼梯井净宽度大于 0.11 m 时，必须采取防止幼儿攀滑的措施。

托育机构应设置独立的疏散楼梯和安全出口。幼儿经常通行和安全疏散的通道不应设置台阶，当有高度差时，应设置防滑坡道，其坡度不应大于 1∶12。托育机构生活用房的中间走廊不应小于 2.40 m、单面走廊不应小于 1.80 m，其他用房的中间走廊不应小于 1.50 m，单面走廊不应小于 1.30 m，不在走廊处设置衣帽间。疏散走道的墙面距地面 2 m 以下不应设有壁柱、管道、消火栓箱、灭火器、广告牌等突出物。

其他墙角、窗台、暖气罩、窗口竖边等阳角处应做成圆角。

二、 设施及设备要求

托育机构的设施及设备分为室内和户外两种。活动室是婴幼儿常在的活动空间，空间内的家具、教具、电器设施、娱乐器具及运动器械等硬件设施，不仅要符合国家规定的卫生标准和安全标准，而且要适合婴幼儿健康成长、发展的需要，根据他们身心发展的特点进行设计和配置，消除易于引发意外事故的因素。

（一）室内硬件设备

1. 家具设备

托育机构的家具是维持照护者和婴幼儿正常工作、学习、活动、生活和休息的必需物品，也是各功能室的主要构成者和作用的体现者，具有实用和美观的双重功效。采购家具时，托育机构要尽量选择口碑好，质量过关的商家，认真审查生产商、供应商的主体资格，要找通过国家认证的单位和通过国家强制安全认证的单位，从正规渠道进货，保证所购买的产品符合国家或行业的安全标准，具有合格、安全证明，防止因产品存在质量问题而给婴幼儿造成伤害。

典型案例

某托育机构一个 2 岁的幼儿返回座位时不慎被绊倒，头部正好撞在教具柜边上。经过医治，幼儿还是留下了明显的伤疤。

请思考如何避免此类事件的发生。

(1)桌椅

桌椅是婴幼儿在托育机构使用最多的家具之一，桌椅的材料、构造和尺寸是否符合一定的卫生要求，与婴幼儿身体的正常发育有着密切的关系。

在材料方面，国家规定婴幼儿托育服务机构不使用钢木结构或玻璃材质桌椅，也不使用折叠式或翻板式桌椅。托育机构的桌椅应为木质类和塑料类，采用健康环保材料制作。塑料类家具要求原料应采用原生材料聚乙烯(PE)或聚丙烯(PP)，环保要求符合国家规定；木质类家具宜用原木材料，复合木制材料的外表和存放物品部位用材不得有树脂囊，甲醛释放量应小于等于 1.5 mg/L。

在构造方面，托育机构桌椅的设计应该符合婴幼儿人体工程学，适合相应年龄的婴幼儿，6 个月之前的婴儿因为还没有形成固定的坐姿，更适合躺在地垫或摇篮中；6～12 个月的婴儿适合配备带有周边扶手的婴儿座椅，建议座椅上配备安全带(或前端有凸起)固定；1 周岁以后的幼儿可使用没有扶手的靠背椅(见图 1-1-1)。同时重视桌椅的安全性，国家规定儿童家具产品不应有危险、锐利的边缘，尖端、棱角及边缘部位应经倒圆或倒角处理。如果存在危险突出物，需要有安全防护措施，如在桌子、椅子的边角处加上保护罩、防撞条等，减少意外的发生(见图 1-1-2)。

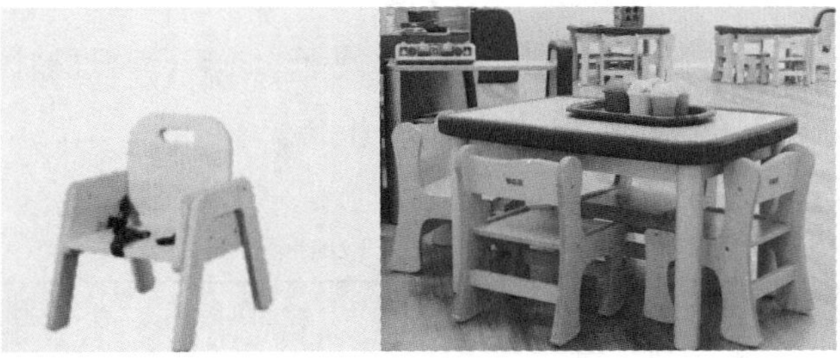

图 1-1-1　托育机构婴幼儿常用椅

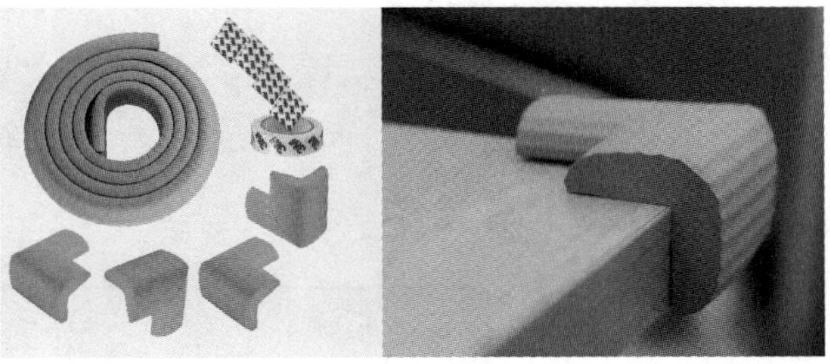

图 1-1-2　桌子边角的防撞条处理

在尺寸方面，托育机构桌椅的设计应根据婴幼儿的年龄特点、身高及其上、下部的比例确定。适宜的椅宽应比婴幼儿的臀部略宽，比婴幼儿的骨盆宽 5～6 cm；关于椅深，在儿童就座时大腿的后 2/3～3/4 应置于椅面上，小腿的后方应留有空隙；椅高应与小腿高相同，使脚掌能平放在地板上，大小腿成直角。儿童椅的重量不宜超过 2 kg，但 0～1 岁婴儿的断奶椅需要在底下加一块木板或钢板增加稳定性。幼儿椅子尺寸参考表 1-1-13，幼儿桌子尺寸参考表 1-1-14。在桌椅尺寸的配合关系中，桌椅高度差是重要因素，对就座姿势的影响较大，适宜的桌椅高度差应为儿童坐高的 1/3，桌椅高度差适宜，有利于婴幼儿的骨骼发育。

表 1-1-13　1～3 岁幼儿椅子的建议尺寸(cm)

指标	托小班(1～2 岁)	托大班(2～3 岁)
座椅高度	23	24
座椅深度	22	25
座椅宽度	26	28
椅背宽度	22	25

资料来源：陈荣华，赵正言，刘湘云，2017。

表 1-1-14　1～3 岁幼儿桌子的建议尺寸(cm)

指标	托小班(1～2 岁)	托大班(2～3 岁)
高度	40	42
宽度	60	60
长度	90	90

资料来源：陈荣华，赵正言，刘湘云，2017。

(2)床具

图 1-1-3 婴儿床

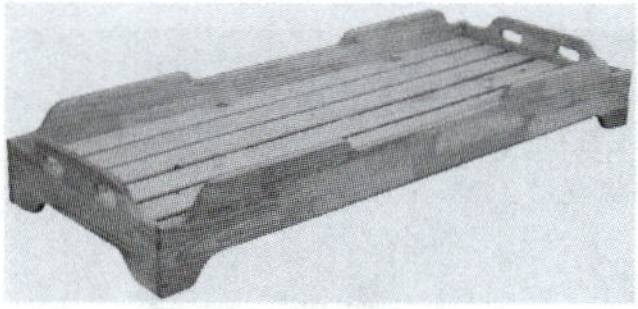
图 1-1-4 幼儿床

托育机构应给每个婴幼儿配备专用的小床和寝具，以避免传染病的传播。床的类型和大小应适合婴幼儿，若有 1 岁以下的婴儿，建议提供适合的婴儿床(见图 1-1-3)。婴儿床的材料首选木材，使用无铅油漆，其中一侧可以拆卸，栏杆间距应小于 6 cm，安装的垫子和床沿之间的距离不应超过 2 个指头宽，垫子和床的上沿之间的最小高度差为 88 cm。若有 1 岁以上的幼儿，提供单层使用的床位(见图 1-1-4)。床长应为身长加 15～25 cm，一般为 120 cm 左右，床宽应为幼儿肩宽的 2～2.5 倍，一般为 60 cm。为了幼儿的安全以及便于幼儿自己整理被褥，床不应过高，一般为 20～30 cm。幼儿床的尺寸参考表 1-1-15。

表 1-1-15 1～3 岁幼儿床的建议尺寸(cm)

指标	1～2 岁	2～3 岁	3～4 岁
长	120	130	130
宽	60	60	70
高	25	30	30

婴幼儿床四周应有栏杆。婴幼儿床必须坚固结实，还应注意床绷的通气性和软硬度。木板床透气平直，以有利于婴幼儿脊柱正直为宜；帆布床轻便，也可使用，但必须扯紧帆布，避免造成婴幼儿脊柱弯曲异常。床铺摆放应符合安全卫生要求。床与外墙、窗的距离不得小于 0.4 m。进门通道宽不得小于 0.9 m，床与床之间的通道不得小于 0.5 m。并排床位不得超过 2 个，首尾相接床位不超过 4 个，且避免床头对床头，防止疾病交叉传染和方便照护者照顾婴幼儿(见图 1-1-5)。

学习笔记

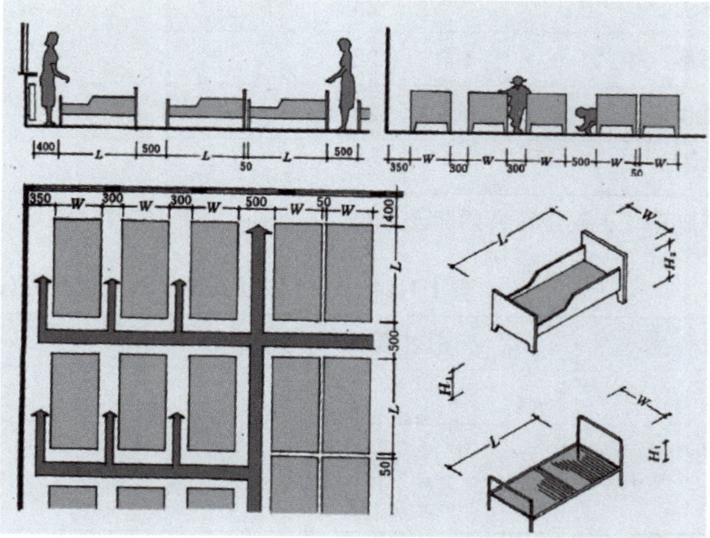

图 1-1-5 床铺摆放要求示例

(3)橱柜

托育机构内可设有多种橱柜，如玩具柜、教具柜、碗具橱和被褥橱等，根据摆放位置可分为靠墙类和不靠墙类。《儿童家具通用技术条件》要求橱柜离地面高度 1600 mm 以下位置的可接触危险外角应经倒圆处理，且倒圆半径不小于 10 mm，或倒圆弧长不小于 15 mm。同时，玩教具柜的边缘、柜角都应该做圆角处理，柜子的边缘、柜角处应安装防撞条，以免婴幼儿发生磕碰伤等安全事故。

婴幼儿使用的柜体类封闭式家具还应具有一定的透气功能，家具门或者盖板不应配有自动锁定装置，以免发生婴幼儿窒息的安全事故。为了避免婴幼儿在使用家具时手指可能会被卡在家具孔及间隙中，相关标准要求儿童家具产品的刚性材料上，深度超过 10 mm 的孔及间隙，其直径或间隙应小于 6 mm 或大于等于 12 mm。可接触的活动部件间的间隙应小于 5 mm 或大于等于 12 mm。还需定期检查、检修柜子边缘及表面的五金部件是否松动脱落等。

靠墙立柜，在房屋设计和装修时，需要将靠墙立柜嵌入实墙固定，以防发生倾倒、玩教具跌落等安全事故。靠墙固定的柜子必须安装柜门，并且要安装儿童安全锁(见图 1-1-6)。

靠墙书柜，书柜的总高不宜过高，最下排距地不宜过低，靠墙放置，书柜立面要有一定的倾斜度(见图 1-1-7)。

学习笔记

图 1-1-6 靠墙立柜及儿童安全锁

图 1-1-7 儿童书柜

由于婴幼儿的手臂较短，不靠墙的玩具柜的深度不宜过大，以 0.30～0.40 m 为宜；婴幼儿较矮，玩具柜的高度不宜超过 1 m。为了方便婴幼儿找寻和拿取玩教具，建议不设置柜门。照护者可以根据教室的布局对玩具柜进行开放式、自由组合(见图 1-1-8)。

(4)毛巾架

毛巾架放置的位置应该接近盥洗台，毛巾架常为活动支架式，使用灵活方便，同时也能避免毛巾在悬挂中接触导致交叉传染。毛巾架边角设计成圆形或弧形，表面无尖利棱角、无毛刺，五金部件无松动脱落，挂钩需要套上安全保护帽，以防划伤、刺伤婴幼儿的手。若毛巾架是移动式的，轮子必须有锁定装置(见图 1-1-9)。

(5)尿布台家具

有使用尿不湿需求的婴幼儿的活动室，应设置尿布台家具，如储藏柜(见图 1-1-10)，尿布台的台面选用可以消毒的材质，最好距地面 1 m 左右，存放消毒剂的柜子可以上锁或放置在婴幼儿够不到的区域，避免婴幼儿接触发生意外。尿布台应设置在独立区域，尽可能远离进餐区，并配置带盖的垃圾桶和清洁装置，避免由排

学习笔记

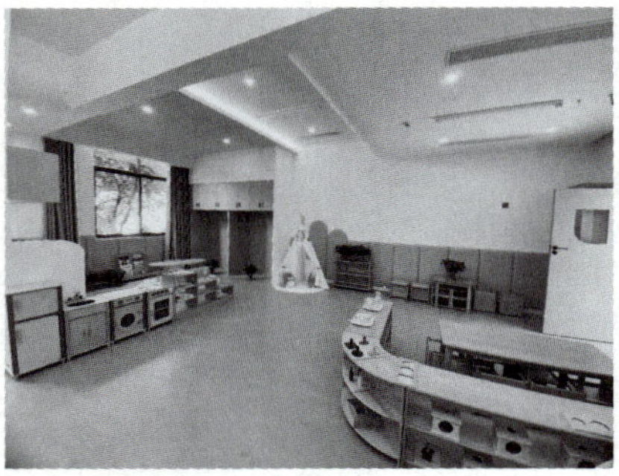

图 1-1-8　玩具柜

图 1-1-9　毛巾架

图 1-1-10　储藏柜

泄物引发各种传染病。

学习笔记

2. 电器设备

托育机构的电器设备可分为生活应用和教学应用两类。为了保证人身安全和使用环境安全，各类电器设备都要符合国家家电标准和能效标准。托育机构配置家电时应当认真审查生产商、供应商的主体资格，从正规渠道进货，保证所购买的产品符合国家或行业的安全标准，具有合格、安全证明，采购的家电及配件(如插座等)的能效等级应在 3 级以上，符合国家强制安全认证。

(1)电源、电线类

托育机构应为各种机电和电热设备提供或预留电源。配电线路应符合电气安装规程要求，电线设计应为暗线，禁止乱拉电线。若确实有个别暴露的电线，设计高度距地面大于 1.6 m。音响等建议使用无线蓝牙设备。

(2)开关、插座类

托育机构室内电源的开关、插座须质量可靠、安全耐用。活动室、音体活动室等可根据需要预留电视天线插座，并设置带接地孔的、安全密闭的、安装高度不低于 1.8 m 的电源插座。低于 1.8 m 的婴幼儿能触及的电源开关器需要安装安全防护罩(盒)，带孔的插座需要安装安全防护塞，防止婴幼儿触碰发生触电等危险(见图 1-1-11)。

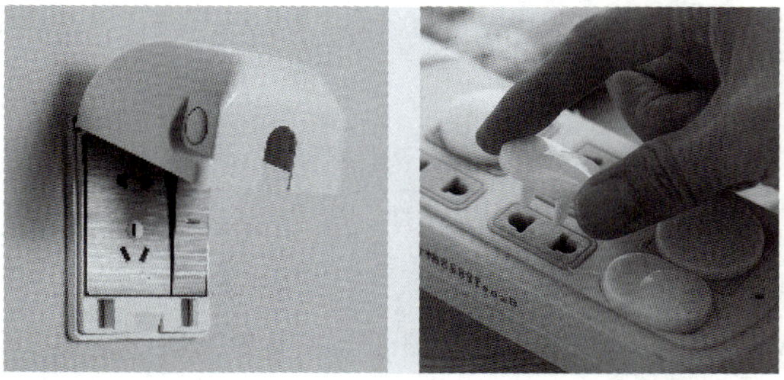

图 1-1-11　防护罩与防护塞

(3)灯具类

托育机构禁止使用落地灯、台灯照明，灯头距离地面建议大于 2 m，确保婴幼儿无法触及。避免使用裸露的灯管、灯泡，也不能用纸和其他可燃物直接遮光，必须安装灯罩。

学习笔记

由于婴幼儿的眼睛非常敏感，在婴幼儿日常活动的场所，选择的灯具应避免眩光和频闪问题。为消除灯具频闪的问题，电子镇流器一般以 20～60 kHz 的频率供给灯管。

3. 器械设备

托育机构根据活动室、专业活动室和公共游乐区等区域开展活动的差异会有各种不同的器械设备，用于满足婴幼儿的发展需求和游乐需求。托育机构主要的器械为体能运动器械(通过婴幼儿的跑、跳、钻、走、爬、转、翻滚、滑等发展身体动作的器械)。

（二）户外硬件设备

有户外场地条件的托育机构需要对户外环境进行规划和设计，一般包括游戏区、大肌肉运动区、安静活动区和玩沙区，应配备相应的户外硬件设施。户外设施的配置应适合 0～3 岁的婴幼儿，设施类型多样，多方面促进婴幼儿身体动作、感知觉的发展，且设施安全，又具有一定的挑战性。对于乳儿班的幼儿，要有相对独立的活动空间；对于托小班和托大班的幼儿，可以设置跑步、攀爬、跳跃等区域；托大班的骑车区域应相对独立，设置骑车道。户外硬件可配备具有攀爬功能的斜坡、滑梯、轮胎，玩沙玩水的浅水池、沙坑，具有平衡训练功能的小吊床或秋千、平衡木等，还可配备具有空间探索功能的小隧道等。

户外场地是幼儿易发生意外伤害的地方，大型器械的安放位置要适宜，周围不能有其他器械，防止在此玩耍的幼儿因过于拥挤而造成冲撞。一般来讲，固定器械附近要留有一定的空地。带有活动部分的器械，如秋千，其附近的一定范围内都应是空地，不允许幼儿在附近活动，也不能再安装其他设施。所有的游戏设施下面或者周围都必须使用能够缓减冲力、有弹性的材料来预防伤害。同时，设备的维护也是预防风险的关键，设施必须安全且维护良好。表 1-1-16 为室外设施的常规检查表。

表 1-1-16　室外设施的常规检查表

检查是否存在下述隐患： • 存在视野盲区，无法在任何时间都看到孩子。 • 容易发生跌、撞的区域。 • 有突出物和障碍物。 • 器械间距不够大。 • 有与年龄不适宜的器械。 • 有未加护栏的平台。 • 有不适合用于公共游戏场所的器械，如体操用的吊环等。 • 有破碎、爆裂、弯曲或变形的表面。 • 有锋利的部位或边缘。 • 有需要添加润滑剂、吱吱作响的部分。 • 有松动的螺母或螺栓。 • 有腐朽的木材、碎片。 • 有破损的器材。 • 有器械破裂或缺失。 • 有剥落的油漆、锈迹。 • 有易绊倒儿童的物品或突起。

续表

• 器械下面的缓冲物厚度不够。 • 器械下面铺设的缓冲物的面积太小。 • 破旧。 • 存在没有盖子的、敞开的管道。

总之，托育机构要因地制宜地充分利用户外场地，做好整体的规划设计，既能满足低年龄阶段婴幼儿的户外活动需要，又能满足高年龄阶段幼儿的探索需求，让户外环境在各种设施的支持下成为区域功能丰富的无顶教室，全面支持不同年龄阶段婴幼儿的探索体验。

三、玩教具要求

年龄适宜性：在选择玩具、材料和器材时，对婴幼儿特定年龄发展水平的考虑。

学习笔记

托育机构配备的玩教具直接关系并影响到婴幼儿的发展，需要根据婴幼儿的年龄特点、发展需求配备适宜的、安全的、数量充足的玩教具，注意玩教具的年龄适宜性，以满足婴幼儿游戏及各项活动的需要。

（一）玩具

托育机构所配置的玩具质量应符合国家标准，所配备的玩具应当种类丰富、齐全，以满足婴幼儿游戏的需要。

托育机构的玩具依据其蕴含的功能及教育价值，大致可分为认知与精细动作类玩具(见表 1-1-17)和运动类玩具(见表 1-1-18)。认知与精细动作类玩具通常放在功能区域或专用活动室；运动类玩具通常用于体能活动，室内外都可使用。除此之外，托育机构还可根据游戏区域如扮演区、艺术区、建构区等的功能配置玩具。玩具的质地一般以木质、塑料和布质为主，托育机构可灵活选择不同材质的安全玩具。除了这些玩具之外，还有一些发条类、电动类、声控类等玩具也深受婴幼儿的喜爱，托育机构可根据实际情况合理选择。

表 1-1-17　认知与精细动作类玩具

类别	玩具名称	促进作用
穿绳类	大号串珠、穿线板、绕线轴等	手眼协调能力
拼板类	拼图(2 块、4 块、6 块)、动物拼板、水果拼板、蔬菜拼板等	观察力、认知力、辨别力、手眼协调能力
叠加类	方形套杯、桶状套杯、俄罗斯娃娃套杯、堆叠塔、彩虹套叠娃娃等	观察力、辨别力、手眼协调能力
敲打类	敲敲乐工具台、锤击盒等	手眼协调能力
配对类	配对螺母等	认知力、辨别力、手眼协调能力
对应类	抓手镶嵌板等	认知力、手眼协调能力
形状类	形状屋、形状对应板、形状架等	认知力、辨别力、手眼协调能力
建构类	桌面小积木、插塑积木等	空间感、思维力、认知力

表 1-1-18 运动类玩具

类别	玩具名称	促进作用
走跑类	小推车、小抱车等	位移能力、物体控制能力
投掷类	沙包、布飞碟、动物投投乐等	物体控制能力、手眼协调能力
钻爬类	拱门、钻圈、单人隧道等	位移能力、四肢协调能力
平衡类	三轮小车、滑板车、摇马、跷跷板等	感觉统合
综合类	小皮球、小足球、小篮球等	四肢协调能力
建构类	空心积木、纸盒积木等	空间感、思维力、认知力

学习笔记

美国公共利益研究小组指出，危险性较大的玩具主要有四种类型：有吞咽窒息隐患的玩具、磁性玩具、发声嘈杂的玩具和含铅的玩具。为了保护婴幼儿，托育机构的玩具必须安全、耐用，有助于婴幼儿学习、交往、探索，激发其兴趣，在使用前必须对玩具做好安全检查。先检查玩具是否有注明“3 岁以下儿童不适用”的标识。再查看玩具的结构质量和隐患，如是否含有可拆卸或易脱落的小零件；是否有尖锐的边角；是否有可拆卸的磁铁；电池安装是否牢固；玩具的表面是否是无铅油漆；玩具发出的声音是否过大；玩具是否含有绳索。如果发现隐患，立即上报，确定玩具无安全隐患后，将玩具清洗干净再给婴幼儿玩耍。

托育机构的照护者在玩具使用前必须检查玩具的年龄适用性，并考虑特殊儿童的需要，来对应不同发展阶段婴幼儿的需要。表 1-1-19 为玩具及玩具收纳盒安全性检查表。

表 1-1-19 玩具及玩具收纳盒安全性检查表

项目	项次	检核重点
玩具	1	玩具应该包括戏剧角色扮演的材料，用于促进认知、视觉、听觉、听觉和触觉发展的材料，可操作的和促进大肌肉发展的材料
	2	玩具外表干净，无尖锐的边缘、突出物、涂漆剥落、破损、掉毛、接合处脱线或裂开等状况
	3	玩具具有安全玩具的标识
	4	玩具以及玩具的零件不能过小
	5	玩具无刺耳声或巨响
	6	玩具电线或绳子长度不能过长
	7	玩具电池盒牢固且电池不易取出
	8	玩具镜子若为塑胶亮面，需注意不易破碎且无尖锐的边缘，并于照护者的看护下使用
	9	确保玩具使用无铅油漆

续表

项目	项次	检核重点
玩具收纳盒	1	收纳盒外表干净，无尖锐的边缘、突出物、破损、接合处裂开等状况
	2	以开架式矮柜收纳玩具，将体积大、较重的玩具置于收纳柜下方
	3	收纳盒不易破碎且无尖锐的边缘，并于照护者的看护下使用

（二）教具

托育机构应根据婴幼儿的课程需求或婴幼儿的活动需求，配备组织活动所需要的教具。配备专用活动室的托育机构根据活动室的功能配备相应功能和足够数量的教具，如感统训练室配置整套的感统教具、蒙氏活动室配置0～3岁对应的蒙氏教具，美术活动配置安全的材料等。美术活动材料符合美术活动安全要求，见表1-1-20。

表1-1-20 美术活动安全要求

•避免使用任何干燥的、易吸入鼻腔的美术材料。 •避免使用任何含铅或含有毒成分的材料，以免儿童吞咽中毒。 •使用无毒的广告颜料、液体颜料、水质颜料。 •不使用橡胶黏合剂、环氧树脂和粘胶。 •使用标有“AP”标签的胶棒、双面贴、糨糊，或者其他学生专用胶水。 •不使用永久性的书签，而应使用可以清洗的书签，并且要避免使用散发香味的书签，以免儿童将其放入嘴里。 •避免使用空的胶卷盒作为美工材料，因为盖子可能会被儿童吞咽下去，导致窒息。 •避免使用有机溶剂或者含有有机溶剂的产品。 •避免使用气雾喷雾器和喷枪。 •使用小物品，如豆子、大米或小的泡沫材料等时，要特别注意照看儿童，因为儿童有可能会吞下这些材料而导致窒息。最好只给大的孩子使用这些材料。 •避免使用发光闪亮的小物品，因为它们一般都是金属物体，一旦进入眼睛会造成严重后果。

学习笔记

学具的数量原则上应和参加当次活动的婴幼儿人数一致。以常用乐器为例，托育机构可配备适合婴幼儿的乐器，如小铃鼓、碰铃、三角铁等。以全日制托大班为例，通常每种乐器的数量需要按托大班婴幼儿人数的一半配备，便于组织活动时借用。

托育机构要依据不同年龄阶段婴幼儿的特点和需求，配备适宜的、不同材质类型的图书，如布书、折页书、卡片书、立体书等。供阅读的图书、图片应符合婴幼儿的认知特点，内容适合婴幼儿阅读；单幅单画，画面色彩和谐，画面和文字印刷清晰，字体大小适宜，具有美感，文字、插图、符号等与纸张颜色之间要有鲜明的对比；书本大小适宜，厚薄和重量适中，结实、质地致密，表面平滑而不反光，不易被撕坏。

托育机构要确保每个班(或专用阅读室)的图书数量充足、品种丰富，有适合婴幼儿阅读的不少于10个种类的图书，婴幼儿人均3册以上。用于组织阅读活动的图书应做到人手1册，或为人数的一半。公用图书应按同一时间在园人数酌情配备，内容以生活习惯养成、情绪情感培养、蔬菜水果认知、动物认知等为主。

学习笔记

四、 食品安全要求

托育机构是婴幼儿养成良好饮食习惯的场所。为了满足婴幼儿营养的需要，托育机构的工作人员需要给婴幼儿提供适合的、健康的膳食，通过食品安全措施降低婴幼儿患病的风险。防止食源性疾病的出现是托育机构为婴幼儿制定食谱和准备膳食人员的主要目的。食品安全包括正确的食物购买、储藏、加工和烹饪，托育机构应该符合《中华人民共和国食品安全法》《学校卫生工作条例》等法律法规中有关食品的安全要求。

（一）厨房与备餐安全要求

第一，托育机构设置专用厨房或备餐间(备餐区)要按有关部门要求具有相应场所、设施设备，具有合理的布局和工艺流程，利用互联网等手段实现“明厨亮灶”。

第二，托育机构备餐原则上自主经营，并取得食品经营许可证，建立健全食品安全管理和营养健康管理制度，明确食品安全和营养健康主体责任和机构管理人员，并在显著位置公示。

第三，托育机构设置专用厨房或备餐间(备餐区)，需在显著位置公示人员操作规范。如果是机构外供餐单位，要提供备餐、分餐、送餐温度和时间等记录。

第四，专用厨房或备餐间(备餐区)与有毒有害场所及其他污染源保持规定的距离，厨房用水应符合国家规定的生活饮用水卫生标准，防蝇、防鼠、防虫等设施完好。

第五，严格管控食品、原材料和餐具采购渠道，落实进货查验记录制度，禁止采购、使用国家明令禁止或不符合食品安全标准的产品，不得制售冷荤类、生食类、裱花蛋糕以及四季豆、鲜黄花菜、野生蘑菇、发芽土豆等高风险食品。加强冷链食品安全管理，保证食品可追溯。

第六，食品、原材料应做到分区分架分类、离墙离地存放，遵循先进、先出、先用原则。加工制作食品的容器和工具按标识区分使用，确保生熟分开。

第七，严格落实卫生要求，专用厨房或备餐间(备餐区)应保持内外环境整洁，地面干燥，定期进行清洁、消毒，每餐后通风换气 30 分钟以上，及时清除餐厨废弃物，垃圾分类处理。

第八，建议配备有资质的专职或聘任食品安全和营养健康管理人员，餐点应做到品种多样、营养均衡，搭配多种新鲜蔬菜和适量鱼禽肉蛋奶。

第九，工作人员不可佩戴饰品，如手表、手镯(环)、耳环、戒指、项链等。指甲需剪短、干净，手部没有伤口或手部有伤口戴手套；需穿戴工作衣、帽或围裙，头发不可外露，备餐前后皆须洗手。

第十，落实工作人员晨午检制度，不得带病上岗，出现咳嗽、腹泻、发热、呕吐等症状时，应及时脱离工作岗位并主动报告学校，避免造成疾病扩散。

第十一，合理加工、烹饪，减盐、减油、减糖，少用煎、炸等可能产生有毒有害物质的烹调方式。婴幼儿餐从烧熟至食用间隔时间不得超过 2 小时，食品成品按规定量留样 48 小时以上。

第十二，要求一人一份(套)餐具、一人一份(套)饭菜，实现餐具、菜(饮)品等不交叉、无混用的餐饮方式。座位间要保持一定距离，避免高密度聚集用餐。建议用素色餐具盛装热食，餐具饮具要使用物理高温消毒。

想一想

妈妈休完产假就要去上班了，把宝宝送到了托育机构，为了让宝宝在托育机构也能吃上母乳，母乳保存和安全喂养成为职场妈妈最关心的问题之一。那么，母乳常温下能保存多久？母乳的保存方法有哪些呢？

（二）母乳及配方奶安全要求

第一，设置哺乳室，婴儿母亲母乳喂养时应注意乳房清洁和手卫生。挤出的母乳需存放至干净的容器或特备的乳袋，在规定的安全保存期内使用(见表 1-1-21)，母乳保存在 37℃以下室温不超过 3 小时，冰箱冷藏保存不超过 24 小时，家用冰箱冷冻室保存不超过 3 个月。储存母乳喂养前核对姓名和储存时间，在喂养前用温水加热至 37～40℃。

表 1-1-21　不同温度下母乳的保存时间

保存条件	最长保存时间
室温(25～37℃)	3 小时
室温(15～25℃)	8 小时
冰箱冷藏室(2～4℃)	24 小时
有独立门冰箱冷冻室(－18℃以下)	3 个月

注：参考美国疾病与预防控制中心母乳保存时间。

学习笔记

第二，配置专用调奶台，建议规格为长 150 cm、宽 60～65 cm、高 85～90 cm。须配备冷热饮用水、消毒锅、奶瓶清洗用具、副食品制作器具。

第三，婴幼儿家长自带的配方奶粉应标明生产日期、打开日期、保质期、婴幼儿姓名、家长姓名等信息。特殊配方奶粉如深度水解配方奶粉应单独存放管理。

第四，奶粉调制过程中应注意避免污染：①调配奶粉前，洗净双手；②选用煮沸消毒后的干净奶嘴、奶瓶；③建议使用适宜温度的温开水配制；④配制好的奶液应立即食用，未喝完的奶液建议尽快丢弃，在空气中静置时间不能超过 2 小时；⑤喂养后应尽快清洗奶嘴、奶瓶，再次使用前煮沸消毒。

（三）食品保存安全要求

第一，根据食品储存条件，设置相应的食品库房或存放场所，存放场所应设有通风、防潮及防止有害生物侵入的装置。

第二，冷冻柜、冷藏柜有明显的区分标识。冷冻柜、冷藏柜设有可正确显示内部温度的温度计，宜设置外显式温度计。

第三，定期维护食品加工、储存等设施；定期清洗、校验保温设施及冷藏、冷冻设施。

第四，不同类别的食品和非食品(如食品包装材料等)应分设存放区域，不同区域有明显的区分标识。

第五，食品(原材料)存放架的结构及位置能使储存的食品和物品离墙离地。

第六，将原料、半成品、成品置于冰点温度以上的较低温度下储存，冷藏温度的范围应为 0～8℃。

第七，将原料、半成品、成品置于冰点温度以下，以保持冰冻状态储存，冷冻温度宜低于−12℃。

第八，设有存放清洗消毒工具和洗涤剂、消毒剂等物品的独立隔间或区域。

（四）预防食物过敏

第一，为托育机构中有过敏史的婴幼儿制订预防暴露在过敏原中的应急预案，并执行预案。

第二，与有过敏史的婴幼儿的家长一起制订一份食品过敏行动计划，其中包括发生严重过敏反应时的有关信息。

第三，了解托育机构内所有有过敏史的婴幼儿的名单及过敏食物清单。食物过敏的症状多表现为皮疹、呼吸困难、肠胃不适等。引起过敏反应的食物通常是牛奶、鸡蛋、花生、小麦、鱼、黄豆、贝类，这些食物占了引起过敏反应食物的 90%。

第四，了解食物过敏的症状和常见的过敏食物。

第五，在所有准备食物、进餐，或任何婴幼儿可能接触到食物的地方，张贴有过敏史的婴幼儿的名单和过敏食物清单，以提醒教职工。

第六，知道如何阅读食品标签，为婴幼儿提供午餐和加餐要阅读标签，尽可能避免有过敏史的婴幼儿暴露在过敏食物中。

第七，所有食堂人员在准备和制作食物前都要洗手。

学习效果检测

一、思考题

1. 讨论托育机构户外环境可能存在的安全隐患。
2. 讨论托育机构室内环境可能存在的安全隐患。
3. 讨论提供安全、无危险玩具的必要性。

二、实践应用

1. 4～5 名同学组成一个小组，选择一个托育机构，为该托育机构的公共区域制订一个安全检查表，并与其他小组分享、交流。

2. 4～5 名同学组成一个小组，参观当地的玩具店，挑选 5～10 个玩具，仔细检查它们是否存在安全隐患，并与其他小组分享、交流。

3. 4～5 名同学组成一个小组，在超市付款处观察家长和儿童至少半小时的时间。他们都买了哪些食品，把你的发现记录下来，并与其他小组讨论。

学习笔记

三、案例分析

1. 王老师最近发现托育机构的花丛中有许多蜜蜂，有时蜜蜂还会飞进活动室，观察后发现一棵树上竟然有一个蜂巢。

他应该采取什么措施来保护孩子并消除隐患？

2. 李园长正在筹建一个托育机构，但是资金有限，她的一个好朋友是开幼儿园的，愿意捐赠一些自制和准备淘汰的游戏设施。

李园长应该接受这个捐赠吗？如果接受，她应该如何确保这些游戏设施的安全性？

学习任务二
托育机构的安全防范

学习初体验

采访一位你所在社区托育机构的教师，最好是负责人，询问他所在的托育机构是如何预防危险和伤害事故的。照护者能意识到婴幼儿处于不同的发展水平吗？照护者如何将婴幼儿的发展水平应用到危险事件的处理中？根据婴幼儿不同的发展水平，照护者是否相应地改善了婴幼儿所处的环境？在照看婴幼儿的过程中，照护者是如何提高风险管理的？请记录你的观察和结论，学完本任务后再来看看最初的记录。

学习任务单

项目	内容
学习目标	学完本任务后，你应该能够 ①了解婴幼儿的安全清单，能根据婴幼儿的年龄预测在托育机构中可能面临的危险。 ②掌握婴幼儿伤害事故三要素，能根据婴幼儿伤害事故三要素制订安全计划。 ③运用安全检查表，实施托育环境评估，进行调整和监督。 ④运用托育机构安全措施为婴幼儿创设安全、可探索的环境。 ⑤识别突发事件，并做好突发事件的应对。 ⑥体会托育机构安全防范的重要性，最大限度地保护婴幼儿的安全和健康，切实做好托育机构的安全防护。
学习要点	本任务的重点、难点 ①掌握婴幼儿伤害事故三要素，能根据婴幼儿伤害事故三要素制订安全计划。 ②运用安全检查表，实施托育环境评估，进行调整和监督。 ③识别突发事件，并做好突发事件的应对。
学习建议	学习前 ①完成本任务中的学习初体验活动。 ②查阅 0～3 岁婴幼儿意外伤害的案例，分析不同年龄阶段婴幼儿意外伤害的类型及特点。 ③查阅关于托育机构安全的案例，并初步分析可能造成的原因。 学习中 ①完成本任务中的相关活动。 ②观看相关的视频资料，并记录下自己的认识。 学习后 ①完成本任务后的学习效果检测。 ②可以实地拜访一个托育机构，选取某个环境进行安全评估，并提出改进建议。

续表

	内容
学习运用	你觉得在哪些工作场景中可以运用到所学知识？(学生填写)
学习反思	记录你在学习过程中的思考。(学生填空)

情景导入

陈女士2岁半的女儿红红一直被某托育机构照看。一天，她去托育机构接孩子时得知，女儿在托育机构的厕所里摔倒了，左眼皮处被瓷砖划伤，到医院缝了5针。三个多月过去了，伤口已愈合，但红红仍留下了约1厘米长的伤疤，近看较明显。医生称，该伤疤只能淡化，家长担心该伤痕会影响女儿的未来。

婴儿猝死综合征：指引起婴幼儿突然死亡的症候群，根据患儿的健康状态及既往病史完全不能预知，且常规病理解剖也不能发现明显的致死原因。发病高峰为出生后2～4个月，一般半夜至清晨发病较多，几乎所有婴儿猝死综合征都发生在婴儿睡眠中。

托育机构的环境存在一系列的安全隐患，照护者应如何针对托育机构中婴幼儿所处的环境进行安全监控和保护，避免这些意外事故的发生呢？本部分将围绕婴幼儿常见的安全因素展开，通过安全检查、观察、监控、教育和家园合作，提高托育机构教育环境的安全性。

一、婴幼儿安全清单

（一）婴幼儿的特点

1. 婴儿（0～1岁）

由于婴儿生活无法自理，如果照护者照护不周，他们就可能会面临危险。在出生后的前几个月，婴儿所面临的主要危险是婴儿猝死综合征。

婴儿的发展遵循头尾原则。当婴儿可以翻滚后，所面临的危险将逐渐增多，他们可能会从尿布台或者婴儿椅上滚下来；会爬行后，所面临的危险会更多，这个时期环境和设施对婴儿的保护性功能就显得非常重要，如及时关上盥洗室，给门窗、抽屉上锁等。

婴儿的发展遵循近远原则，这使得他们在运用双手或用手臂够东西、捡拾物品时更为灵活。伴随着感知运动的发展，婴儿所面临的危险也在增加。婴儿会拿起他们眼前的物品，放进嘴里进行探究。因此，所有对婴儿有危害的物品都应及时上锁或放在婴儿够不到的地方，带插孔的电器要用防护塞堵上，以防婴儿用手去触摸。

学习笔记

2. 学步儿（1～2 岁）

头尾原则使得此阶段的幼儿能够跑动、攀爬，他们可以通过多种方式来探索周围的环境，也可以跨越之前阻碍他们行动的一些障碍物。但是由于平衡能力很弱，动作协调性差，他们在运动过程中会出现走路或跑步不稳的现象，容易导致摔伤、磕伤和擦伤等意外伤害的发生。

近远原则使得此阶段幼儿的感觉运动的发展带动着认知能力的发展，他们探索周围的环境并试图去控制它，但是缺乏足够的认知能力来理解因果关系。认知能力落后于动作的发展导致他们可能会做出一些危险的事情，所以必须对他们进行严格的监控。要检查环境中的所有危险因素，安全措施也应及时跟上，尽可能排除危险。

3. 幼儿（2～3 岁）

此阶段的幼儿已基本掌握了大部分的大肌肉和小肌肉运动技能，他们能完成许多身体动作。同时，认知能力也得到发展，正处于前运算阶段，但由于逻辑思维水平仍然较低，他们只能从自己的角度去看待周围的环境，无法察觉环境中潜在的危险因素，如面对迎面而来的汽车常常不知道躲闪。因此，这个阶段的幼儿需要更多的监督和管理。角色榜样和教育对这个阶段的幼儿非常有效，他们能通过教育认识到环境中的许多危险，但仍需要监督。

（二）婴幼儿的安全清单

婴幼儿要经历不同的发展阶段，不同的阶段面临的安全问题有所不同。参照全球儿童安全组织发布的 0～4 岁婴幼儿安全清单(见表 1-2-1)，照护者需要结合婴幼儿的年龄采取与其年龄阶段相适应的安全措施。

表 1-2-1 0～4 岁婴幼儿安全清单

年龄阶段	你知道吗	需要注意的安全问题	给照护者的安全提示
0～6 个月	• 我会挥舞小手，但盖在我口鼻上的东西，我却拿不掉。 • 我很喜欢水，可是在水中时，我需要时刻被保护。 • 我会舔吃我的手指，用小手抱住奶瓶，也能伸出小手去拿面前的东西，然后放到嘴巴里。 • 我头部的囟门还没有完全闭合，而且头重身体轻，随时可能头朝下跌倒。	• 窒息和气道阻塞预防 • 跌落预防 • 烧烫伤预防 • 溺水预防 • 道路交通伤害预防	• 不要在婴幼儿的小床上放置任何塑料材质的包装和有缝口的包等，如果这些东西盖住了婴儿的口鼻，可能会引起窒息。 • 为预防窒息的发生，降低婴儿猝死综合征的发生率，应该让婴儿的脸向上睡。千万不要让婴儿睡在柔软的物件上，它们可能会遮盖住婴儿的口鼻。 • 让婴儿单独睡，不要与成人一起睡。已多次发生成人的被褥盖住婴儿口鼻而导致窒息的事件。 • 千万不要把小的物件放置在婴幼儿可以接触到的地方，即使一会儿也不行。 • 如果婴儿发生气道阻塞，你要有所准备。问医生发生这种情况时，你要采取的步骤是什么，学会怎样来抢救一个气道阻塞的孩子。

续表

年龄阶段	你知道吗	需要注意的安全问题	给照护者的安全提示
7～12个月	•我能有意识地爬着去拿东西了，并会从椅子上突然站起来，你可不能把我单独放在椅子上。 •我能好奇地拨弄桌上的小东西，如爆米花、葡萄干等，还可能把它们放入口中。 •我能自己扶着栏杆站起来、坐下，还有可能独立走上几步。 •我在水中更高兴了，还可以在水中玩。可是，我一旦滑入水中，自己就起不来了。	•窒息和气道阻塞预防 •跌落预防 •烧烫伤预防 •溺水预防 •道路交通伤害预防	•不要给孩子吃硬的食品，如胡萝卜、苹果、花生和爆米花。要把给孩子吃的食品切成薄片。 •不要在婴幼儿的小床上放置任何塑料材质的包装和有缝口的包等，如果这些东西盖住了婴儿的口鼻，可能会引起窒息。 •千万不要把小的物件放置在婴幼儿可以接触到的地方，即使一会儿也不行。 •药品和化学用品(清洁剂等)要放在高处或锁起来。记住，当婴幼儿探索时，他们只有好奇，而不会记住你曾说的“不”。 •给婴幼儿服用药物时，要仔细阅读说明书，或按医嘱服用。 •如果婴幼儿发生气道阻塞，你要有所准备。问医生发生这种情况时，你要采取的步骤是什么，学会怎样来抢救一个气道阻塞的孩子。 •如果婴幼儿因为误食而中毒，你应该拿上该物品，马上将婴幼儿送医院。
1～2岁	•我会自己走路，并喜欢练习蹦。但我的平衡能力很差，因为我的头比较重。 •我的皮肤很稚嫩，一旦烫伤，对我的伤害会很大。 •我会去拿起任何可以拿到的东西，有毒的物品一定不能让我拿到。 •我会自己拿起杯子就喝，你可要把任何高温的液体远离我。	•跌落预防 •烧烫伤预防 •溺水预防 •中毒预防 •道路交通伤害预防	•幼儿已能奔跑，所以要保持家中的地面干燥，特别是盥洗室，十分重要。 •幼儿已会爬上沙发等，因此，靠窗的地方不要放置凳子和沙发等家具。 •为楼梯装上安全门。 •在一楼以上的窗户上安装护栏。 •保证家具牢固且靠墙而立，带有尖角的家具可能会伤害幼儿。 •如果幼儿有严重跌伤，或跌落后行为不正常，应立即送去医院治疗。
3～4岁	•我仍在学习平衡和攀爬，跌倒常会发生。 •我喜欢玩能发亮的东西，如火柴和打火机，但我不了解火可能带来的伤害。 •我呼吸的频率很快，因为我的肺很小并且还在生长。气体的吸入也很快。	•割伤预防 •跌落预防 •烧烫伤预防	•幼儿已能熟练地打开关闭着的房门和抽屉，任何刀具和其他工具都可能被他们取出当作玩具。因此，带尖头的用具和小件物品，如剪刀、刀具、针、珍珠项链、笔帽等要放在上锁的抽屉中(或幼儿不易拿到之处)。 •在厨房做菜时，尽可能关上门，不要让幼儿进入厨房。 •食品加工电器，如磨豆机，榨汁机等，使用时照护者不要离开，照护者离开时要关闭电源。

续表

年龄阶段	你知道吗	需要注意的安全问题	给照护者的安全提示
3～4 岁	• 我会尝试大孩子或大人的动作，而这些动作可能是我能力所不及的。 • 我会到处翻东西还能旋转瓶盖，因为我对一切都很好奇。 • 我仍需要时刻被看护。	• 中毒预防 • 溺水预防 • 道路交通伤害预防	• 低的桌子，如茶几等，四边应为圆角，特别是玻璃的桌子。 • 为幼儿挑选玩具时，要注意玩具的边角是否锐利。 • 可以给幼儿准备专用的剪刀，以方便幼儿学习剪纸等。

二、 托育机构的安全措施

（一）创设安全的环境

婴幼儿希望探索并掌控环境，需要对周围的环境建立安全感和信任感。由于自身发展水平的限制，婴幼儿并不能准确判断周围环境是否安全，因此需要托育机构的照护者负起责任。针对环境中的安全问题，照护者应保持警惕，尽可能运用可利用的风险管理和伤害预防方法，随时做好安全防范，为婴幼儿创设可最大限度发挥其潜能的安全环境。表 1-2-2 是预防或预测受伤风险的安全实践和伤害预防的策略，适用于各种类型的早期教育环境，需要托育机构的照护者了解并学会运用。

想一想

根据 18 个月大的幼儿的身心发展特点和水平，列举他们在托育机构的室内和室外可能面临的危险，以及你所要采取的相应的预防措施。

表 1-2-2 托育机构的照护者创设安全的环境、防范伤害实践指南

- 了解托育机构中所有可运用的安全措施。
- 检查环境中是否存在安全隐患并及时清除。
- 根据需要使用安全设备。
- 将环境中不安全的事物置于监控中。
- 了解儿童的发展水平，清楚他们的能力和不足。
- 通过行为、语言和事件等多种手段进行安全教育。
- 向家长发放安全指导手册，提高家庭环境的安全指数。
- 向儿童及其家长示范安全行为。
- 关注可能导致伤害发生的因素。
- 密切观察和监督儿童，在儿童处于危险的情况下给予特殊的照顾。

资料来源：凯西·罗伯逊，2018。

（二）防范伤害管理

防范伤害管理不仅可以提升安全水平，保护婴幼儿，减少危害，而且通过提供合理的方案处理已经发生的事故，可以尽可能减少婴幼儿所遭受的痛苦。为了避免意外事故的发生，照护者应该对事故发生的原因进行分析。我们可以根据婴幼儿伤害事故三要素(见图 1-2-1)，开展有针对性的预防。

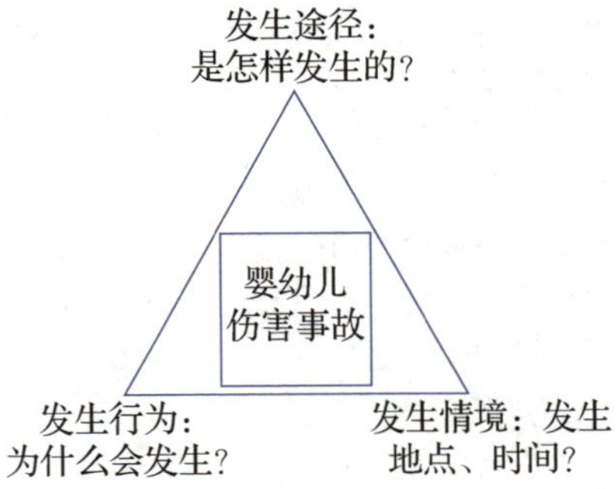

图 1-2-1 婴幼儿伤害事故三要素

典型案例

8月18日晚9点左右，某小区附近一景观喷泉漏电，导致附近的三名市民触电。现场目击者介绍，当晚一名小女孩在喷泉附近玩耍时，不幸触电，孩子的妈妈和奶奶上前施救，也遭到电击。触电事故发生后，附近的市民报警，同时联系急救中心。急救人员赶到后，将三人送至医院抢救，但遗憾的是，小女孩最终不治身亡。

请思考此事件涉及婴幼儿伤害事故三要素中的哪一个。

1. 发生途径

发生途径是指事故是怎样发生的。诱发的因素多为物质和环境因素，如地板上的一枚硬币、没有被堵上的电源插孔等。消除隐患有效的管理措施之一是采取预防和保护措施，通过改善环境来减小风险。

2. 发生行为

行为是伤害事件发生的直接导火索。婴幼儿的大部分行为与他们的发展水平有关，他们所完成的发展性任务正是导致伤害事故发生的直接原因。例如，婴幼儿喜欢探索周围的环境，喜欢自己尝试解决问题，他们的运动技能有了一定的发展，但控制机能还不成熟，很可能会高估自己的能力，这些因素都可能使他们处于危险之中。婴幼儿的性别、性格特点与意外伤害事故也有相关性，男孩、易冲动的婴幼儿发生意外伤害事故的可能性更大。

照护者需要了解婴幼儿发展阶段的相关知识，成为一名敏锐的观察者，注意到某个特殊年龄阶段婴幼儿的日常行为习惯，有助于减少危险。

典型案例

某托育机构的一些家长发现，自己的孩子出现面部皮肤不适、眼睛红肿的现象。随后，托育机构负责人表示经调查监控发现，是班里的照护者误开了活动室安装的紫外线灯，导致孩子被紫外线灼伤。

请思考此事件涉及婴幼儿伤害事故三要素中的哪一个。

照护者的一些行为也会导致婴幼儿伤害事故的发生，这些行为分为直接行为和不作为行为。在婴幼儿伤害事故中，暴力、虐待、交通事故等是照护者的直接行为导致的，其他大部分婴幼儿伤害事故都是由照护者的不作为行为导致的，如缺乏监督、缺少安全知识、对形势的错误判断等。

照护者需按照指定职责开展监督工作，确保婴幼儿时刻都在自己的视野范围内。如果发现安全隐患，必须采取措施避免危险的发生。首先，照护者需要学习并掌握安全知识，为婴幼儿提供必需的安全监控及安全环境，还需要注意自身的压力和情绪，保证保教工作的质量。其次，照护者需要运用教育、引导、示范等多种方式，让婴幼儿学习安全知识，获得安全经验。最后，照护者需要具有丰富的实践经验和良好的判断能力。所有这些都可以使婴幼儿更早地懂得事件发生的因果关系，为婴幼儿提供预防策略，避免婴幼儿处于危险的境地。

想一想

结合婴幼儿伤害事故三要素，讨论托育机构早期教育环境中伤害事故的发生途径、发生行为和发生情境三者之间的关系。

3. 发生情境

发生情境是指发生事故的地点、时间和背景。特定类型事故的发生与地点有关。例如，从大型玩具设施上摔下来，更易发生在室外，烫伤更易发生在室内。伤害事故的发生与时间有关。事故多发于午前或傍晚时分，因为这些时段的婴幼儿往往比较疲惫。一些背景因素也会导致伤害事故的发生。晚上睡眠不好的婴幼儿发生危险的可能性比睡眠充足的婴幼儿要大；婴幼儿或照护者比较匆忙的时候，更易发生事故；婴幼儿早期教育环境或常规的改变，往往会引发婴幼儿心理上的混乱或冲突，使婴幼儿感受到压力，从而导致事故的发生。

（三）制订安全计划

托育机构应制订安全计划，安全计划包括评估、调整和监督三部分。实施这三步时要考虑伤害事故的发生途径、发生行为和发生情境。通过分析婴幼儿伤害事故三要素和给照护者一些指导建议，可有效预防风险，提高安全指数。

1. 评估

评估主要针对托育机构的室内外环境以及婴幼儿的认知及动作发展水平来进行。照护者既要借助安全检查表对托育机构的室内外环境逐一进行安全检查(见表 1-2-3)，也要根据婴幼儿的认知及动作发展水平对他们的行为做出预期。

表 1-2-3　托育机构环境安全检查表

分类	项目	项次	检查重点
基础设施	门	1	门板完整，双面平滑、无棱角，轨道、铰链正常，使用正常
		2	平开门距离楼地面 1.2 m 以下部分应设防夹手设施
		3	门距离地面 1.3 m 以下不应有凸出物及粗糙面(门锁安装高度应高于 1.3 m)
		4	门下部有可观察到开门区域有婴幼儿及异物的通透玻璃
		5	双扇平开门，其宽度不应小于 1.2 m，门扇要向外开，不设门槛
		6	门锁正常，防止婴幼儿任意进出的防护措施正常
	窗	1	窗框、玻璃、纱窗完整，轨道顺畅，锁(栓)正常
		2	窗距离楼地面的高度小于或等于 1.8 m 的部分无内悬窗和内平开窗扇，无开启窗扇
		3	婴幼儿可以接触到的窗户开口小于 11 cm 或者有护窗板，使其无法爬出
		4	窗下不应有可踏面或其他婴幼儿可以借力翻越造成摔伤隐患的物品
		5	窗台距地面的高度应低于 60 cm，具有单独寝室的窗台距地面的高度应低于 90 cm
	墙	1	距地面 1.3 m 以下的墙面不应有导致婴幼儿手指受伤的尖锐突出物、缝隙、孔洞等；不应有导致婴幼儿误吞食的细小物品；不应有导致婴幼儿被缠绕的绳索、丝带等
		2	墙体无裂缝、倾斜、渗水现象
		3	墙面涂料环保，无发霉、脱皮现象
		4	墙面软包材料不应有破损或内容填充物暴露的现象
		5	墙面的悬挂物或放置物需防范坠落隐患
		6	墙柱面、踢脚线的阳角不应尖锐
		7	墙面插座距地高度高于 1.8 m，管线不暴露，无漏电现象
		8	消毒灯开关需高于 2 m，标识完整、清晰

续表

分类	项目	项次	检查重点
基础设施	天花板	1	天花板无龟裂、剥落、下陷现象
		2	悬挂物如灯具、外置设备、放置物等无坠落的隐患
		3	灯具稳定、使用正常
		4	无虫蚁侵入或破损、无漏水现象
		5	天花板附加物牢固安全、无脱落风险且运作正常
	地板	1	地面平坦，无裂痕、破损、尖锐突出物
		2	地面无积水(渗水)、油污、污物
		3	地面无绳索、布带及未固定材料等造成跌倒、滑倒的隐患
		4	地面高低落差处有防护措施
	楼梯及走廊	1	供婴幼儿使用的楼梯不采用扇形、螺旋形踏步，台阶、梯步尺度应符合规范要求，高度为 0.13 m，宽度为 0.26 m
		2	当楼梯井净宽度大于 0.11 m 时，必须采取防止婴幼儿攀爬的措施，楼梯栏杆间距在 0.09 m 以下或加防护网
		3	三级以上台阶的内外楼梯应设置扶手，楼梯扶手稳固，其高度宜为 0.60 m
		4	内部楼梯应配备防滑表面
		5	楼梯止滑条无脱落、功能正常
		6	楼梯间照明亮度适当
		7	斜坡、门廊应设有扶手，斜坡坡度不应大于 1∶12
		8	生活用房的中间走廊宽度不应小于 2.4 m，单面走廊宽度不应小于 1.8 m；其他用房的中间走廊宽度不应小于 1.5 m，单面走廊宽度不应小于 1.3 m；不在走廊处设置衣帽间
		9	主要活动路线上不应有障碍物，保障活动的开展与疏散的通畅
		10	台阶、梯步、地台等地面凸出部位阳角不应有导致婴幼儿碰伤的尖锐物品
卫浴环境	沐浴区	1	浴室门随时紧闭(或设置安全护栏)，可存水设备不应有溺水风险
		2	浴室外地板应随时保持干燥，门外铺设吸水及防滑垫
		3	备有婴幼儿防滑浴盆或在淋浴槽、淋浴间内铺设防滑垫
		4	浴缸或淋浴设备旁设置扶手
		5	冷热水有明显的标识，婴幼儿可接触区域的热水温度应低于 43℃
		6	储物柜的柜门不应有突出物、储物柜内置物品不应有坠落风险

续表

分类	项目	项次	检查重点
卫浴环境	如厕区	1	设有符合幼儿尺寸的马桶
		2	马桶盖及座圈无裂缝或松动
		3	卫生间内的成人厕位应有防夹手设施
		4	放卫生纸的垃圾桶应是摇盖垃圾桶，并每天清洁消毒
		5	尿不湿更换区不得用于准备食物或餐饮服务，婴幼儿尿布区必须有流动的洗手水源
		6	尿布台稳固，无剧烈摇晃，五金部件无松动
		7	尿布台四周需有一定高度的防护边缘
		8	移动式尿布台若带有轮子，轮子必须是带锁定设置的
		9	换尿布辅助用品(如布、湿纸巾、干纸巾等)放置卫生、安全，避免与脏尿布、脏手或其他换尿布材料接触而造成交叉污染
	盥洗区	1	洗手台稳固
		2	洗手台外观完整、无破损
		3	冷热水有明显的标识，婴幼儿可接触区域的热水温度应低于43℃
	其他安全要求	1	清洁用品应放置在婴幼儿不能接触到的位置，防止中毒的标识应完整、清晰
		2	非幼儿操作的用水设备阀门应有防止幼儿误开的设置
		3	用水区域的开关插座应安装防溅盒
		4	如雨天或清洁时，需放置“小心地滑”指示牌
家具	整体要求	1	塑料类家具要求原料应采用原生材料 PE 或 PP，环保要求符合国家认证
		2	木质类家具宜用原木材料，复合类材料的外表和存放物品部位用材不得有树脂囊，甲醛释放量应小于等于 1.5 mg/L
		3	耐用、安全、易于清洁并适合婴幼儿的尺寸、年龄和特殊需要
		4	表面及边缘完整平滑，功能正常、无故障，外观无掉漆、剥落、生锈等状况
		5	附属配件或自行加装的附件都应固定良好
		6	安置稳固牢靠，不易晃动、倾倒
		7	放置位置妥当、不妨碍视线及婴幼儿活动
		8	家具尖角有防护措施

续表

分类	项目	项次	检查重点
家具	桌椅	1	桌椅符合国家标准的相关规定，幼儿椅子重量不超过 2.0 kg
		2	备有符合婴幼儿尺寸的专用喂食椅，椅面材质易清洗，重心稳固，备有安全系带；婴儿高脚椅应有宽阔的底座和 T 形安全带
		3	桌椅不应有危险、锐利的边缘；婴幼儿的手指可触及的隐蔽处，均不得有锐利的棱角、毛刺；尖端、棱角及边缘部位应做倒圆或倒角处理
		4	桌椅的外表和内部的五金部件不应露出锐利的尖端，五金部件应避免出现松动
		5	桌椅结构不允许出现松动，零部件不允许出现劈裂
	床	1	当婴儿在婴儿床上睡觉时，婴儿床上不能有玩具、缓冲垫或枕头
		2	为 1 岁以下婴儿提供的婴儿床，栏杆间距应小于 6 cm，安装的垫子和床沿之间的距离不应超过 2 个指头宽，垫子和床的上沿之间的最小高度差为 88 cm；为 1 岁以上幼儿提供的单层床，床高一般为 20～30 cm
		3	床与外墙、窗的距离不得小于 0.6 m，床与床之间的通道不得小于 0.5 m
		4	根据季节选用合适的床上用品，床单、毯子等床上用品至少每月清洁一次
		5	睡床的床板设有坚固卡，床垫与床架四周密合
		6	婴幼儿睡床周边铺设防撞软垫(如婴儿床有围栏，确保防撞软垫系紧在栏杆上并确保系绳不外露)
		7	婴幼儿寝具棉絮不外露，拉链(纽扣)牢固、无松脱，并维持干净
附属物	急救设备	1	急救箱必须放在婴幼儿看护区
		2	急救箱必须放在婴幼儿接触不到的地方
		3	急救箱必须包含以下物品：肥皂、各种绷带、无菌纱布垫、镊子、胶带、剪刀和一次性无孔手套等
		4	外出时，每个婴幼儿护理小组必须配备一个急救箱。远足时携带的每个急救箱中必须装有一瓶水
	监控系统	1	监控系统运行正常
		2	监控屏幕时间精准(误差小于 30 s)
	有毒物品的存放	1	清洁材料和其他有毒物品应上锁或存放在婴幼儿接触不到的区域或容器中
		2	清洁材料和其他有毒材料应存放在贴有原始标签的容器或指定内容的容器中。有毒物品应远离食品、食品准备区和婴幼儿保育场所
		3	清洁材料和其他有毒材料的使用方式应不会污染游乐区、食物、食物准备区，并且不会对婴幼儿构成危害
		4	儿童看护场所不允许使用有毒植物
		5	工艺材料应当无毒

续表

分类	项目	项次	检查重点
儿童游乐设施	基础安全要求	1	室外游戏区应用栅栏或自然屏障围起来，安全宽敞，动线流畅，光线明亮，通风，地面平坦，无坑洞，具排水性，无积水，无视觉死角，照护者能够随时看到所有的婴幼儿
		2	游戏区地面不应有青苔、油污、污物等造成滑倒的因素；不应有破损、卷边、起翘、隆起等造成跌倒的因素
		3	游戏区(包括沙水区)内没有锋利尖角、碎片、可能勾住婴幼儿衣服的突出物、脱落的油漆、松动或生锈的零件，没有可能造成窒息危险的小物品，可能造成勒死危险的物品，可能勾住、夹住、剪切、挤压身体组织的物品
		4	使用游乐器材时，能保持安全距离；能在器材的摆荡空间做好警告标志。设施四周缓冲范围必须大于 1.8 m；摇摆设施缓冲范围必须大于 3 m
		5	沙水区的蓄水区应设置水深警示，水质清澈无异味，蓄水深度不应超过 0.3 m，排水管道应保持通畅，且处于正常的工作状态
		6	洞形状通道及入口内径不应小于 0.8 m
		7	滑梯坡度不应大于 35°，两侧直边高于 0.18 m，滑梯出口设 1.5 m 缓冲区且周边无障碍物，缓冲出口内畅通无阻
		8	滑梯口、攀爬洞口等临边洞口防止坠落的安全防护设施正常
		9	净宽度大于 9 cm 的空隙下方防坠网正常无损坏或异物
		10	竖向绳网钻笼每 0.6～0.8 m 有一道防坠网
		11	距地面 1.3 m 以下容易触碰到的钢结构框架宜采用软性材质包裹
		12	竖向防护栏/网应采用防止婴幼儿向上攀爬的形式，如不可避免则建议上部整体封闭
种植区	基础安全要求	1	无有尖刺、飞絮、病虫害、刺激性的植物，无有毒的植物及易产生过敏的植物
		2	1.3 m 以下树干无锋利的粗糙面
		3	无断枝或其他有坠落安全隐患的物品
		4	场地园艺工具配置无尖锐的器具，设施等完整无损坏，无锋利面
		5	无蛇、毒虫等有害生物

发生途径：通过安全检查表进行检查，及时发现潜在的危险因素。

发生行为：通过充分考虑婴幼儿的年龄、能力、家庭、社区等多种因素，了解哪些行为会诱发伤害事故，照护者可以有针对性地让婴幼儿学习安全行为和预防策略，从而避免婴幼儿安全问题的发生。

发生情境：分析可能导致伤害事故发生的情境因素，制订预防计划，在婴幼儿易发生危险的时段密切关注婴幼儿的行为将会减少伤害事故的发生。了解与伤害相关的一般情境及时间因素的照护者，在面对这些情境时更有警惕性。

学习笔记

2. 调整

对发生途径的调整。照护者可以每日利用安全检查表检查环境，及时维修、移除危险物品，设置安全设施，为婴幼儿提供安全的物质环境。对有特殊需求的婴幼儿，照护者需相应地在环境布置上进行合理的调整和改进。例如，对于腿脚不便的婴幼儿，照护者应尽量减少通道中的障碍物，让婴幼儿能够更方便、自由地在环境中探索和活动。对发生行为的调整。照护者运用适宜的方式对婴幼儿开展安全教育，改善儿童潜在的危险行为。改进通常采用讨论、示范和角色扮演方式实施。讨论主要针对安全行为的正强化、不安全状况的改善，以及对安全与不安全行为的双向思考开展；示范主要是照护者自身进行榜样示范，可运用安全宣传画、标志、录像、讲故事及其他沟通方式交流如何提高安全意识；角色扮演可帮助婴幼儿做好应对危险情境的准备，如定期进行的地震、火灾演习，预防虐待、拐卖及周围环境危险的演习等。

对发生情境的调整。照护者无法改变一天中事故最易发生的时间，但可以教育婴幼儿在疲劳时避免某些活动。例如，当婴幼儿感到疲倦时，照护者不要安排活动量较大的活动。如果某个时间段发生事故的可能性较大，照护者可以适当进行调整。例如，接近中午时婴幼儿较为疲劳，这个时间往往很容易发生意外事故，照护者可以在此期间关闭攀爬设备，调整为集体听故事等安静的活动。

3. 监督

对发生途径的监督。对发生途径的监督是一项连续性的工作。变化是一直都存在的，因此，照护者要对动态的变化有敏锐的直觉，并将监督过程制度化。安全检查表有助于照护者对这种变化做出评估以减少安全事故的发生。

对发生行为的监督。对发生行为的监督包括观察安全实践行为，以及对安全事故进行追踪。每周定期查看安全事故报告，从中吸取教训。托育机构应每月检视环境中的变化。例如，是否有新生加入，对环境进行改善，帮助照护者应对发生的变化。

对发生情境的监督。对发生情境的监督是开展监督的重要活动。使用工具可以扩大监督的范围，如在容易发生安全事故的场所安装监控，并预先准备好防护装置，在拐角处放置凸透镜以增加视野范围等。照护者和婴幼儿的行为都应该受到监控以减少安全事故的发生。

（四）突发事件的应对

突发事件：是指突然发生、情况紧急，在人们的意料之外，需要立即采取行动的事件。

尽管托育机构通过采取预防和保护措施来避免突发事件的发生，但是同伴、行为和情境等因素仍有可能导致突发事件的发生。为了最大限度地保护婴幼儿，照护者应该对任何可能发生的突发事件做好准备，要有应对突发事件的计划，并进行必要的模拟演习。只有这样，才不会在危及生命的事件发生时束手无策。为了做好突发事件的应对，托育机构的照护者要做好以下准备。

1. 识别突发事件

流血、呼吸困难和中毒的情况通常意味着突发事件的发生，这类突发事件非常容易识别。它们会在极短的时间里对生命构成威胁，因此照护者必须立即采取措施。除了以上3种情况之外，突发事件还有许多其他征兆。美国红十字会指出，可以应用感官来识别突发事件，如听、看、嗅、触摸等都可作为识别的方式。照护者要时刻警惕任何异常的现象、声音和气味，并进一步观察，确保周围情况一切正常或者及时发现突发事件。托育机构中的婴幼儿如果出现表1-2-4中的情况，就可能存在发生突发事件的可能。一旦发现问题，照护者可以通过进一步观察来排除异常，并决定是否有必要采取应急措施。

学习笔记

表1-2-4 婴幼儿突发事件的征兆

- 尖叫、呼喊或呼救
- 语言含糊、混乱或吞吐
- 抓喉咙或颈部
- 呼吸困难
- 无癫痫病史的儿童出现癫痫
- 冰冷、湿黏的皮肤
- 骨头从皮肤中突出
- 突发性皮疹或皮肤出现条痕
- 无明显原因地出汗
- 伤口处大量出血

资料来源：凯西·罗伯逊，2018。

2. 突发事件的应对程序

(1)制订应急预案

为了随时准备应对紧急情况，《托育机构管理规范(试行)》指出，托育机构应当制订重大自然灾害、传染病、食物中毒、踩踏、火灾、暴力等突发事件的应急预案之外，定期对工作人员进行安全教育和突发事件应急处理能力培训。预案需要针对不同类型的突发事件或自然灾害类型进行编制，除了以上提到的应急预案之外，建议增加针对停电及停水等公共设施中断供应、监护人不满或怨恨、医疗急诊、婴幼儿走失、特殊需求婴幼儿的应急预案。

(2)突发事件的应急准备

照护者的准备。托育机构中的所有照护者应接受急救技能的基本训练并获取相应证书。托育机构至少配备一名保健人员，保健人员需经过妇幼保健机构组织的卫生保健专业知识培训，接受过心肺复苏术培训。其他照护者要熟悉婴幼儿急救和人工呼吸的步骤，懂得人工呼吸的基本方法。

环境的准备。托育机构在每个活动室应张贴急救电话号码和处理突发事件时需要的重要信息(有座机的，可张贴在座机上或附近墙上)，如托育机构的地址和方位，受伤婴幼儿的关键信息(如姓名、年龄、受伤状况、已采取的急救措施等)。托育机构还应制作一份涵盖所有婴幼儿的紧急情况联系人的电话簿，以便使用。若有变动应及时更新相关信息。张贴疏散示意图，一旦发生突发事件，照护者可以迅速找到这些提示信息，并采取相应措施。

学习笔记

物质的准备。每个班级应配备急救箱 1 个，急救箱中的急救物品足够丰富，能应对大多数的突发事件。急救箱要放在照护者容易拿取且婴幼儿不会轻易接触到的地方。急救箱中应包括表 1-2-5 中所列的物品。外出或郊游时应携带急救箱，最好还要准备好冰袋，以备不时之需。照护者应定期检查急救箱以确保药物的供应，及时补充用完的物品。

表 1-2-5 托育机构急救物资的配置建议

1. 消毒物品：碘伏或碘伏棉签，酒精或酒精棉片，生理盐水或生理盐水湿巾、消毒湿巾。 2. 包扎固定物品：纱布绷带、医用胶带、三角巾，有条件的可配备自粘绷带、止血带、网状弹力绷带、不同型号的夹板等。 3. 敷料：医用无菌纱布、创可贴、干净的方巾、棉签。 4. 器械：医用剪刀、镊子、体温计、一次性无菌手套、安全别针。 5. 常用药：退热药、抗生素软膏、补液盐、抗过敏药。 6. 其他：手电筒、急救手册、急救电话卡、紧急联系卡、急救毯、冰袋、退热贴，有条件的可配备转运婴幼儿用的担架或平板。

应急演练。定期进行消防演习和疏散演习。熟悉煤气、水、电等可能引起危险的有关设施的开关，并张贴标志，知道何时及如何使用灭火器，每月检测一次烟火警报，每月进行一次消防演习。根据所在区域自然灾害的发生情况选择性开展地震、洪水等疏散演习。确定好疏散地点，制订疏散计划，并在楼内各处张贴。照护者应熟悉并严格遵守疏散程序，通过演习、讨论、使用图表等方法，教会婴幼儿如何处理突发事件，并和他们一起练习。婴幼儿在演习中应清楚自己该怎么做。经常进行演习并严格遵守疏散程序有助于提高照护者和婴幼儿的应急反应。

(3)突发事件的应急步骤

突发事件的应急步骤见表 1-2-6。

表 1-2-6 突发事件的应急步骤

• 保持冷静并立即行动。 • 留在现场，帮助和安慰在场受伤的和没受伤的婴幼儿。如果在场的有其他照护者，让他们维护现场秩序，让没受伤的婴幼儿保持冷静。 • 用婴幼儿突发事件的征兆的识别方法对婴幼儿进行全身检查，并寻求保健医生的帮助。 • 根据危险程度和伤害类型开展现场急救。如有必要，请及时拨打 120。 • 不要轻易搬动受了重伤的婴幼儿。如果必须搬动重伤婴幼儿，根据伤害类型，采用正确的急救方法搬动。 • 及时通知家长，并达成一致的行动计划。 • 在婴幼儿家长或救助者到来之前，照护者应一直陪伴婴幼儿。 • 事件过后要及时慰问婴幼儿和家长并撰写报告。照护者应仔细研究事件的发生过程，思考事件是否可以通过完善安全措施或更严格地遵守健康准则来避免。若有需要，照护者应对应急计划做相应调整。

安全措施的实施可以管控风险、防范伤害，提高婴幼儿早期教育环境的安全性。照护者不仅要意识到环境中的危险，学会对环境进行预估，做出改善，并进行监督，以减少伤害，而且要知道如何应对突发事件，了解恰当的实施方法及实施步骤，并能在突发事件发生时正确应对。

学习效果检测

一、思考题

1. 婴幼儿的发展水平将如何影响婴幼儿的安全问题?

2. 托育机构的照护者应如何创设安全的环境?

3. 描述突发事件的3个明显征兆，以及这些征兆可能表明存在哪些紧急情况。

4. 讨论并列出托育机构必须准备的应对突发事件的物品。

5. 阐述托育机构突发事件的应急步骤。

二、实践应用

1. 调查5个托育机构，了解这些托育机构是否有安全制度，这些制度是否适宜，为什么?

2. 查阅资料并结合调查，找出某托育机构所在地区最常见的自然灾害，列出3～5种可以应对此种灾害的做法。

三、案例分析

1. 在周五放学时，晨晨本来很开心地要换鞋和妈妈回家了，不知道怎么就突然哭了起来，老师经过询问才知道，他坐在凳上时凳子突然往后晃了一下，他被吓到了，然后就哭了。

针对以上案例，小组讨论列出主要的风险因素，为托育机构设计一份有效预防换鞋时意外事故发生的安全措施。

2. 胡某某，某托育机构学生，在机构内由窗帘绳缠颈导致窒息。经公安局的初步调查，5月6日中午，该班有3位照护者陪护。该班幼儿在教室内用餐时，先用完餐的胡某某独自跑到寝室玩耍，发生意外。虽然被照护者发现后迅速送医救治，但经全力抢救于5月7日早晨不治身亡。

根据以上案例，列出托育机构中可能造成婴幼儿窒息的因素及预防措施。

3. 张老师是某托育机构的负责人。一个照护者在常规检查时发现机构的热水器有浓烟冒出，就把情况立即报告了张老师，张老师迅速赶到现场。

此时，张老师应怎样做?应如何指挥托育机构的人员开展应急处理?在此紧急事故发生之后，托育机构应做好哪些有关环境安全的准备?

学习模块二
日常照护

托育机构是实施婴幼儿养育照护的场所，你知道托育机构的日常照护包括哪些环节吗？每个环节的具体内容是什么？照护者需要掌握哪些知识和技能？积极的、高质量的回应性照护不仅能满足婴幼儿的生理需求，而且能促进婴幼儿认知能力、语言能力以及社会性和情绪的发展。

学习导图

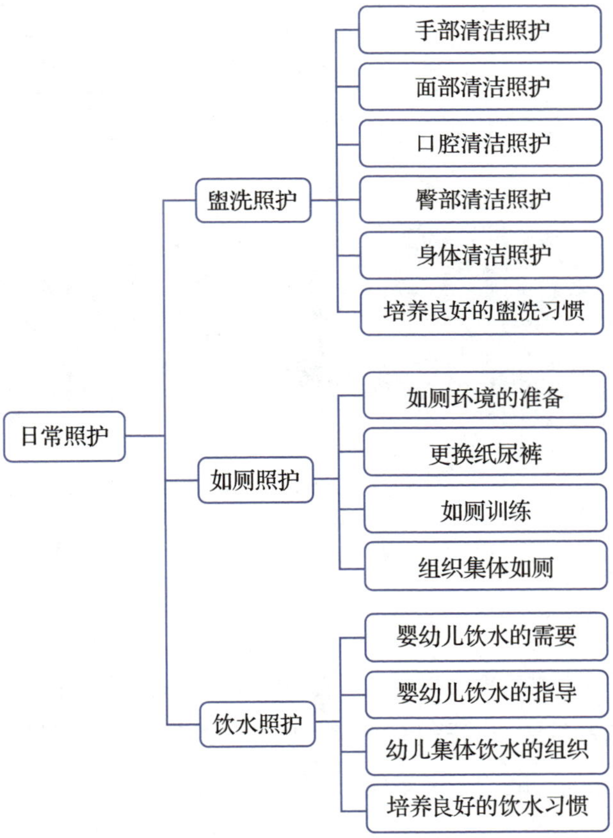

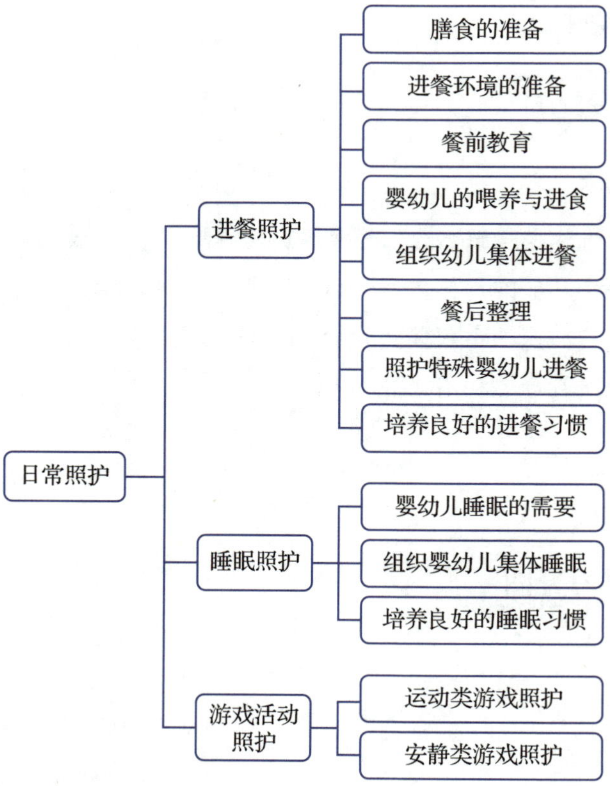

学习任务一
盥洗照护

学习初体验

参观当地托育机构的盥洗室，并观察照护者在盥洗中对婴幼儿的帮助和指导。对于0～3岁的婴幼儿而言，这样的盥洗室是否适合使用？它是否是一个安全的环境？照护者的帮助、指导是否到位？有没有需要改进的地方？应该怎么改进？请记录你的观察和结论，学完本任务后再来看看最初的记录。

学习任务单

项目	内容
学习目标	学完本任务后，你应该能够 ①讲述婴幼儿盥洗的卫生要求，并根据要求做好婴幼儿的盥洗工作。 ②根据盥洗的环境要求做好托育机构盥洗环境的创设和准备。 ③掌握婴幼儿手部、面部、口腔、臀部和身体清洁的方法，能对婴幼儿进行回应性照护。 ④敏感地观察婴幼儿在清洁过程中的反应，了解其生理和心理需求，并及时给予积极回应。 ⑤通过实操体会婴幼儿盥洗照护的专业性，培养吃苦耐劳的职业精神和服务人民的爱国精神。
学习要点	本任务的重点、难点 ①掌握婴幼儿手部、面部、口腔、臀部和身体清洁的方法。 ②能根据规范的盥洗方法对婴幼儿进行回应性照护。
学习建议	学习前 ①完成本任务中的学习初体验活动。 ②认真阅读《托育机构保育人员培训大纲(试行)》等文件中的相关规定。 学习中 ①完成本任务中的相关活动。 ②认真学习本任务中的盥洗内容，观看相关的视频资料，并记录下自己的认识。 学习后 ①完成本任务后的学习效果检测。 ②录制手部清洁、面部清洁、口腔清洁的视频。
学习运用	你觉得在哪些工作场景中可以运用到所学知识？(学生填写)
学习反思	记录你在学习过程中的思考。(学生填写)

情景导入

学习笔记

吃完点心后，照护者带着小朋友们到盥洗室洗手，盥洗室里变得很拥挤。点点好不容易挤到洗手台边，把水龙头开到最大，然后把手放到水龙头下冲洗了 2 秒，关上水龙头，结束了自己的洗手环节，手上的水都滴到了地上。

你是否考虑过托育机构要做好盥洗环境的准备？面对点点出现的这种现象，托育机构的照护者该如何处理？如何组织婴幼儿正确盥洗，帮助其养成良好的盥洗习惯？本部分将围绕托育机构的盥洗活动展开。

托育机构的盥洗活动包括洗手、洗脸、漱口、刷牙、清洗臀部、洗澡等环节。盥洗是托育机构一日生活中非常重要且发生频次较高的一个环节，不仅可以使婴幼儿保持皮肤清洁、干爽，提高皮肤的抵抗力，而且可以培养婴幼儿良好的卫生习惯和生活自理能力。照护者在实施盥洗活动中，一方面要重视盥洗活动的价值和效果，另一方面要做好盥洗环境的准备。卫生、整洁、舒适、富有教育意义的盥洗环境会让婴幼儿的盥洗变被动为主动，激发婴幼儿的盥洗兴趣，帮助婴幼儿养成良好的盥洗习惯。

一、手部清洁照护

婴幼儿常用手来探索世界，因此手部清洁尤为重要。许多传染性疾病都与手部卫生有关。保持手部卫生可以防止病原体由一个人传染给另外一个人，或由动物传给人。洗手是提高个人卫生、预防疾病、保证生命安全简单有效的方法。

（一）环境准备

1. 盥洗室要卫生、整洁、安全、舒适

盥洗室应有良好的采光、通风条件，保持地面干净，没有水渍，防止婴幼儿滑倒摔伤，或者地面铺防滑垫。为防止盥洗时出现拥挤，可以在盥洗室的地面上贴上标记，让婴幼儿站在标记处排队盥洗。

图 2-1-1 托育机构洗手台

根据班级的人数设置 3～5 个适合婴幼儿使用的洗手台(见图 2-1-1)，同时做好其清洁与消毒工作。

2. 盥洗室的环境创设

利用墙壁、洗手台、地面等空间进行装饰，融教育、艺术、安全、卫生常识于一体，为婴幼儿创设卫生、整洁、安全、舒适而又富有童趣和教育性的盥洗环境。

可以在盥洗室的墙面上张贴有趣、易懂的洗手步骤的图片，使婴幼儿掌握洗手的方法。

①每一个婴幼儿都应该有自己的专用毛巾，毛巾要定期清洗、消毒。婴幼儿使用后将其悬挂在毛巾架上。毛巾架应放置在婴幼儿方便取放的位置(见图 2-1-2)。

想一想

洗手液、香皂哪个去污、除菌的效果更好？

②准备数量充足、造型可爱、适合婴幼儿使用的香皂或洗手液等，并放在方便取用的地方。

③冬天水温应在 25℃左右。

3. 独立的盥洗室

有条件的托育机构最好能够做到盥洗室和厕所干湿分离，婴幼儿的盥洗室与托育机构工作人员的盥洗室分开设置。

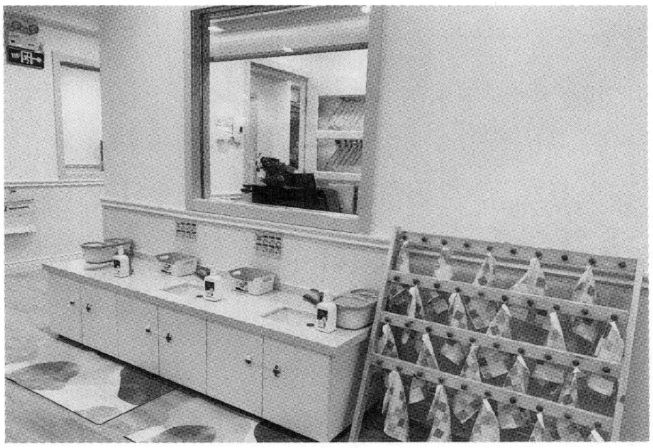

图 2-1-2 盥洗室

（二）手部清洁的操作

1. 手部清洁的操作流程

对于婴儿，照护者可以用毛巾轻轻擦拭其手心、手背、手腕，把手指轻轻分开，擦干净指缝里面的污垢。对于 1 岁以上的幼儿，照护者要协助并引导他们学习洗手的方法，具体操作流程见表 2-1-1。

表 2-1-1 1 岁以上幼儿的手部清洁的操作流程

<table>
<tr><th colspan="3">第 1 步：卷衣袖</th><th colspan="4">第 2 步：打湿双手涂抹香皂或洗手液</th></tr>
<tr><td colspan="3">引导幼儿把衣袖外卷 2～3 折或撸至肘关节处，以免打湿衣袖。</td><td colspan="4">引导幼儿打开水龙头，并能够区分水龙头温水和冷水的旋转方向，淋湿双手，然后关闭水龙头，均匀涂抹香皂或洗手液。</td></tr>
<tr><th colspan="7">第 3 步：按照七步洗手法洗手</th></tr>
<tr><td>洗手掌
（>15 秒）</td><td>洗手背及背侧指缝(>15 秒)</td><td>洗掌侧指缝
（>15 秒）</td><td>洗指关节
（>15 秒）</td><td>洗拇指
（>15 秒）</td><td>洗指尖
（>15 秒）</td><td>洗手腕
（>15 秒）</td></tr>
<tr><td>引导幼儿双手掌心相对，手指并拢，相互揉搓。</td><td>引导幼儿将一只手搭在另一只手的手背上，沿指缝相互揉搓，双手交替进行。</td><td>引导幼儿掌心相对，双手十指交叉，沿指缝相互揉搓。</td><td>引导幼儿将手指关节弯曲放在另一只手的掌心进行清洗，双手交替进行。</td><td>引导幼儿用一只手握住另一只手的大拇指进行旋转揉搓，双手交替进行。</td><td>引导幼儿将五个手指尖并拢，在另一只手的掌心旋转揉搓，双手交替进行。</td><td>引导幼儿用一只手握住另一只手的手腕，揉搓清洗手腕，双手交替进行。</td></tr>
<tr><th colspan="3">第 4 步：冲洗</th><th colspan="4">第 5 步：擦干手</th></tr>
<tr><td colspan="3">引导幼儿打开水龙头，指尖向下，依次冲洗干净手心、手背、手指和手腕上的泡沫。</td><td colspan="4">引导幼儿用手捧清水将水龙头冲洗干净，再用手背关闭水龙头，避免手部二次污染，并引导幼儿双手指尖向下在水池内轻轻甩几下，用纸巾或毛巾擦干。</td></tr>
<tr><td colspan="7">温馨提醒：为防止水流过大，水溅湿幼儿的衣服或溅湿地面，在打开水龙头的时候应注意保持水流柔和。</td></tr>
</table>

扫一扫

想要学习七步洗手法清洁的流程，请扫二维码。

2. 手部清洁存在的问题及解决方法

①婴幼儿的洗手意识较弱。照护者应引导婴幼儿认识到洗手的重要性，培养及时洗手的好习惯。

②婴幼儿洗手不认真。照护者在照护洗手的过程中，对不同年龄的婴幼儿有不同的要求：0～1 岁的婴儿由照护者协助洗手；1～2 岁的幼儿在照护者的指导下洗手，洗手过程可简化；2～3 岁的幼儿在照护者的要求下严格按照七步洗手法认真、仔细地洗净双手。

③婴幼儿把洗手当成玩水游戏。照护者应及时制止并纠正这种行为，让婴幼儿专心洗手。

拓展阅读

制订洗手计划表

为了便于照护者更好地完成婴幼儿手部清洁的工作，托育机构可以制订洗手计划表(见表 2-1-2)，让这项工作一目了然。

表 2-1-2　洗手计划表

洗手时间	完成情况(完成了贴😃)
餐前	
餐后	
便前	
便后	
玩完玩具后	
外出玩耍后	
手脏后	
接触鼻涕、口水等后	

学习笔记

（三）手部清洁的回应性照护

1. 通过手部清洁照护建立安全的依恋关系

首先，照护者应为婴幼儿提供安全的盥洗环境，充分考虑婴幼儿的生理和心理特点，满足婴幼儿手部清洁的各种需要，如洗手液、毛巾的提供；其次，照护者应以温柔的语调告知婴幼儿洗手的重要性等，让婴幼儿对洗手有所期待；最后，照护者在洗护照护中应以温和的态度与婴幼儿互动，建立安全的依恋关系。

2. 细致观察手部清洁过程中婴幼儿的表现

照护者要注意观察婴幼儿在洗手过程中的表现，特别是在婴幼儿自己洗手时要给予更多关注。例如，照护者看到婴幼儿够不到水台，可以让其站在矮凳上，方便其洗手。又如，照护者观察到婴幼儿未将指缝洗干净，需要及时纠正。

3. 对婴幼儿手部清洁过程中的表现给予积极回应

照护者要对婴幼儿洗手过程中的表现及时给予鼓励并积极回应。例如，婴幼儿自己洗手后，照护者应及时予以表扬：“宝宝真能干，小手洗得真干净！”又如，婴幼儿要求自己洗手时，照护者应鼓励他们自己完成洗手环节，但需陪伴在旁，然后在一边观察，采取选择性的干预措施进行支持。

照护者对婴幼儿的不良行为进行约束时，态度要坚定，语调要平静而温和。例如，在洗手的过程中观察到个别婴幼儿有洗手不仔细、冲洗不干净等行为，照护者要用温和的语调耐心地提醒或给予动作示范。

（四）手部清洁后的整理

①手部清洁后，照护者帮助婴幼儿放下袖子，并整理好衣服。

②照护者要用抹布擦拭洗手台上的水，并将所有物品放回原位。

③婴幼儿的毛巾要定期清洗、消毒。

④照护者要及时擦干地面的水，防止婴幼儿打滑摔倒，等最后一个婴幼儿洗完手后再离开盥洗室。

二、 面部清洁照护

面部清洁既可以有效清除面部表面的灰尘、细菌和污垢等，增强面部皮肤的抵抗力，预防面部皮肤疾病的发生，也可以使婴幼儿感到舒适、愉悦。因此，托育机构要做好婴幼儿面部的清洁工作。

（一）面部清洁前的准备

1. 环境准备

洗脸时，室温最好保持在 24～26℃，避免有凉风直吹到婴幼儿脸上，从而着凉感冒。

2. 面部清洁用品的准备

(1)毛巾的准备

①安全性。选择 A 类品质的毛巾，A 类毛巾可以直接接触婴幼儿的皮肤，没有甲醛、荧光剂和芳香胺等有害物质，能保证婴幼儿肌肤的健康。

②吸水性。毛巾的吸水性特别重要，如果毛巾的吸水性比较强，就容易拧干，接触到婴幼儿的皮肤，可以迅速吸水，不会让多余的水渍留在婴幼儿的面部。

③舒适性。由于婴幼儿的皮肤稚嫩，毛巾的材质一定要让人感到舒适，柔软便是其中非常重要的一项。在购买的时候，可以看一看毛圈，好的毛巾比较注重毛圈等一些细节。婴幼儿常用的毛巾见表 2-1-3。

练一练

弯弯从户外活动回来，作为照护者，你会如何引导弯弯洗手？

扫一扫

如何让孩子爱上洗手？想要了解更多知识，请扫二维码。

学习笔记

表 2-1-3　婴幼儿常用的毛巾

材质	特点
纯棉毛圈毛巾	吸水性强
纯棉纱布毛巾	柔软，适合婴幼儿的肌肤

学习笔记

(2)洗脸水的准备

新生儿最好用温开水洗脸，水温在 37～40℃，温开水中的大多微生物被高温杀死，用这样的水给新生儿洗脸会更安全。婴幼儿可用普通的清洁温水洗脸。

(3)洗脸盆的准备

准备婴幼儿专用的洗脸盆，一人一盆，不能混用。

(4)婴幼儿护肤霜的准备

须选择安全、温和的婴儿专用护肤霜，避免护肤霜刺激婴幼儿的肌肤，引起过敏反应。

（二）面部清洁的操作

1. 面部清洁的操作方法

对于婴儿，照护者可以用毛巾帮助他们洗脸；对于幼儿，照护者要逐步引导他们学习洗脸的方法。

婴幼儿面部清洁的具体操作方法见表 2-1-4。

表 2-1-4　婴幼儿面部清洁的操作方法

清洗部位	婴儿	幼儿
眼睛	让婴儿将眼睛闭上，用左手将婴儿的头部握住，使他不要左右转动，右手拿起浸湿后的毛巾拧干，由眼角内侧向外侧进行擦洗。洗好一只眼后更换毛巾干净的部分，用同样的方法清洗另一只眼睛。	指导幼儿自己用毛巾蘸水，用清洗婴儿眼睛的方法进行清洗。
脸(主要洗前额、脸颊和下巴)	用毛巾蘸水后给婴儿进行清洗。洗前额时，从眉心向两侧轻轻擦洗；洗脸颊时，从鼻部向外侧擦洗；洗下巴时，在下巴处画圈。	指导幼儿自己将毛巾蘸水，用毛巾反复在前额、脸颊和下巴处画圈，将面部清洁干净。
鼻子	用毛巾擦拭婴幼儿的鼻孔边缘。	指导幼儿自己用毛巾擦拭鼻孔边缘及鼻翼两侧。

扫一扫

想要学习面部清洁的流程，请扫二维码。

2. 面部清洁存在的问题及解决方法

①婴幼儿自己洗脸时会打湿衣袖、衣襟等。照护者应提前帮助或指导婴幼儿挽起衣袖，指导婴幼儿将水龙头开小。

②婴幼儿洗脸时往往只洗脸颊，容易遗漏其他部位。照护者应在旁边指导、提醒婴幼儿正确洗脸。

（三）面部清洁的回应性照护

1. 通过面部清洁照护建立安全的依恋关系

首先，照护者应为婴幼儿提供安全的盥洗环境，充分考虑婴幼儿的生理和心理特点，满足婴幼儿面部清洁的各种需要，如提供适合婴幼儿的脸部洗护用品等；其次，照护者以温柔的语调告知婴幼儿洗脸过程中发生的事情及下一步即将发生的事情，让婴幼儿对洗脸有所期待；最后，照护者应以温和的态度和积极的身体接触与婴幼儿互动，建立安全的依恋关系。

2. 细致观察面部清洁过程中婴幼儿的表现

照护者要注意观察婴幼儿在面部清洁过程中的表现，特别是婴幼儿自己洗脸时要给予更多关注。例如，年龄较小的幼儿想要自己洗脸时，照护者可以帮助其挽起衣袖，在一旁陪伴和观察。前额、眼角、鼻孔、口周、下巴等处是婴幼儿洗脸时经常会被遗忘的地方，照护者应及时提醒婴幼儿，洗完后协助其用毛巾擦干等。

3. 对婴幼儿面部清洁过程中的表现给予积极回应

照护者在给婴幼儿面部清洁时，注意动作要轻柔，语言要温和，与婴幼儿进行目光交流，给予积极回应，使婴幼儿感受到关爱。照护者也可以通过语言或肢体对婴幼儿进行及时的鼓励和肯定。例如，年龄较小的幼儿自己洗完脸时，照护者竖起大拇指并面带微笑对幼儿说“宝宝真棒，把脸洗得真干净”，增强婴幼儿的自信心。

照护者对婴幼儿进行不良行为的约束时，态度要坚定，语调要平静而温和。例如，婴幼儿经常把洗脸变成了玩水，不注意节约用水，照护者应及时用温和的语调对其进行引导。

（四）面部清洁后的整理

第一，婴幼儿面部清洁结束后，照护者要将脸盆(盥洗盆)、毛巾洗干净并消毒。

第二，照护者将所有物品放回原位并做好记录。

第三，面部清洁后，照护者要帮婴幼儿抹护肤霜。

①打开护肤霜，让婴幼儿伸出一根手指，蘸一蘸。

②让婴幼儿蘸有护肤霜的手指在额头、鼻子、下巴、两侧脸颊点一点。

③对着小镜子，照护者指导婴幼儿在额头左右抹、鼻子上下抹、口周画圈抹，双手分别在两侧脸颊画圈。

④先让婴幼儿自己检查是否涂抹均匀，照护者检查并帮助其涂抹均匀。

⑤在面部清洁期间，照护者应清洗毛巾 1～2 次。

三、 口腔清洁照护

在现代生活中，人们越来越重视牙齿的健康。不注意口腔卫生，不仅会影响牙齿的美观，出现牙齿排列不整齐的情况，而且会出现口腔疾病，如牙周炎，影响牙齿的寿命，进而影响全身各个系统的健康。婴幼儿的口腔比成人更加脆弱，加之吃果糖等甜食较多，导致口腔中的有害菌繁殖得较快，口腔的微环境失衡，最终出现口腔问题。所以，保持口腔卫生，做好口腔清洁，对于预防口腔疾病来说是非常重要的。照护者应培养婴幼儿从小注重口腔卫生的好习惯。

练一练

秋天到了，天气变冷了。乐乐的小脸被冻得通红，嘴角还有残留的牛奶，脸上的皮肤也皲裂了。作为照护者，你会如何帮助乐乐？

学习笔记

学习笔记

（一）口腔清洁前的准备

第一，照护者按照七步洗手法清洁双手。

第二，牙刷的准备。

给不同年龄阶段的婴幼儿配置不同类型的口腔清洁器具，见表 2-1-5。

表 2-1-5　不同年龄阶段婴幼儿的口腔清洁器具

阶段	名称	特点及功能
出牙前(0～6 月龄)	纱布	柔软，清洁牙龈
出牙后(6～12 月龄)	指套牙刷	硅胶材质，可反复清洗，清洁牙龈、牙齿、舌苔
1～3 岁	有柄牙刷	柔软的细丝牙刷、小刷头、粗握柄，清洁牙齿、牙龈、舌苔

第三，牙膏的准备。

在选择牙膏时，一定要看清牙膏包装上标明的所含成分，保证牙膏的成分安全且温和。具体见表 2-1-6。

表 2-1-6　选择婴幼儿牙膏的主要指标

主要指标	成分	功效/副作用
含氟	常见的含氟成分有氟化钠、单氟磷酸钠、奥拉氟等	形成保护层保护牙齿，防止龋齿
高泡配方	十二烷基硫酸钠	长期使用容易引起口腔溃疡
摩擦剂	碳酸钙、碳酸氢钙、磷酸氢钙、氢氧化铝，水合二氧化硅等	长期使用会破坏牙齿组织
防腐剂	羟苯丙酯、羟苯丁酯	若吞食，影响健康

学习笔记

（二）口腔清洁的操作

1. 指导幼儿漱口的方法

漱口是保持口腔清洁简便易行的方法之一。饭后漱口是一种良好的生活习惯，可去除口腔内的食物残渣，能有效预防牙周炎、龋齿。幼儿在 2 岁左右便可以开始学习漱口，照护者先示范，让幼儿边学边做，逐渐熟练。照护者可以利用儿歌或故事引导婴幼儿逐渐养成餐后漱口的习惯。

第一步：引导幼儿将水含在口内，不能咽下，闭口，鼓动两腮做“咕嘟”的动作。

第二步：使口腔内的水与牙齿、牙龈及口腔黏膜表面充分接触，利用水来回冲洗口腔内的各个部位，使牙齿表面和间隙的食物残渣被冲洗掉。

第三步：照护者引导幼儿弯下腰低头对准水池轻轻吐出漱口水。

第四步：漱口后，照护者引导幼儿用毛巾将嘴擦干，协助幼儿将毛巾、水杯归位。漱口的整个过程不少于 15 秒。

2. 指导婴幼儿刷牙的方法

要重视婴幼儿的口腔清洁，从出生后就开始护理口腔，从第一颗乳牙萌出后就开始护理牙齿，使婴幼儿养成刷牙的好习惯。

在尚未出牙的婴儿每次哺乳或进食后，把纱布绕在食指上蘸少量温开水，保证纱布不滴水后轻轻伸进婴儿嘴里擦拭牙龈、舌头和口腔黏膜，也可以给婴儿喂几口温开水，以起到清洁口腔的作用。

从第一颗乳牙萌出后，照护者可以将指套牙刷套在手指上为婴儿按摩、擦洗乳牙，消除牙龈和乳牙上残留的奶渍和辅食，每日 1～2 次，每次 1～2 分钟，晚上睡前擦洗牙齿尤其重要。

1 岁以上的幼儿就可以使用牙刷清洁口腔，此时照护者需要帮助幼儿刷牙。此阶段要使用柔软的牙刷帮助幼儿清洁牙面和牙龈，每个牙面以涂圈的方法刷 5～10 圈。幼儿初练习刷牙阶段可以暂不使用牙膏；初用牙膏时，由照护者帮助挤牙膏，可以使用含氟牙膏刷牙，但是量一定要少，控制在米粒大小。

刷牙的顺序：将牙刷的刷毛放在靠近牙龈部位与牙面呈 45 度角倾斜，上牙从上往下刷，下牙从下往上刷，刷完外侧面还应刷内侧面和后牙的咬面。

3. 口腔清洁存在的问题及解决方法

(1)漱口存在的问题及解决方法

第一，幼儿的年龄小，腮部肌肉的活动能力差，不能灵活控制水在口腔中的冲洗动作，漱口时容易把漱口水咽下去，因此照护者要给幼儿提供温开水漱口。

第二，由于幼儿没有掌握正确的漱口技巧，水在口腔内没有反复冲洗，便吐了出来，起不到清洁口腔的作用。因此，照护者应对幼儿漱口进行有效指导，并鼓励幼儿坚持餐后漱口。

(2)刷牙存在的问题及解决方法

第一，刷牙时间、次数不够。照护者应引导婴幼儿把每次的刷牙时间控制在 3 分钟左右，每日早晚各一次。

第二，婴幼儿会出现吞咽牙膏的现象，照护者要及时发现此种现象，并给予纠正，给婴幼儿购买可以吞咽的婴幼儿牙膏。

第三，刷牙时间不固定。照护者每天应在固定时间给婴幼儿刷牙，建议在进食半小时后刷牙，因为此时口腔内环境的酸性较弱，不容易损伤牙釉质。

（三）口腔清洁的回应性照护

1. 通过口腔清洁照护建立安全的依恋关系

首先，照护者应为婴幼儿提供安全的盥洗环境，充分考虑婴幼儿的生理和心理特点，满足婴幼儿口腔清洁的各种需要，如提供适合婴幼儿的牙刷、牙膏；其次，照护者以温柔的语调告知婴幼儿口腔清洁的重要性等，让婴幼儿对口腔清洁有所认识，同时告知口腔清洁过程中发生的事情以及接下来要发生的事情，使婴幼儿对发生的事情有所准备和期待；最后，照护者应以温和的态度与婴幼儿互动，建立安全的依恋关系。在进行口腔清洁的过程中，照护者可以对婴幼儿唱歌、说话，让他感觉到清洁口腔是令人愉快的事情。

扫一扫

想要学习刷牙指导的流程，请扫二维码。

学习笔记

想一想

晓晓吃完午餐后直接进入午休室准备午睡。照护者看到后对她说：“晓晓，你应该先去漱口。”晓晓不高兴地说：“我不想漱口，漱口太麻烦了！”作为照护者，你应该如何做？

学习笔记

2. 细致观察口腔清洁过程中婴幼儿的表现

照护者要注意观察婴幼儿在口腔清洁过程中的表现，特别是在婴幼儿自己刷牙时要给予更多关注。例如，对于要自己主动刷牙的婴幼儿，照护者可以尝试让他自己先刷牙，再检查口腔，补充刷婴幼儿没有清洁到位的地方。又如，照护者要细致观察婴幼儿刷牙的方法，对出现错误做法的婴幼儿要及时给予纠正，且语调要温和。

3. 对婴幼儿口腔清洁过程中的表现给予积极回应

照护者要对婴幼儿刷牙过程中的表现及时给予鼓励并积极回应。例如，婴幼儿要求自己刷牙时，照护者鼓励他自己完成刷牙环节，但应陪伴在旁，然后退一边观察，采取选择性的干预措施进行支持。

照护者对婴幼儿进行不良行为的约束时，态度要坚定，语调要温和。

（四）口腔清洁后的整理

①漱完口后，照护者协助幼儿把口杯清洗干净、放回原处并摆放整齐。

②清洁：牙刷用完后一定要及时、彻底清洗，否则一段时间后，牙刷上就会存留大量细菌。

③更换：牙刷一般 3 个月左右更换一次，如果刷毛发生弯曲或脱落，应立即更换。

四、 臀部清洁照护

婴幼儿的皮肤稚嫩，适应外界的能力差，容易发生感染。保持婴幼儿臀部的清洁，特别是便后的清洁，非常重要。它不仅从生理上可促进会阴部和臀部的血液循环，维持皮肤健康，而且从心理上可使婴幼儿感觉舒适，保持良好的情绪。

（一）臀部清洁前的准备

1. 环境准备

夏天可适当开窗通风，冬季将室温控制在 25℃左右。

2. 水温

用温水清洗臀部，将水温控制在 36～37℃。

3. 物品准备

①婴儿专用的洗屁股的小盆和纯棉纱布 2 块、湿纸巾、护臀膏、垃圾桶。

②新的纸尿裤和换洗的衣物。

4. 清洗双手

照护者按照七步洗手法清洗双手。

（二）臀部清洗的操作

对于婴儿，一般采取的是平躺式清洗。具体操作步骤见表 2-1-7 和表 2-1-8。

表 2-1-7　男婴臀部的清洗方法

<table>
<tr><th>步骤</th><th>清洗方法</th><th>注意事项</th></tr>
<tr><td>1</td><td>打开纸尿裤，用湿纸巾擦去臀部残留的粪便渍，然后将屁股底下的纸尿裤折好。</td><td rowspan="6">1. 在打开纸尿裤后，先用纸尿裤前端的干净部分擦拭臀部的粪便，做预处理后再用湿纸巾擦拭。
2. 由相对干净的地方向脏的地方擦拭，不来回擦。
3. 男婴从出生到3岁，包皮与龟头一直都是粘连的，不能上翻，会表现为包皮过长或包茎，这是一种正常现象。</td></tr>
<tr><td>2</td><td>用洁净的温湿纱布擦洗下腹部，直至脐部。将纱布清洗后，再擦拭婴儿大腿根部的皮肤皱褶，由内往外擦洗。</td></tr>
<tr><td>3</td><td>用干净的纱布蘸取温水冲洗外阴，由上往下清洗，动作要轻柔。</td></tr>
<tr><td>4</td><td>包皮和龟头间有时会积存乳白色的包皮垢，可以在包皮和龟头处涂上橄榄油，等待1～2分钟，再用浸满油的棉签轻轻擦拭。</td></tr>
<tr><td>5</td><td>清洗肛门和臀部时，可用手轻轻提起他的双腿，清洗完后拿走屁股下的纸尿裤。</td></tr>
<tr><td>6</td><td>清洗后，可让婴儿的臀部暴露1～2分钟，根据需要涂些护臀膏，以防“红屁股”的发生，再换上干净的纸尿裤。</td></tr>
</table>

表 2-1-8　女婴臀部的清洗方法

<table>
<tr><th>步骤</th><th>清洗方法</th><th>注意事项</th></tr>
<tr><td>1</td><td>打开纸尿裤，用湿纸巾擦去臀部残留的粪便渍，然后将屁股底下的纸尿裤折好。</td><td rowspan="6">1. 在打开纸尿裤后，先用纸尿裤前端的干净部分擦拭臀部的粪便，做预处理后用湿纸巾擦拭。
2. 清洁女婴尿道口和外阴时，注意由前往后擦洗。</td></tr>
<tr><td>2</td><td>用洁净的温湿纱布擦洗下腹部，直至脐部。将纱布清洗后，再擦洗婴儿大腿根部的皮肤褶皱，由内向外擦洗。</td></tr>
<tr><td>3</td><td>清洁其尿道口和外阴部时，注意由前往后擦洗，防止肛门内的细菌进入阴道和尿道。</td></tr>
<tr><td>4</td><td>清洗肛门和臀部时，可用手轻轻提起她的双腿，清洗完后拿走屁股下的纸尿裤。</td></tr>
<tr><td>5</td><td>用另一块干净的纱布以按压的方式由前往后拭干臀部。</td></tr>
<tr><td>6</td><td>清洗后，可让婴儿的臀部暴露1～2分钟，根据需要涂些护臀膏，以防“红屁股”的发生，再换上干净的纸尿裤。</td></tr>
</table>

对于已会走路的婴幼儿可采用蹲式清洗。照护者坐在小凳上，两腿分开，让婴幼儿蹲在大人的两腿之间，两只小手放在照护者的腿上，水盆放在婴幼儿的屁股下面，照护者用干净的纱布由前向后洗，男婴的阴茎、女婴的外阴、大腿根部、肛门等处一定要清洗到位。

采用质地柔软的纱布洗屁股；洗后将纱布放在固定的盆中清洗、消毒；大腿褶皱处和腹股沟处均要洗干净；用专用的洗屁股的小盆，不能用洗脸或洗脚盆洗屁股，更不能用洗脸或洗脚水洗屁股，以免感染。

学习笔记

（三）臀部清洁的回应性照护

扫一扫

想要学习女童臀部清洁的流程，请扫二维码。

1. 通过臀部清洁照护建立安全的依恋关系

首先，照护者应为婴幼儿提供安全的盥洗环境，充分考虑婴幼儿的生理和心理特点，满足婴幼儿臀部清洁的各种需要，如提供舒适的毛巾；其次，照护者以温柔的语调告知婴幼儿臀部清洁的重要性等，让婴幼儿对清洗臀部有所期待；最后，照护者在清洁婴幼儿的臀部时，注意动作要轻柔，语言要温柔，使婴幼儿感受到关爱，有安全感。通过与婴幼儿进行语言交流或哼唱儿歌，让他们感受到清洁带来的愉悦，从而建立安全的依恋关系。

扫一扫

想要学习男童臀部清洁的流程，请扫二维码。

2. 细致观察臀部清洁过程中婴幼儿的表现

当婴幼儿在清洁过程中用表情、语言或肢体动作表达自己的需求时，照护者要能够及时观察到并回应婴幼儿。每当告诉婴幼儿要做什么时，照护者都应耐心等待婴幼儿做出反应后再继续。

3. 对婴幼儿臀部清洁过程中的表现给予积极回应

照护者要对婴幼儿清洗臀部过程中的表现及时给予鼓励并积极回应。例如，在清洁过程中，如果婴幼儿配合得好，照护者可以对其说："宝宝今天真乖，不哭不闹，是不是很舒服？"

练一练

在某托育机构的午休室，幼儿正在午睡。照护者突然听到了嘉嘉的哭声，原来嘉嘉拉了一裤子大便。作为照护者，你会如何帮助嘉嘉进行便后清洁？

在清洁臀部的过程中，照护者应注重与婴幼儿语言、表情的互动，关注婴幼儿反馈的信息，并能够正确解读，及时给予反馈。例如，在婴幼儿出现哭闹时，照护者要及时找到原因，进行调整或暂停清洁。照护者在清洁的过程中要能够及时发现并解决问题。例如，发现婴幼儿有红臀现象时，要涂上护臀霜。

（四）臀部清洁后的整理

①在婴幼儿臀部清洁结束后，照护者应及时将地面上的水擦干，防止婴幼儿打滑摔跤。

②照护者将盆、纱布清洗干净并消毒。

③照护者将物品归位并做好记录。

学习笔记

五、 身体清洁照护

身体清洁不仅能够促进婴幼儿身心的舒适，而且能够促进全身的血液循环，有利于新陈代谢和体温调节。婴幼儿的皮肤与水的全面接触可改善皮肤的触觉能力和对温度、压力的感知能力，提高婴幼儿对环境的适应能力。

（一）身体清洁前的准备

1. 环境准备

洗澡时室温保持在 24～26℃，在浴盆中先加冷水再加热水，水温保持在 38～40℃，避免感冒。

2. 洗澡用品的准备

婴幼儿专用浴盆、小毛巾 2 条、纱布、浴巾 2 条、棉棒、纸尿裤、换洗的衣服、婴幼儿洗发沐浴露、润肤露、消毒棉签、75%的酒精、水温计等。

(1)浴巾的选择

婴幼儿常用的浴巾有纯棉纱布浴巾和纯棉毛圈浴巾(见表 2-1-9)，由于纯棉毛圈浴巾的吸水性更强一些，因此建议使用纯棉毛圈浴巾。

表 2-1-9　婴幼儿常用的浴巾

项目	特点	图片
纯棉纱布浴巾	透气性强，具有一定的柔软度，可以和宝宝的皮肤直接接触，但吸水性欠佳。	
纯棉毛圈浴巾	吸水性强，具有一定的柔软度，可以和宝宝的皮肤直接接触，透气性也不错。	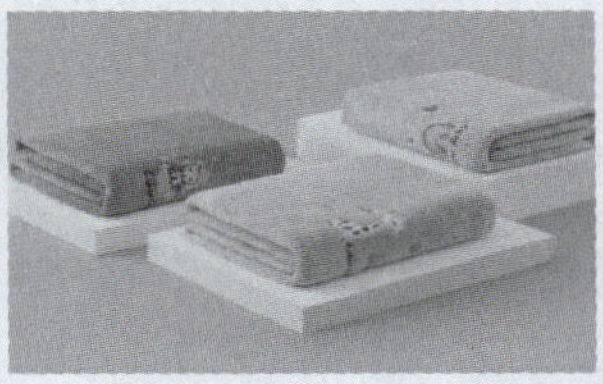

(2)洗护用品的选择

婴幼儿洗护用品是专门针对婴幼儿设计的产品，主要功能是清洁、滋润和保护婴幼儿的肌肤，并起到抑菌作用。在选择婴幼儿洗发沐浴露、润肤露时，须选择配方纯净、安全、纯正温和的产品，避免刺激婴幼儿的肌肤，引起过敏反应。

(3)浴盆的选择

要选择足够牢固、触感舒适、材料安全的浴盆；浴盆的大小要适合，浴盆边上要有靠背；浴盆底座最好垫一个防滑垫，并带有排水孔。

（二）身体清洁的操作

婴幼儿身体清洁的方法一般分为盆浴和淋浴。2 岁以上的幼儿可以选择淋浴。

1. 婴儿身体清洁的操作流程

(1)洗头

第一步：将婴儿仰面抱起。

第二步：左前臂托住婴儿的背部，左手掌托住婴儿的头颈部，使婴儿的脸朝上，左手拇指与中指分别将婴儿的耳郭向前按住，防止水流入造成内耳感染，左臂及腋下夹住婴儿的臀部及下肢，将头移至盆边，然后清洗头部。

第三步：先用右手把婴儿的头发打湿，均匀地涂抹洗发液，然后用指腹轻轻揉搓头发，再用清水冲洗干净，最后用毛巾擦干。

学习笔记

扫一扫

想要学习婴儿身体清洁的流程，请扫二维码。

学习笔记

第四步：洗完头后，检查婴儿的外耳道，若有水分或分泌物，用棉签轻轻转2～3圈，擦干水渍或清洁分泌物。

注意：照护者为婴儿洗头时，不能用指甲抓洗头部，也不能强行剥去婴儿头部的皮脂。

(2)洗身体

第一步：为婴儿脱掉衣服后立即将他放入水中，以免婴儿着凉。

第二步：用左手托住婴儿的头肩部，用右手托住婴儿的臀部并引导婴儿的脚首先进入水中。

第三步：清洗顺序为颈部—腋下—前胸—腹部—腹股沟—上肢—下肢，洗好前身后翻转婴儿，使其趴在照护者的前臂上，由上向下洗后脖颈、后背、臀部。

注意：洗澡结束后，双手托住婴儿的头颈部和臀部将婴儿抱出浴盆。将婴儿放在铺好的浴巾上，迅速包裹起来并擦干身上的水分，特别是颈部、臀部、腋下等部位；用棉签在外耳道、鼻腔轻轻转2～3圈，清洁出污垢与水珠；用棉签蘸75%的酒精清洁脐部；然后抹上婴儿专用的润肤露；最后为婴儿穿上干净的衣物。

每次洗澡时间不宜超过10分钟，洗澡及护理过程中要注意保暖；婴儿生病时和注射疫苗后不要洗澡，哺乳后30分钟内不要洗澡。在婴儿的脐带未脱落前，不能让婴儿泡在浴盆里洗澡，可以先洗上半身，擦干后再洗下半身。

拓展阅读

脐带清洁

刚出生的小宝宝，脐窝里经常有分泌物，分泌物干燥后，会使脐窝和脐带的根部发生粘连，不易清洁，可能会出现脓液。所以，要彻底清洁脐窝。

脐带消毒的方法：

①准备好消毒棉签、75%的酒精、纱布。

②清洁手部。

③用食指和中指撑开婴儿的脐部，让婴儿的脐带根部露出来。

④用蘸有酒精的棉签，按照从脐带根部到脐带再到周围皮肤的顺序以螺旋式由内向外来擦拭。如果局部较湿，可用棉签消毒。

2. 幼儿身体清洁的操作流程

对于2岁以上的幼儿可选择淋浴，淋浴的操作流程见表2-1-10。

表2-1-10 幼儿淋浴的操作流程

流程	具体步骤
准备所需物品	浴巾、棉棒、换洗的衣服、婴幼儿洗发水、沐浴露、润肤露、棉签等。
脱去幼儿衣物	1. 指导并帮助幼儿脱衣服。 2. 将衣服放在固定位置，袜子放在鞋子里。 3. 让幼儿穿拖鞋进入浴室。

续表

流程	具体步骤
洗头	1. 提醒幼儿弯腰、低头、闭眼，然后撩水将幼儿的头发淋湿。 2. 取适量洗发水于掌心，轻轻揉洗幼儿的头皮。 3. 洗净、擦干头发。
洗身体	1. 提醒幼儿抬头，将身体淋湿，将沐浴露抹在幼儿全身。 2. 依次清洗颈下、胸部、腹部、上肢、腋下、下肢、腹股沟等处。 3. 提醒幼儿转身，依次清洗后颈、背部、臀部、下肢、腋窝、脚踝等处，边洗边冲。 4. 让幼儿转身，给幼儿洗脚，依次揉搓脚底、脚背、脚趾及脚趾缝等。 5. 将身体冲洗干净。
擦干身体，穿衣	擦干身体，给幼儿穿好衣服，安置好幼儿。

（三）身体清洁的回应性照护

1. 通过身体清洁照护建立安全的依恋关系

首先，照护者应为婴幼儿提供安全的盥洗环境，充分考虑婴幼儿的生理和心理特点，满足婴幼儿身体清洁的各种需要，如提供合适的浴巾；其次，照护者以温柔的语调告知婴幼儿身体清洁的重要性等，让婴幼儿对洗澡有所期待；最后，照护者在清洁婴幼儿的身体时，注意动作要轻柔，语言要温柔，使婴幼儿感受到关爱，有安全感。通过与婴幼儿进行语言、表情和肢体的交流或哼唱儿歌，让他们感受到洗澡带来的愉悦，从而建立安全的依恋关系。

练一练

在一个阳光明媚的下午，明明和小朋友在户外玩耍，不一会儿，明明满头大汗，衣服也脏了，看起来像个小花猫。作为照护者，你会如何帮助明明沐浴？

2. 细致观察身体清洁过程中婴幼儿的表现

当婴幼儿在清洁过程中用表情、语言或肢体动作表达自己的需求时，照护者要能够及时观察到并回应婴幼儿。每当告诉婴幼儿要做什么时，照护者都应耐心等待婴幼儿做出面部或肢体反应后再继续。

学习笔记

3. 对婴幼儿身体清洁过程中的表现给予积极回应

照护者要对婴幼儿身体清洁过程中的表现及时给予鼓励并积极回应。例如，在清洁过程中，如果婴幼儿能够很好地配合，照护者可以对其说："宝宝洗澡真乖啊，是不是很舒服？"

在洗澡过程中，照护者应注重与婴幼儿语言、表情的互动，关注婴幼儿洗澡过程中反馈的信息，并能够正确解读，及时给予反馈。例如，在婴幼儿出现哭闹时，照护者要及时找到原因，进行调整或暂停沐浴。

（四）身体清洁后的整理

第一，在婴幼儿身体清洁结束后，照护者应及时将地面的水擦干，防止婴幼儿打滑摔跤。

第二，照护者将浴盆、毛巾、浴巾等清洗干净并消毒，然后将所有物品放回原位。

第三，身体清洁后，检查婴幼儿的指甲，看是否需要修剪。修剪指甲选用婴幼儿

学习笔记

专用指甲剪。剪手指甲，可顺着手指尖剪成半圆形；剪脚指甲时，两端只需稍剪去一点，使脚指甲的边缘是平的，这样，脚指甲就向前生长，不会嵌入肉里。修剪后还需磨平指甲前端。最好选择在婴幼儿睡觉、安静时进行。

第四，身体清洁后，建议对婴幼儿进行抚触。进行抚触可促进血液循环及中枢神经系统的发育，促进动作的协调，让婴幼儿感到满足，心情愉快，增加婴幼儿的睡眠时间，减少婴幼儿的哭闹，有利于婴幼儿的生长发育。

扫一扫

想要了解婴儿抚触的流程，请扫二维码。

拓展阅读

抚触的流程(部分)

1. 头、面部抚触

(1)用两手拇指的指腹从眉弓部向两侧太阳穴按摩。

(2)两手拇指从下颌部中央向外上方按摩，让上下唇呈微笑状。

(3)用一只手托头，用另一只手的指腹从前额发际向上、向后按摩，至两耳后乳突。

2. 胸部抚触

两手分别从胸部的两侧肋下缘向对侧肩部按摩，应避开乳头。

3. 腹部抚触

两手依次从婴儿的右下腹至上腹向左下腹，呈顺时针方向按摩。

4. 上肢抚触

两手交替抓住婴儿的一侧上肢，从腋窝至手腕轻轻滑动并挤捏，对侧的做法相同。

5. 下肢抚触

用四指按摩足背，并用拇指从婴儿脚跟向脚趾方向按摩，搓动每个脚趾。

6. 背臀部抚触

(1)让婴儿呈俯卧位，双手掌分别由颈部开始向下按摩至臀部。

(2)以脊柱为中心，两手四指并拢，由脊柱两侧水平向外按摩至骶尾部。

注意事项：

(1)抚触一般在婴儿吃完奶后 1 小时左右进行，沐浴后最好。

(2)室内温度一般不低于 25℃，因为抚触时婴儿最好裸露全身。

(3)抚触前操作者要摘下手上的所有饰物，包括戒指、手表等，注意指甲要剪短，以免刮伤婴儿稚嫩的肌肤。

(4)抚触前用温水洗净双手，以免刺激到婴儿。

(5)为了避免婴儿的皮肤受到伤害，可用少许抚触油抹在手上起润滑的作用，不要把抚触油直接抹在婴儿身上，以免引起婴儿不适。

学习笔记

六、培养良好的盥洗习惯

盥洗活动是婴幼儿一日生活的重要内容，养成和习得良好的盥洗习惯，是保障婴幼儿身体健康的第一道防线。照护者应采取多种方法有意识地对婴幼儿进行引导和培养，使婴幼儿学会正确的盥洗方法，养成良好的盥洗习惯。

学习笔记

（一）创设良好的盥洗教育环境

充分利用婴幼儿盥洗室等公共区域的环境，发挥公共区域的教育作用，为婴幼儿创设整洁、优美的环境，让他们体验和享受环境带来的舒适与快乐。

结合图文并茂的宣传图片，督促婴幼儿养成正确洗手的好习惯。采用相同间距的圆点有秩序地排列，提醒婴幼儿自觉养成排队的好习惯。

（二）采用生动有趣的教育形式

婴幼儿往往对自己感兴趣的活动充满好奇，因此，托育机构可以创造条件，利用兴趣来培养婴幼儿良好的盥洗习惯。例如，在盥洗过程中，加入儿歌，通过儿歌配合动作，激发婴幼儿对盥洗活动的兴趣，使他们感受盥洗带来的愉悦。又如，结合婴幼儿在盥洗中的现象，照护者可以编排成情景剧，鼓励婴幼儿积极参与情景表演，把培养的要求融进自编的情景中，使抽象的道理形象化、具体化。

（三）发挥榜样的力量

成人是婴幼儿模仿的重要对象，我们的日常行为会对婴幼儿的发展产生潜移默化的影响。因此，家长和其他照护者要善于抓住一切有利的机会为婴幼儿做好示范，用自己良好的盥洗习惯去影响他们。

同伴是婴幼儿学习的榜样，在婴幼儿中树立典型，让其他婴幼儿学习，相互交流，取长补短，以此激发婴幼儿去模仿和学习。

（四）家庭与托育机构共同教育

经常与家长沟通，了解婴幼儿在家中的盥洗情况，使托育机构的教育更具有针对性。同时让家长了解托育机构培养婴幼儿盥洗习惯的要求及方法，使家庭与托育机构保持同步，形成合力。

学习效果检测

一、思考题

1. 针对婴幼儿，如何根据他们的年龄特点布置盥洗环境？
2. 简述七步洗手法。
3. 如何为婴幼儿清洁口腔？
4. 如何为婴幼儿清洁臀部？
5. 如何为婴幼儿清洁身体？
6. 讨论如何培养婴幼儿良好的盥洗习惯。

二、实践应用

1. 参观一个托育机构，参考某托育机构的安全评估标准(见表 2-1-11)，评估该托育机构的盥洗室情况。

表 2-1-11 某托育机构的安全评估标准

自查内容标准	达标	未达标
盥洗室通风、自然采光良好。		
地面平整防滑且无尖锐突出物。		
有符合婴幼儿身高的盥洗台。		
婴幼儿和水龙头的数量比例不小于 5∶1。		

2. 4～5 名同学组成一个小组，设计一个婴幼儿洗手的教学活动，并与其他小组分享、交流。

3. 4～5 名同学组成一个小组，参观当地的孕婴店，了解婴幼儿洗浴用品的品牌，进行比较，并与其他小组分享、交流。

三、案例分析

近几天有的小朋友洗手的速度很慢，要洗很久才出来。经过观察，照护者发现轩轩小朋友在洗手的时候玩水，引得一些孩子效仿，最后孩子们都在盥洗室玩起水来了。

如果你是照护者，你会怎么做?

学习任务二
如厕照护

学习初体验

参观当地的托育机构，并观察照护者在更换纸尿裤、如厕环节对婴幼儿的帮助和指导。照护者更换纸尿裤的方法是否正确？如厕环境是否安全？照护者对婴幼儿如厕的帮助、指导及组织集体如厕是否到位？有没有需要改进的地方？应该怎么改进？请记录你的观察和结论，学完本任务后再来看看最初的记录。

学习任务单

项目	内容
学习目标	学完本任务后，你应该能够 ①了解婴幼儿如厕的环境要求，根据要求做好托育机构如厕环境的创设和准备。 ②熟悉为婴幼儿更换纸尿裤的方法，能使用正确的方法更换。 ③掌握婴幼儿如厕的训练方法，选择合适的方法对婴幼儿进行如厕训练。 ④熟悉组织婴幼儿集体如厕的方法，有序组织婴幼儿如厕。 ⑤敏锐地观察婴幼儿在如厕过程中的反应，理解其生理和心理需求，并及时给予积极适宜的回应。 ⑥通过如厕实操体会婴幼儿回应性照护的专业性，培养自己不怕脏、不怕累的劳动精神和服务人民的爱国精神。
学习要点	本任务的重点、难点 ①能更换纸尿裤，训练婴幼儿如厕，组织婴幼儿集体如厕。 ②能根据学到的方法对婴幼儿进行回应性如厕照护。
学习建议	学习前 ①完成本任务中的学习初体验活动。 ②认真阅读《托育机构质量评估标准》《托育机构负责人培训大纲(试行)》《托育机构保育人员培训大纲(试行)》等文件中的相关规定。 学习中 ①完成本任务中的相关活动。 ②认真学习本任务中的更换纸尿裤、如厕训练的内容，观看相关的视频资料，并记录下自己的认识。

续表

项目	内容
学习建议	学习后 ①完成本任务后的学习效果检测。 ②录制更换纸尿裤的视频。
学习运用	你觉得在哪些工作场景中可以运用到所学知识？（学生填写）
学习反思	记录你在学习过程中的思考。（学生填写）

情景导入

熊熊是个2岁的男孩，来到托育机构已经有一周的时间了，照护者发现熊熊经常尿裤子，把大便排到裤子里，并且胆小、敏感。

学习笔记

如果你是托育机构的教师，你将如何帮助婴幼儿养成规律排便的习惯？你将如何训练和组织婴幼儿如厕？本部分将围绕托育机构的如厕照护展开，涉及托育机构如厕环境的准备、更换纸尿裤、如厕训练等内容。

一、 如厕环境的准备

如厕是托育机构一日生活中的一个重要环节。厕所是婴幼儿频繁使用的，他们能通过如厕行为养成良好的大小便习惯，培养生活自理能力。在托育机构，你会发现有的婴幼儿不愿上厕所，憋尿、憋便。怎样解决婴幼儿的如厕问题呢？营造适合婴幼儿的宽松、温馨的如厕环境是非常重要的。

（一）如厕物品的准备

①准备好方便婴幼儿取用的足量的卫生纸和适用的纸尿裤。

②带盖垃圾桶。

（二）厕具的配备

①有专门的、方便消毒的尿布更换台。

②有符合婴幼儿年龄特点的坐便器、带扶手的蹲便池、小便池等设施(见图 2-2-1)，确保婴幼儿和便器的数量比例不小于 5∶1。

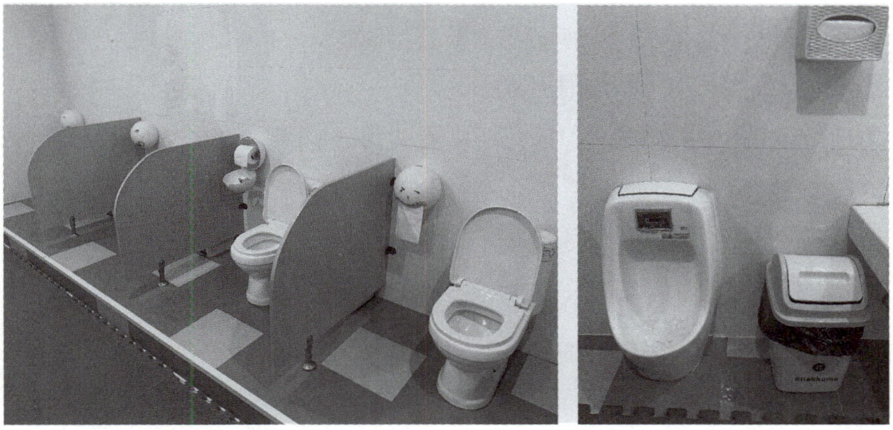

图 2-2-1 婴幼儿适用的便器

（三）厕所的清洁

①保持厕所的地面干燥、空气流通，保持便池洁净、无异味。

②每次更换纸尿裤后对尿布台进行消毒。

③每天对便池、坐便器等进行消毒。

（四）厕所的环境创设

①可以将写有“如厕后洗手”的标志张贴在每个厕所和尿布区，在尿布台附近张贴纸尿裤更换流程图。

②利用墙壁、地面等空间进行装饰，融教育、艺术、安全、卫生常识于一体。

（五）厕所的位置

①厕所的位置应临近活动室或寝室。

②有条件的托育机构最好做到厕所、盥洗室与淋浴干湿分离，且婴幼儿的厕所与工作人员的厕所相互独立。

二、 更换纸尿裤

婴幼儿在没有学会自主如厕之前需要用纸尿裤防止尿湿裤子，婴幼儿臀部的肌肤非常稚嫩，防御功能差，很容易受伤，且受伤处也容易成为细菌入侵的门户，引起感染发炎。因此，在婴幼儿大小便后，照护者要及时为他们更换纸尿裤并进行清洁，防止出现红臀或造成皮肤感染等。

（一）更换纸尿裤前的准备工作

为防止疾病的传播，保护婴幼儿的安全，更换纸尿裤时要注意卫生。因而，一定要做好更换纸尿裤前的准备工作。

学习笔记

学习笔记

1. 尿布区的环境准备

①更换纸尿裤时，应保持室温在 24～26℃。

②尿布区必须远离食物准备场所，有专门的尿布台，不得另做他用。

③更换纸尿裤的相关流程和要求应张贴在尿布区，让所有的照护者都能够看到。

2. 照护者的准备

①照护者应按照七步洗手法清洁双手。

②照护者应将指甲剪短磨平，以免伤到婴幼儿。

3. 纸尿裤①的选择

(1)柔软性

婴幼儿的肌肤稚嫩，如果纸尿裤不够柔软，容易与婴幼儿的皮肤发生摩擦，引起屁股变红，甚至被磨破。因此，纸尿裤一定要柔软、舒适。

(2)透气性

透气性是保护稚嫩肌肤的重要条件。婴幼儿的皮肤面积虽然比大人小得多，但排汗量却几乎和大人一样。如果不能适当地排出热湿气，很容易产生热痱或尿布疹。

(3)吸水性

纸尿裤要有较强的吸水性。婴幼儿的新陈代谢快，尤其是水代谢，加之膀胱又小，每天要尿好多次。如果护理不及时，屁股会经常处于潮湿的状态，因此要选择有较强吸水性的纸尿裤。

(4)细节设计

防漏设计即大腿内侧立起的褶边及腰部防漏褶边，可防止纸尿裤往外渗尿，在婴幼儿尿量过多时可有效地防止渗漏。弹力腰围可随意反复粘贴，即使婴幼儿又蹦又跳，也不会松开、脱落。纸尿裤的弹性腰围可以保证舒适度。

(5)拉拉裤的选择

随着月龄的增长，婴幼儿的大运动开始发展，可以为他们选择更为方便的拉拉裤。拉拉裤形似小内裤，是为了适应婴幼儿爬行、站立、走路等而设计的。对于好动的婴幼儿来说，拉拉裤易于穿着，比较贴身、有弹性，更便于婴幼儿活动。

(6)合适的尺码

市面上大多数的纸尿裤都有不同的尺码。照护者可以根据说明来选择适合不同月龄婴幼儿的纸尿裤尺码(见表 2-2-1)。由于婴幼儿的生长发育存在个体差异，在选择时应参考婴幼儿的体重，综合考虑后确定适合的尺码。

---

① 有需要时会将纸尿裤和拉拉裤两种说法区分开，没有特别强调时一般使用纸尿裤的说法。

表 2-2-1 婴幼儿纸尿裤尺码对照表

纸尿裤尺码	婴幼儿体重	婴幼儿月龄
NB 码	小于 5 kg	小于 1 个月
S 码	4～8 kg	1～3 个月
M 码	6～11 kg	3～6 个月
L 码	9～14 kg	6～12 个月
XL 码	12～17 kg	12～23 个月
XXL 码	15 kg 以上	23 个月以上

拉拉裤适合会爬的婴幼儿，一般 7～8 个月以上的婴幼儿活动量逐渐增大，可以适当使用拉拉裤。拉拉裤的尺码选择，要根据婴幼儿的月龄和体重决定：一般 6～12 个月或体重为 9～14 kg，建议选择 L 码；12～23 个月或体重为 12～17 kg，建议选择 XL 码；23 个月以上或体重在 15 kg 以上，建议选择 XXL 码。

4. 纸尿裤更换的时间选择

①照护者可以在婴幼儿喝奶后、睡前、睡醒后、外出前查看纸尿裤是否需要更换。

②通过查看纸尿裤尿湿显示标志，确定是否需要更换。

（二）纸尿裤更换的操作流程

1. 婴儿纸尿裤更换的方法

更换纸尿裤的流程及注意事项见表 2-2-2。

表 2-2-2 更换纸尿裤的流程及注意事项

具体步骤	细则及注意事项
1. 洗手消毒，尿布台消毒并准备所需物品。	准备干净的纸尿裤、一次性垫巾、湿纸巾、棉柔巾、温水、护臀膏、75%的酒精、带盖垃圾桶、一次性乳胶手套等。
2. 铺好一次性垫巾，带上一次性乳胶手套，将婴儿仰卧放置在尿布台上。	注意双手扶位，保护好婴儿的颈部和脊椎。
3. 轻轻脱掉婴儿的裤子，卷起其上衣下缘，把干净的纸尿裤打开放在婴儿旁边备用。	在换纸尿裤前，需要把物品准备齐全，避免中途离开发生意外。
4. 解开纸尿裤，用其前端干净部分擦去臀部表面的排泄物。	1. 纸尿裤的魔术贴要回粘，以免伤到婴儿。 2. 解开男婴的纸尿裤后，可在私处盖一张棉柔巾，以防尿到别处。 3. 注意由前向后擦拭。

学习笔记

练一练

在托育机构中，1 岁的小西突然哭闹起来，原来是他拉大便了，需要清洁臀部并更换纸尿裤。作为照护者，你会如何给小西更换纸尿裤？

扫一扫

想要学习更换纸尿裤(躺换)的方法，请扫二维码。

学习笔记

续表

具体步骤	细则及注意事项
5. 向内折叠纸尿裤，将其放到臀部下方。	避免排泄物弄脏下方的纸尿裤。
6. 轻抬双足，用湿纸巾擦拭清洁。	1. 注意动作要轻柔，轻微抬起双足，保护婴儿的腰椎。 2. 用干净的湿纸巾从前往后擦拭两侧的腹股沟。对于男婴，擦拭阴茎和肛门部位；对于女婴，由前往后擦拭外阴和肛门部位。 3. 如果婴儿有大便，应当先用湿纸巾将大便擦去，再用温水将婴儿的臀部和大腿部清洗干净并擦干。
7. 可根据需要使用护臀膏。	如果婴儿有红臀或尿布疹现象，可以在婴儿臀部涂护臀膏，建立一层保护膜，防止感染和过敏。
8. 取出脏的纸尿裤，把干净的纸尿裤打开，轻轻提起婴儿的双腿，将有腰贴的一头垫在婴儿的腰部位置，适当分开婴儿的双腿，把没有腰贴的一头拉到婴儿的腹部，调整好纸尿裤的位置，打开腰贴对称粘好。	1. 将旧的纸尿裤卷起套进一次性乳胶手套里，丢进带盖垃圾桶。 2. 背后新纸尿裤的上面要齐腰包裹好。 3. 对于男婴，包裹纸尿裤时用手轻轻往下按住他的阴茎，防止尿液向上渗到脐部。 4. 确保纸尿裤尽量贴住婴儿的双腿，将双侧胶带粘于纸尿裤不光滑面。
9. 裹好并调整好纸尿裤。	1. 腰部不宜过紧，以能伸进 1～2 个手指的松紧度为宜。 2. 从后往前把纸尿裤的防漏隔边拉出来，以防侧漏。 3. 不要让纸尿裤盖住新生儿的脐部，因为尿湿后，会使脐部潮湿，引发炎症。
10. 整理。	1. 换好纸尿裤后，照护者整理好婴儿的上衣，再给婴儿穿好裤子，交给专职照护者。 2. 照护者整理尿布台，把一次性垫巾丢进带盖垃圾桶，使用 75%的酒精喷洒消毒。 3. 填写纸尿裤更换记录表。

2. 婴幼儿拉拉裤更换的方法

更换拉拉裤的流程及注意事项见表 2-2-3。

表 2-2-3　更换拉拉裤的流程及注意事项

具体步骤	细则及注意事项
1. 洗手消毒，准备所需物品。	准备干净的拉拉裤、湿纸巾、温水、护臀膏、75%的酒精、带盖垃圾桶、一次性乳胶手套。
2. 检查是否需要更换。	拉拉裤上的黄色显示条变成了蓝色或拉拉裤裆部明显鼓鼓囊囊成一大坨，说明里面存有尿液或大便，需要更换。

续表

具体步骤	细则及注意事项
3. 更换旧拉拉裤。	1. 将婴幼儿的裤子脱下，放置在干净的地方。 2. 将拉拉裤腰部两侧的封口撕开，从裆部取出，尽量避免拉拉裤上的尿液或大便再次污染到婴幼儿的身体。 3. 用拉拉裤自带的胶条粘好，扔进带盖垃圾桶。 4. 若婴幼儿的臀部和腿部沾有大便，用温水清洗干净并擦干(臀部采用从前往后的方向)；若只是尿液，用湿纸巾从前往后将婴幼儿的臀部擦拭干净。 5. 根据需要抹上护臀霜。
4. 穿上新拉拉裤。	1. 取出新的拉拉裤，用手将拉拉裤轻轻撑开。 2. 像穿内裤一样，分别将婴幼儿的两条腿套进拉拉裤。 3. 轻轻向上提拉拉裤，最好使背部略高于腹部，这样能防止尿液从背后漏出。 4. 沿大腿内侧捋一捋腿口防漏侧边。 5. 给婴幼儿穿上裤子。
5. 整理。	1. 换好拉拉裤后，照护者整理好婴幼儿的衣物，交给专职照护者。 2. 照护者将物品归位，使用 75%的酒精喷洒消毒。 3. 填写拉拉裤更换记录表。

注：1. 更换拉拉裤时要辨别正反面；2. 在婴幼儿翻身、爬行、学走步时，可以考虑给他们穿拉拉裤；3. 在婴幼儿能够使用 M/L 号纸尿裤时，可以考虑给他们穿拉拉裤。

（三）更换纸尿裤过程中的回应性照护

1. 通过更换纸尿裤建立安全的依恋关系

照护者首先应为婴幼儿提供安全的更换环境，充分考虑婴幼儿的生理和心理特点，满足婴幼儿更换纸尿裤的各种需要。例如，更换纸尿裤前，照护者可以用语言、表情、眼神与婴幼儿进行互动，让他知道需要换纸尿裤了，而不是直接抱起他机械地更换纸尿裤，全程无任何交流。更换纸尿裤时，照护者的动作要温柔，有耐心，充满爱心，让婴幼儿感受到他不是任人摆布之物，而是被关注、被尊重的人，有足够的安全感，建立安全的依恋关系。

> **扫一扫**
> 想要学习更换拉拉裤(站换)的方法，请扫二维码。

2. 细致观察更换纸尿裤过程中婴幼儿的表现

当在更换纸尿裤的过程中婴幼儿用表情、语言或肢体动作表达自己的需求时，照护者要能够及时观察到并恰当回应。每当告诉婴幼儿要做什么时，照护者都应耐心等待他们做出面部或肢体反应后再继续。例如，如果婴幼儿还不能起身站立，就让他躺在尿布台上。如果他能起身站立且尿布台的表面条件允许，解读他的信号，以确定他是否想要站起来，并给予支持。如果尿布台较高，那么照护者千万不要走开，让婴幼儿无人看管。

> **学习笔记**

3. 对婴幼儿更换纸尿裤中的需求给予积极回应

在更换纸尿裤过程中，照护者与婴幼儿进行互动，恰当回应婴幼儿的需求。例如，更换纸尿裤时，如果婴幼儿出现了哭喊声，照护者要考虑自己的动作是否过大

学习笔记

使婴幼儿感到不舒服并及时调整；如果摸着婴幼儿的腿发凉，照护者要考虑更换的时间是否过长等问题。

4. 对婴幼儿的回应进行实时反馈

对于能够自己去取新的纸尿裤或自己脱下裤子的婴幼儿，照护者要给予表扬和肯定。更换纸尿裤时，照护者告诉婴幼儿："我得先把你的裤子脱掉，你可以把脚伸出来。"当他将脚从裤腿中伸出来后，照护者继续说："太棒了！你的另一脚准备好了吗？"照护者通过积极沟通，能够把每天更换纸尿裤的过程变成和婴幼儿亲密接触的过程，促进其身心健康发展。

拓展阅读

婴儿红臀的预防

1. 婴儿大小便后要及时更换纸尿裤，大便后要清洁臀部，保持皮肤干燥。
2. 纸尿裤质地要柔软，透气性好。
3. 臀部轻微发红时，应引起注意。每次清洗后暴露婴儿的臀部于空气或阳光中，使皮肤保持干燥。

三、 如厕训练

学习笔记

早期进行大小便的训练，有助于婴幼儿养成有规律的生活习惯。有规律的生活习惯可在大脑建立条件反射，从而提高机体的工作效率。有规律的大小便能够培养婴幼儿的自律和自我生活能力，帮助他们建立自信心，有利于他们独立个性的发展。有规律的大小便还将有助于婴幼儿社会行为规范的养成，为婴幼儿适应社会和集体生活奠定基础，促进他们社会性行为的发展。

（一）婴幼儿大小便前的表现

婴幼儿大小便前常发出一些信号，有经验的照护者往往能够关注到。例如，婴幼儿在排尿前常会打尿颤、玩耍时突然发呆、睡梦中突然扭动身体等，排便前常会出现两眼直视、发出"嗯"声、身体扭动等信号。照护者注意到这些信号后，要及时做出反应，若错失时机，将会影响婴幼儿的如厕训练。

（二）婴幼儿的大小便

1. 大便

大便是食物在体内被消化吸收营养成分后剩余的产物，婴儿的大便可反映消化系统的情况。

婴儿正常的大便类型根据出生时间和喂养方式分为胎粪、人乳喂养儿粪便、人工喂养儿粪便及混合喂养儿粪便。每种大便形态不同，具体如下。

①胎粪：墨绿色、黏稠、糊状、无臭味。多数胎粪于生后 12 小时开始排出，一般一天排便 2～8 次都为正常，2～3 天逐渐过渡为正常粪便。

②人乳喂养儿粪便：金黄色，均匀糊状，有酸味，不臭，呈酸性反应，每日 2～4 次。

③人工喂养儿粪便：淡黄色，较干稠，有臭味，每日 1～2 次，易出现便秘。

④混合喂养儿粪便：母乳加牛乳喂养者粪便与喂牛乳者相似，但较软、色黄。添加谷类、蛋类、肉及蔬菜等辅食后，粪便性状接近成人，每日 1～2 次。

不管哪种喂养方式，如果婴儿的大便非常硬或干燥，可能是没有得到充足的水分，或疾病、发热和天气热而造成的水分不足。一旦他开始进食固体食物时，大便坚硬可能提示婴幼儿吃了太多消化系统难以处理的易导致便秘的食物，如谷类和牛奶(在婴儿 12 个月以前不推荐喝牛奶)。

当婴幼儿大便后，照护者要及时给他们更换纸尿裤，以免尿便刺激臀部皮肤发生尿布疹。处理方法为先用湿纸巾轻轻地将臀部的粪便擦拭干净。如果大便较多，就用清洁的温水清洗干净，然后涂擦护臀霜。如果大便较少，就只用湿纸巾擦拭即可。为女婴处理时要注意从前往后擦，避免尿道炎和膀胱炎。

2. 小便

正常的尿液清晰透亮，淡黄色，没有任何异味。喝水少，会导致尿色加深、发黄。新生儿出生后的最初几天每日排尿 4～5 次，一周后有所增长，3 岁后减少至每日 6～7 次。

婴幼儿每日的排尿量(mL)＝(年龄－1)×100＋400，其中，年龄为周岁。

注意：婴幼儿每日的排尿量公式只是一个粗略估计，排尿量受出汗多少、摄入奶量多少及是否发烧等的影响较大。

婴幼儿小便后，不需要每次清洗臀部，以免破坏臀部表面的天然保护膜。新生儿的纸尿裤 2～3 小时更换 1 次。每次大便后，照护者要给婴幼儿清洗臀部，还要将便盆清洗、消毒。

（三）婴幼儿的如厕训练

排便是受到大脑支质控制的一种反射性活动。由于婴幼儿的大脑皮质发育尚不完善，无法很好地控制排尿、排便。托育机构的照护者需要掌握婴幼儿大小便的规律，做好如厕训练工作。

婴幼儿的神经认知发育对排便控制能力起着重要作用。15～18 个月的幼儿一般就可以达到以下发育水平(见表 2-2-4)，为如厕训练做好准备。

表 2-2-4 做好如厕行为训练准备的发育性征象

项目	具体内容
语言技能	能够理解 2 个简单指令，并能遵照指令完成(如脱下自己的裤子，去上卫生间) 能够说 2 个字词的短句
认知能力	能够模仿照护者的行为(如模仿扫地) 能够理解因果关系(如能理解为什么要如厕训练)

学习笔记

扫一扫

想要学习如厕训练指导的步骤，请扫二维码。

续表

项目	具体内容
情感技能	具有通过顺从照护者的要求取悦照护者的愿望 较少表现出反拗和抵抗行为 表现出要求独立和自主的自我照护能力(如要自己吃饭，要自己脱衣服等) 对物体分得清你我或对物体已具有拥有感和骄傲感(如“我的车车”)
运动技能	能够轻松地自己走动 能够自己独立地把裤子脱下 能够在没有别人帮助的情况下，自己坐 5 分钟 能够部分地控制尿道/肛门括约肌(能够定期地解一定量的小便，而不是不停地尿湿)
身体的自我认识	表现出对尿片的干、湿有意识 对便意已经有表示(如面部表情，离开或走到角落)

想一想

如厕训练等于把屎把尿吗?

学习笔记

1. 1～2 岁的训练

此阶段幼儿的生理和心理器官逐渐成熟，具备训练大小便的基础，可以进行排便规律的训练。随着幼儿的生长发育，大小便也表现出一定的规律性。对此阶段的幼儿，可以培养他们主动坐便盆的习惯。具体步骤如下。

第一，照护者引导幼儿学会发出排便信号。当幼儿有便意时，提示幼儿可以用语言或动作告知照护者。

第二，找到自己的马桶。照护者带幼儿到马桶前，允许幼儿每天不脱裤子坐马桶 2 次，每次 5 分钟，持续 1 周，以便幼儿习惯马桶，但不要强迫他坐坐便器。

第三，鼓励幼儿观察其他幼儿的如厕过程。

第四，先从训练幼儿自主排大便开始。根据幼儿的排便规律，照护者选择幼儿想解大便的时间，带幼儿到马桶前，协助幼儿将裤子脱至膝盖处并坐到马桶上，不要催促幼儿或期望他马上排便。

第五，当幼儿可以成功地做到提前表达如厕意愿，并在固定地点完成如厕时，照护者应及时给予肯定和表扬。

第六，待幼儿如厕结束，照护者清洁双手并为幼儿做好清洁、整理工作。幼儿小便后，照护者用卫生纸轻轻擦干尿道口残余的尿液；幼儿大便后，照护者用卫生纸把肛门从前向后擦干净。做好清洁后帮助幼儿整理好衣裤，并引导幼儿如厕后及时洗手。

第七，可定时询问幼儿是否有便意，以使幼儿对自身的感觉保持时刻的关注，一旦观察到他有大小便的任何征兆，鼓励并帮助幼儿脱裤子，协助他坐马桶，耐心等待，多给予鼓励和表扬(如“哦，你不想去的话，没关系，我们下次再去”)。

第八，逐渐引导幼儿慢慢熟悉自己的马桶，知道有便意时能主动找马桶。

第九，合理对待退步现象。在幼儿如厕成功后给予赞美，如厕训练出现状况时，不要生气或惩罚幼儿，要平静地收拾干净。

2. 2～3 岁的训练

2～3 岁的幼儿可以在照护者的指导下学会主动坐马桶。

第一，要求幼儿在有便意时主动告诉照护者。

第二，幼儿大便时，照护者引导幼儿自己脱下裤子，脱到膝盖位置，引导穿裙子的幼儿将裙子翻起来避免弄湿裙子，坐在马桶上如厕，必要的话，可以握住马桶旁的扶手。

小便时，男幼儿需要将裤子脱至大腿中部，双脚稍稍分开站在小便池前，身子稍向前倾排尿，告诉他不要淋湿衣裤，如果是马桶，要教他小便前先将马桶的坐垫掀起，便后再将它放下。女幼儿将裤子脱至大腿与膝盖之间，坐在马桶上小便，必要的话，可以握住马桶旁的扶手。

第三，幼儿便后，照护者先清洁双手，然后帮助幼儿做好清洁。引导女幼儿小便后自行用卫生纸擦拭尿道口，必要时提供帮助；大便后，照护者帮助幼儿用卫生纸从前往后擦干净肛门。

第四，如厕完毕后，照护者引导幼儿自己先把内裤提上去，再把外裤提上并扭正。秋冬季节，幼儿穿着的衣物比较多，照护者要适时给予帮助。

第五，照护者引导幼儿排完便后，先盖好马桶盖，再放水冲，养成便后冲马桶的习惯。

第六，照护者引导幼儿便前便后主动洗手，养成便前便后主动洗手的卫生习惯。

如厕训练应是积极、自然和自愿的过程，照护者应给幼儿充足的时间和机会去练习、尝试，避免急于求成。若幼儿在训练 1 年后或 5 周岁后仍有遗尿问题，家长应及时求助于儿科医生。

学习笔记

拓展阅读

如厕学习的小窍门①

1. 尽可能地为幼儿提供适合他们使用的马桶，让他们产生身体上的安全感。马桶越是容易使用，幼儿的独立性就越能得到提高。

2. 尽量让家长为幼儿选择简单、宽松的衣裤，以便于幼儿在如厕时能自己脱穿。例如，让幼儿穿松紧腰的裤子而不是连体衣裤。

3. 对幼儿在如厕中出现的意外状况要予以谅解。

4. 避免与幼儿较劲。如果如厕学习发展成高度的情绪性事件，那么将会给幼儿造成长期的不良影响。

3. 如厕过程中存在的问题及解决方法

①幼儿边排便边玩耍。照护者要及时引导、提醒幼儿专心排便。

②幼儿便后不洗手。照护者应注意观察，及时提醒幼儿洗手。

③幼儿便后不冲厕所。照护者要提醒幼儿便后要冲厕所。

学习笔记

① ［美］珍妮特·冈萨雷斯-米纳、黛安娜·温德尔、埃尔：《婴幼儿及其照料者——尊重及回应式的保育和教育课程》，张和颐、张萌译，79 页，北京，商务印书馆，2016。

学习笔记

（四）如厕训练中的回应性照护

1. 通过如厕照护建立安全的依恋关系

首先，照护者应为幼儿提供安全的如厕环境，充分考虑幼儿的生理和心理特点，满足幼儿如厕的各种需要，如合适的如厕器具、方便拿取的纸巾等；其次，照护者对幼儿的如厕训练要有信心、有耐心，充满爱心，增强幼儿的信心；最后，照护者在帮助幼儿如厕时，动作要温柔，让幼儿有足够的安全感，建立安全的依恋关系。

2. 细致观察如厕过程中幼儿的表现

照护者不仅要注意观察幼儿在如厕过程中的表现，而且要留意幼儿大小便的信号提醒，及时做出回应，提供便盆或幼儿排便设施。特别还要在幼儿自己如厕时给予更多关注，如在小便时有没有尿到裤子上。

3. 对幼儿如厕过程中的表现给予积极回应

照护者对幼儿在如厕过程中的表现要积极回应。例如，幼儿要求自己如厕时，照护者要鼓励他们自己完成如厕，但应陪伴在旁，然后退一边观察，采取选择性的干预措施进行支持。

照护者对幼儿要多给予鼓励和表扬。及时鼓励是非常重要的正面引导的方式。例如，当幼儿可以成功地做到提前表达如厕意愿，并在固定地点完成如厕时，照护者应及时给予肯定和表扬。又如，在幼儿偶尔有意外大小便的现象，不要责怪或训斥幼儿，要保持耐心。幼儿对大人的情绪很敏感，千万不要说“这么大了还尿裤子，羞不羞”等打击他们信心的话。

（五）排便规律的养成

第一，定时训练大小便。例如，入睡前、外出活动前，照护者提醒幼儿排尿；大便最好每天定时安排在早晨起床后、早餐前进行，让幼儿坐一会儿马桶，习惯每天的生活中有一个排便的环节，以便形成条件反射。

第二，照护者要记录每个幼儿排便的时间，对幼儿的排便时间有大致的预判，快到时间了可以提示幼儿去排便，帮助幼儿形成自己的排便规律。

第三，每次排便训练的时间不宜过长，一般 3～5 分钟，不超过 10 分钟，避免幼儿产生负面情绪。训练幼儿排便时，照护者要培养幼儿专心大小便的习惯，不要因玩耍而影响排便。

第四，照护者要引导幼儿认识到如厕是一种正常的生理需要和行为，不要害怕上厕所，不要憋便、憋尿，想上厕所要主动告诉照护者，避免幼儿对上厕所这件事产生负面情绪，出现抗拒排便的现象，严重的甚至会憋尿、憋便，时间长了，容易引发尿路感染或便秘。

排便规律的训练是一个漫长的过程，应循序渐进，不可操之过急，以免幼儿紧张、焦躁不安或压抑等。

四、 组织集体如厕

对于2岁以上的幼儿，照护者可组织他们集体如厕。在组织集体如厕时，照护者应注意以下几点。

第一，把握好时机。例如，在外出前、集体活动及入睡前或睡后提醒幼儿如厕。

第二，注意组织方式。鼓励幼儿有便意的时候及时如厕，尽量按性别分组进行，排队等候等，但也应避免消极等待的时间过长。

第三，注意示范或提醒幼儿如厕的正确方法。观察幼儿是否掌握了如厕方法的要点。例如，在如厕的过程中是否会尿湿裤子，能否整理衣裤等。

第四，注意加强如厕环节中的健康教育和环境教育。引导幼儿专心排便，将大小便排进便池内；引导幼儿不要随地大小便，也不要把尿排到别人身上，认识到随地大小便是一种不文明、不礼貌的行为。

第五，在如厕过程中，应始终在旁边保证幼儿的安全，并在如厕结束后提醒幼儿冲厕所、洗手。

第六，耐心协助个别不能独立完成大小便的幼儿；对于排在身上的幼儿，尤其是年龄较小的幼儿，要给予适当的安慰和特别的照顾。

第七，引导幼儿对照护者在如厕过程中给予的帮助及时表达感谢。

学习笔记

学习效果检测

一、思考题

1. 针对婴幼儿，如何根据他们的年龄特点布置如厕环境？
2. 讨论如何为婴幼儿选择适合的纸尿裤。
3. 讨论如厕过程中可能出现的安全隐患。
4. 讨论培养婴幼儿良好排便习惯的方法。

二、实践应用

1. 参观一个托育机构，参考该托育机构的安全评估标准（见表2-2-5），评估该托育机构的如厕环境。

表2-2-5 某托育机构的安全评估标准

自查内容标准	达标	不达标
卫生间通风良好		
地面平整防滑且无尖锐突出物		
有符合婴幼儿身高的小便池、坐便器		
坐便器之间设有隔断		
婴幼儿和便器的数量比例不小于5∶1		

2. 4～5 名同学组成一个小组，参观当地的孕婴店，对比不同品牌的纸尿裤，并与其他小组分享、交流。

3. 组织学生到托育机构观摩，发现幼儿如厕存在的问题，收集有关幼儿如厕的典型案例，做好记录并撰写观察报告。

三、案例分析

2009 年 5 月 13 日上午，3 岁的小东在没有照护者看护的情况下独自去卫生间，结果不慎摔倒，造成右面部颧骨表面及皮下组织损伤，其右面部颧骨处留下了无法恢复的皮下血肿块，根据医生判断不排除今后手术治疗的可能。小东的家长因与托育机构多次协商赔偿事宜未果而将其诉至法院，要求托育机构赔偿医疗费、交通费、护理费、精神损害抚慰金等共计 9000 余元，并承担后续治疗费及案件受理费。

请根据以上案例，阐述如何避免此类事件的发生。

学习任务三
饮水照护

学习初体验

观察托育机构不同年龄阶段婴幼儿的饮水行为与照护者在饮水活动中的组织与引导。0～3 岁婴幼儿应该如何饮水？照护者的帮助、指导是否到位？有没有需要改进的地方？应该怎么改进？请记录你的观察和结论，学完本任务后再来看看最初的记录。

学习任务单

项目	内容
学习目标	学完本任务后，你应该能够 ①根据婴幼儿饮水的需要量为婴幼儿提供适量的水。 ②选择适合婴幼儿的水杯，能用合理的方式指导婴幼儿自主饮水。 ③了解托育机构集体饮水环境与器具的要求，能组织并开展婴幼儿集体饮水活动。 ④根据婴幼儿饮水的常见问题，能采用科学的方式培养婴幼儿良好的饮水习惯。 ⑤敏锐地观察到婴幼儿饮水过程中的反应，理解其生理和心理需求，并及时给予积极适宜的回应。 ⑥通过饮水的回应性照护，体会照护的专业性，培养专业、耐心、仔细的职业素养和服务婴幼儿的劳动精神。
学习要点	本任务的重点、难点 ①选择适合婴幼儿的水杯，指导婴幼儿自主饮水。 ②组织幼儿集体饮水，能及时解决饮水过程中出现的问题。
学习建议	学习前 ①完成本任务中的学习初体验活动。 ②认真阅读《托育机构质量评估标准》《托育机构保育人员培训大纲(试行)》等文件中的相关规定。 学习中 ①完成本任务中的相关活动。 ②认真学习本任务中的饮水内容，观看相关的视频资料，并记录下自己的认识。 学习后 ①完成本任务后的学习效果检测。 ②录制模拟指导幼儿自主饮水和组织幼儿集体饮水的视频。

续表

项目	内容
学习运用	你觉得在哪些工作场景中可以运用到所学知识？（学生填写）
学习反思	记录你在学习过程中的思考。（学生填写）

学习笔记

情景导入

托育机构的张老师在饮水照护环节发现小朋友们状况百出：有的找不到自己的杯子，随意拿别人的杯子喝水；有的在接水时推挤，把水洒在了地上；有的接了满满一杯水，却只喝了一两口，趁老师不注意把水倒掉。如果老师不提醒，很多幼儿就不喝水。还有个别幼儿只喝自带的饮料，拒绝喝白开水。

怎样让孩子爱上喝白开水呢？本部分将围绕托育机构婴幼儿饮水照护展开，涉及婴幼儿饮水的需要、婴幼儿饮水的指导和幼儿集体饮水的组织，从而培养婴幼儿良好的饮水习惯。

一、婴幼儿饮水的需要

水对维持人体生理功能的正常运转和生长发育至关重要。相比于成人，婴幼儿的膳食来源更加单一，水对其健康显得更为重要。

（一）婴幼儿饮水的价值

1. 水的生理作用

水除了在机体组织器官间起着运输营养和排泄废物的作用之外，还参与代谢全过程、调节体温、维持血容量、维持腺体的正常分泌等。

2. 婴幼儿饮水的重要性

0～3 岁婴幼儿正处在迅速生长发育的时期，新陈代谢旺盛，每日补充的营养物质都需要水来发挥作用，水是婴幼儿赖以生存的营养来源。水能溶解各种营养物质，使

学习笔记

脂肪和蛋白质等成为悬浮于水中的胶体状态，促进婴幼儿对它的吸收，增强脑功能。水能帮助机体将氧气和营养物质运送到脑部及身体各处，促进婴幼儿的身体健康。此外，水对于排泄废物和控制婴幼儿的正常体温来说也是必需的。

婴幼儿的体表面积相对较大，出汗多，容易缺水。喝水量不足或失水过多会造成脱水，严重的会出现电解质紊乱，进而危及健康。

（二）婴幼儿饮水的需要量

1. 不同年龄阶段婴幼儿饮水的需要量

(1)0～6 个月婴儿的饮水量

6 个月内的婴儿只喝母乳或配方奶，正常情况下无须饮水。这是因为母乳或配方奶的 90%左右都是水，不需要额外给水。婴儿饮水过量容易造成营养不良，增加肾脏负担，水钠电解质失衡，甚至是水中毒，引发体温下降、抽搐、呕吐、嗜睡等。

(2)6 个月～1 岁婴儿的饮水量

6 个月～1 岁婴儿每日每千克体重应摄取 120～160 mL 的水。6 个月～1 岁婴儿仍以奶类摄入为主，没有严格的饮水要求，每日饮水量的正常范围为 120～180 mL，每次喝水在 50 mL 以内。

婴儿口渴时多不会用语言表达，照护者应关注婴儿口渴的表现，如用舌头舔嘴唇、口唇发干等，需要适当给婴儿喝水，但不能强迫其喝水。

(3)1～3 岁幼儿的饮水量

1 岁以上的幼儿以固态食物为主，饮水变得非常有必要。1～3 岁幼儿每日每千克体重应摄取 100～140 mL 的水，全天总需水量 1200～2000 mL，每日饮水量的正常范围为 600～800 mL，每次饮水 50～100 mL。出汗时应增加饮水次数，而非增加单次饮水量。

2. 婴幼儿饮水需要量的影响因素

婴幼儿对水的需要量取决于他们活动量的大小、饮食以及气候等因素。通常气温越高，出汗越多，活动量越大，对水的需要量就会增加；如果摄入的蛋白质、无机盐较多，在排泄这些物质时需要的水就较多，因此对水的需要量也会增加。

（三）婴幼儿饮用水的选择

1. 以优质自来水为宜

一般来说，目前自来水都能达到国家制定的标准，可以放心地饮用。不仅如此，自来水有效保留了人体所需的营养元素。喝烧开的自来水既安全又实惠。对于味蕾正在发育的婴幼儿来说，为了能够后期更好地接受各种食物的味道，建议喝温白开水。

婴幼儿不宜喝带甜味的水(果汁、饮料)，因为它容易导致婴幼儿不愿喝白开水，而且饮料中含有人工添加剂，对婴幼儿的胃肠道有刺激，轻则引起不适，妨碍消化，重则导致痉挛。例如，经常大量饮用果汁，果汁中含有大量的果糖，会使婴幼儿的血糖升高，影响食欲，造成营养不良，同时过量的果糖会影响身体的生长发育。

学习笔记

2. 饮用水的适宜温度

由于婴幼儿的消化道黏膜柔嫩，过冷的饮用水易造成胃部不适甚至痉挛；而过热的饮用水易烫伤消化道黏膜。因此，夏天婴幼儿喝常温水即可，冬天饮用水的温度以40℃左右为宜。

二、婴幼儿饮水的指导

婴幼儿使用杯子喝水是一个循序渐进的过程，照护者应随着婴幼儿年龄的增长，适时调整他们所用的杯子。一个适用的水杯能够更好地引导婴幼儿喝水，也有利于婴幼儿口腔、牙齿的正常发育。

（一）准备工作

1. 照护者准备工作

照护者按照七步洗手法清洗双手。

2. 婴幼儿准备工作

婴幼儿的情绪稳定，照护者帮助或提醒婴幼儿洗净双手，坐于固定位置。

3. 饮水杯的选择

(1)饮水杯款式的选择

根据婴幼儿自身的发展特点，具体选择哪种饮水杯。不同月龄婴幼儿的饮水杯款式见表 2-3-1。

表 2-3-1　不同月龄婴幼儿的饮水杯款式

名称	作用	图片	月龄
奶瓶式训练杯	奶嘴式的设计、抓握手柄，训练抓握能力和将杯子送到嘴边的准确程度		6 个月以下
鸭嘴式训练杯	鸭嘴类似于奶嘴，流量大于奶嘴，减少对奶嘴的依赖，训练吮吸和吞咽能力		6～9 个月
宽口训练杯	口径更宽，流量比鸭嘴式训练杯大，训练口唇的吮吸和控制流量能力		9～12 个月

续表

名称	作用	图片	月龄
吸管式训练杯	流量大于鸭嘴训练杯，训练口腔的咬吸能力，锻炼牙齿的咬合力		12～18 个月
幼儿水杯	由两个把手逐渐变为一个把手，把手由大变小，杯口设计与成人水杯相同，帮助婴幼儿训练口腔肌肉和吞咽能力		18 个月以上

(2)水杯大小的选择

2 岁以下的幼儿建议使用 350 mL 以下的水杯，2 岁以上的幼儿可以使用 400～500 mL 的水杯。

(3)水杯材质的选择

塑料水杯建议选择聚亚苯基砜树脂(PPSU)材质，安全、结实、耐摔，耐高温可达 180℃，通常是淡黄色，透明度高且不易磨损，适用微波、沸水等多种消毒方式。

聚碳酸酯(PC)材质的水杯高温消毒时容易释放双酚 A；玻璃材质的水杯容易摔碎，扎伤婴幼儿，故都不建议使用。

(4)水杯结构的选择

尽量选择简单的款式，零件少，降低摔坏的可能性。保温杯选一体成型的，既安全又方便清洗。

扫一扫

想要学习饮水器具的准备的步骤，请扫二维码。

（二）婴幼儿饮水的指导

1. 激发婴幼儿对饮水的关注

取适量温度适宜的饮用水倒入婴幼儿的专用水杯中，将水杯放置于婴幼儿面前，杯柄朝向婴幼儿的右手，方便他们拿取。

2. 引导婴幼儿正确使用水杯

第一阶段：照护者于婴幼儿身后慢慢拿起水杯放到他们的嘴前。在过程中，照护者提示婴幼儿注意观察拿水杯的动作，如使用单柄水杯时，右手四指握住杯柄，大拇指朝上固定于杯柄上缘，左手掌心轻托杯底。

第二阶段：引导婴幼儿自己用手拿稳水杯，照护者将双手附在婴幼儿的手背上，用适当的力量带动其把杯子放到嘴前。在过程中，照护者及时纠正婴幼儿拿水杯的动作，如使用单柄水杯时，右手四指抓握和大拇固定的位置。

第三阶段：照护者握住婴幼儿的手腕，训练他们自主稳定地抓握水杯。

第四阶段：停止辅助引导，让婴幼儿自主练习举水杯的动作，照护者从旁提醒动作的规范性。

扫一扫

想要学习指导婴幼儿饮水的步骤，请扫二维码。

学习笔记

3. 引导婴幼儿学习喝水的节奏

第一阶段：照护者位于婴幼儿的身后，头偏向一侧便于观察杯中水面的位置。停

学习笔记

顿式喝水方式的练习，即缓慢地倾斜水杯，使水面接触婴幼儿的口唇部，提示婴幼儿略微张嘴含一口水；水杯略微竖起，离开婴幼儿的口唇部，避免婴幼儿连续摄入水，而导致口腔内的水过多，引起呛水或吐水；提醒婴幼儿将口中的水咽下；重复操作。

第二阶段：照护者双手继续附在婴幼儿的手背上，带动婴幼儿的双手感受倾斜水杯停顿式喝水的节奏。

第三阶段：照护者继续握住婴幼儿的手腕，训练婴幼儿自主把握喝水的节奏，尝试连续喝水的技能，即缓慢地倾斜水杯，一口一口地将水喝下。

第四阶段：停止辅助引导，让婴幼儿自主练习连续喝水的技能，照护者从旁协助，避免摄入过多的水，引起呛水。

（三）婴幼儿饮水后的整理工作

①照护者帮助或提醒婴幼儿将嘴角的水渍擦干净。

②照护者帮助或引导婴幼儿将杯中残留的水倒入指定的收集桶内，并将水杯放到固定的位置。

③照护者整理桌面与物品，记录婴幼儿的喝水频率与单次喝水量。

（四）指导婴幼儿饮水的回应性照护

1. 通过饮水指导建立安全的依恋关系

照护者通过对水杯、饮用水的安全核查为婴幼儿提供安全、适宜的饮水环境，根据婴幼儿的生理与心理发展特点，选择相应的指导方法。每次饮水指导时，照护者应建立事先询问需要、提供适量饮用水、指导饮水、整理用具等程序化流程，让婴幼儿对饮水环节有所预期和准备，这样有利于彼此建立信任，从而促进婴幼儿饮水照护过程中的互动和安全依恋关系的建立。

2. 细致观察饮水过程中婴幼儿的表现

在婴幼儿学习独立饮水过程中，照护者应在婴幼儿的身旁，注意观察婴幼儿饮水时手眼协调的能力，如婴幼儿端水杯的平稳性、喝水时张嘴的大小、吞咽水的量与呼吸的协调性等，预测婴幼儿可能会出现的饮水问题，评估是否需要提供帮助，如发现婴幼儿有呛水的可能，需及时制止。

3. 对婴幼儿饮水中的需求给予积极回应

在婴幼儿饮水中确需帮助时，照护者可以通过动作示范、语言提示、互动游戏等方式，给予婴幼儿适当的回应，提高婴幼儿对饮水能力训练的兴趣。当婴幼儿能用水杯喝水时，照护者要用具体的语言给予鼓励，如“宝宝会自己端水杯喝水了，真能干”，增强婴幼儿的自信心。

练一练

佳佳是刚入托的幼儿，用水杯喝水时容易呛到和弄湿衣服，照护者需要对她自主喝水的能力进行训练。请按照操作规范，小组合作模拟幼儿自主喝水的指导操作。

三、幼儿集体饮水的组织

饮水是幼儿在园生活活动的一个重要环节，照护者需要做充分的准备，有效管理与指导幼儿有序喝水，及时处理幼儿在喝水环节中出现的问题，从而保证每个幼儿每

学习笔记

天都能摄入充足的水。

（一）幼儿集体饮水的准备

1. 环境准备

(1)饮水区域的选择

饮水桶一般摆放在托班入口的较宽敞处，饮水区域的地面整洁、干燥，方便幼儿饮水，并给幼儿排队饮水留足空间。

(2)饮水区域的布置

在地面上可用不同的标记或图案划分出等待区、接水区、喝水区；墙面可张贴有关饮水的常规行为要求的图片(见图 2-3-1)，培养幼儿有序喝水的生活常规。

图 2-3-1　饮水区域的布置

2. 物品准备

饮水桶、饮水杯，适宜温度的白开水，专用抹布。

(1)饮水桶消毒

第一步：倒去饮水桶内前一天的剩水。

第二步：饮水桶放在水池内，打开水龙头，用流动的水冲洗。用专用抹布按照桶口—桶内壁—桶底—桶盖内侧与外侧—桶外壁—桶外底的顺序依次擦拭，由内向外将水桶冲洗干净。

第三步：打开饮水桶下方的水龙头，使流动的水从水龙头出水口流出。

第四步：关上水龙头，倒入 1/3 的开水，盖上盖子，用力左右摇晃水桶，使开水接触到桶内壁的每个角落。打开饮水桶下方的水龙头，用开水冲洗出水口。

第五步：饮水桶的外壁采用消毒液擦拭的方法进行消毒。

(2)水杯消毒

第一步：洗。用专用抹布依次清洗杯口、杯内、杯内底、杯柄、外侧、杯外底，把手的细缝可用小刷子刷洗。

第二步：冲。用流动的水反复冲洗，将水杯依次排列放入待消毒的容器中。

第三步：消。用煮沸法消毒时，水面应浸没杯子，水沸腾后再煮 10 分钟；用蒸汽

扫一扫

想要学习组织幼儿集体饮水的指导流程，请扫二维码。

法消毒时，水沸腾后再蒸 15 分钟。消毒完毕后，将水杯倒扣放置沥干。也可将水杯直接放入消毒柜中进行消毒。

(3)摆放饮水桶和水杯

向饮水桶内倒入适宜温度的白开水，盖好顶部盖子，下方水龙头朝外，方便幼儿接水。

将消过毒的水杯放入水杯架。拿杯子时，手不碰杯口；放置时，要露出水杯架上的标记，把手朝外，方便幼儿识别与拿取。

3. 幼儿的准备工作

帮助或引导幼儿按照七步洗手法洗净双手。

拓展阅读

什么时候适合组织幼儿集体饮水

根据在园的活动环节，适合组织幼儿集体饮水的时机见表 2-3-2。

表 2-3-2 幼儿集体饮水的安排表

时间	水量
来园时	半杯(约 50 mL)
早操后	一杯(约 100 mL)
户外活动前	一杯(约 100 mL)
户外活动后	一杯半(约 150 mL)
教育活动后	一杯(约 100 mL)
午睡起床后	一杯(约 100 mL)
区角活动后	一杯(约 100 mL)

注意事项：

(1)照护者需要及时组织幼儿饮水以满足幼儿身体的需要，不强求幼儿每次都必须喝水。

(2)一日活动中除了以上集体喝水时间之外，照护者可根据需要随时组织幼儿喝水，喝水时间、次数不限。

（二）组织幼儿集体饮水的流程

组织幼儿集体饮水时，可以根据表 2-3-3 进行。

表 2-3-3 集体饮水的流程表

流程	具体步骤
分组	1. 以游戏的形式激发幼儿喝水的愿望。 2. 组织 4～5 个幼儿为一组，按排队顺序等待，尽量减少消极等待时间。
取杯	1. 引导幼儿找到专用水杯。 2. 提醒幼儿轻轻抓握杯柄取出水杯，避免用手碰触杯口和杯里。 3. 沿固定路线到接水处排好队。

续表

流程	具体步骤
接水	1. 右手握好杯柄，将水杯口置于水龙头正下方，对准水龙头。 2. 左手轻轻打开水龙头。 3. 眼睛看着水杯内的水面，接半杯或 2/3 杯水。 4. 左手及时关闭水龙头。
就座	1. 指导幼儿用右手持杯柄，左手扶杯身，两手臂自然放松，将水杯持于胸前。 2. 提醒幼儿双手端稳水杯，两眼看地面，双脚平稳走，轻轻走到喝水区，不把水洒到衣服或地面上。 3. 引导幼儿找到指定位置，将水杯放于桌面，离桌缘一拳的距离，以防水杯滑落。 4. 双手轻轻搬开凳子，就座。
饮水	1. 右手持杯柄，左手扶杯身，将水杯端至嘴边。 2. 感受水温：喝时先用嘴唇蘸水试一试，感受水的温度是否适宜，避免烫嘴。若水较烫，应等水温合适再喝。 3. 提醒幼儿要喝一口咽一口，一口一口慢慢喝，不能边走边喝，喝水时也不要说笑，防止被呛到。 4. 关注幼儿的嘴巴或衣服的前胸部位是否有水渍，及时用毛巾帮幼儿擦干或更换晾晒。
归位	提醒幼儿轻拿杯柄，将水杯放回原位。若杯中有剩水，需要倒入指定的收集桶内。
记录	提醒或帮助婴幼儿记录饮水次数。

（三）幼儿集体饮水的常见问题及解决方法

第一，幼儿集体饮水的安全隐患及排除措施见表 2-3-4。

表 2-3-4　幼儿集体饮水的安全隐患及排除措施

安全隐患	原因	排除措施
烫伤	水温过高。 饮水桶盖未盖紧或未上锁。 幼儿端水不稳、被碰撞。	准备温度适宜的白开水。 及时盖紧和上锁。 指导幼儿有序、正确接水。
摔伤	在饮水过程中，幼儿将水杯不小心打翻洒在地面上，照护者没有及时擦干。	提前观察饮水区地面是否干燥；幼儿不小心洒上水时，照护者要及时擦拭地面。
气管异物	在饮水过程中，幼儿说笑打闹，拿饮用水来玩。	提醒幼儿要安静地喝水，及时制止说笑、打闹的幼儿，及时表扬在固定区域安静喝水的幼儿。

第二，喝水秩序混乱。

为了避免幼儿在饮水过程中互相推挤、喷洒、玩水等，照护者可以在饮水区域用不同的标记画出接水区、等待区、喝水区，引导幼儿按合理的路线行进，培养幼儿有序喝水的习惯。

第三，饮水过程中洒水。

①洒水的预防。照护者可在桌上或盘子上粘贴放杯子的标志；引导幼儿有序地排队接水；准备一块能及时擦拭水珠的抹布。

②洒水弄湿衣服的处理。观察婴幼儿喝水后前胸或脸部是否有水渍。若有，照护者需要及时用毛巾帮幼儿擦干或及时更换衣物。

（四）集体饮水的回应性照护

学习笔记

1. 通过集体饮水照护建立安全的依恋关系

照护者通过事先对饮水环境、饮水桶和饮水杯的卫生情况、饮用水的温度等的核查为幼儿提供安全的集体饮水环境，选择适合幼儿身心特点的集体饮水组织形式，在组织集体饮水过程中通过事先如厕、分组等待、有序排队接水、固定线路和座位、水杯归位等程序化流程，让幼儿对集体饮水环节有所预期，如组织集体喝水前询问幼儿喝水的需要、提醒幼儿如厕等，促进安全依恋关系的建立。

2. 细致观察集体饮水过程中幼儿的表现

在幼儿集体饮水过程中，照护者应分工合作，选择合适的站位，保证每个幼儿都能在照护者的视线范围内。一方面需要注意观察幼儿的饮水情况、饮水能力、饮水习惯等，另一方面需要观察和评估幼儿的饮水行为是否有潜在危险。例如，幼儿的饮水动作不熟练需要练习，同时幼儿没有发出需要协助的信号时，照护者需要给予他们充足的练习时间；若幼儿的不良饮水习惯(如喝水时说话、聊天)容易导致他们呛水，照护者需要及时制止，并给予正确的指导。

3. 对幼儿集体饮水的需求给予积极回应

在幼儿集体饮水过程中，照护者对不同需求的幼儿给予帮助和指导时要亲切。对于饮水欲望不强的幼儿，照护者可以用商量的口吻提示“我们稍稍喝点水，可以吗?”对于急着想喝水、不愿意排队的幼儿，可以用言语(如小朋友们来喝水，一个一个拿水杯；我们一起排好队，一个一个来接水；找到位置坐下来，一口一口慢慢喝)引导他们耐心等待。

对幼儿的集体饮水进行每日总结，尤其是对于饮水量、饮水能力不足的幼儿，照护者需要及时肯定其进步，表扬的内容要具体，如“今天比昨天多喝了一次水”“今天能喝完杯里的水”“喝水时没有洒水等”。照护者对集体饮水中出现的不良行为进行约束时，态度要坚定，语调要温和。例如，集体饮水中个别幼儿出现玩水行为，照护者要用温和的语调及时制止。

四、培养良好的饮水习惯

饮水是一种生活习惯，对于婴幼儿的身体成长很重要。培养婴幼儿的饮水习惯，需要照护者的细心、耐心和爱心，在实践活动中找到行之有效的办法，同时需要家长的重视与配合。

扫一扫

想要进一步了解让幼儿明白喝白开水的好处的相关内容，请扫二维码。

（一）培养喝白开水的习惯

①照护者通过多种形式，如绘本讲解、角色扮演、讲故事等使婴幼儿明白喝白开水对身体的好处，并指导家长树立榜样，主动饮用白开水。

②保证白开水的供应量，并提醒婴幼儿喝白开水。对不习惯喝白开水的婴幼儿，照护者应让他们能由少到多地逐渐增加饮水量。

（二）培养主动喝水的习惯

①按时提醒婴幼儿喝水，每次尽可能喝足量。

②使婴幼儿学会渴了要主动喝水。

③区别对待不同的婴幼儿：对于不爱喝水的婴幼儿，照护者要及时关注，采取合适的方法引导他们喝水；对于经常上火、咽喉肿痛的婴幼儿，照护者要提醒他们多次少量喝水。

（三）加强家园合作

1. 及时沟通

照护者应及时与家长沟通婴幼儿在园的饮水情况，告知婴幼儿的饮水量、已经为婴幼儿主动饮水所做的努力、婴幼儿当前已经取得的进步及还需要继续保持和提升的地方。

2. 家园一致

针对婴幼儿主动饮水的问题，照护者应提出有针对性的建议，希望在主动饮水的能力培养和习惯养成过程中取得家长实质性的配合。例如，尽量不要在家中存放饮料，更不要把饮料当成奖励。

3. 提供具体帮助

照护者给家长提供科学的饮水参考依据，帮助家长在家中制订饮水时间表，大家共同执行，让家长以身作则。同时，建议家长在家中设立轮流监督制度，这样既能监督婴幼儿饮水，又能让婴幼儿体验为家人服务的成就感和快乐。

4. 定期反馈

照护者应向家长了解婴幼儿在家主动饮水的情况，给予家长真诚的肯定与激励，促进家园合作顺利开展。

学习效果检测

一、思考题

1. 婴幼儿每天需要喝多少水？

2. 如何为婴幼儿选择适合的水杯？

3. 如何指导婴幼儿自主饮水？

4. 如何组织幼儿集体饮水？

5. 如何培养婴幼儿良好的饮水习惯？

二、实践应用

1. 4～5 名同学组成一个小组，调查某一超市中饮用水的种类，对其进行比较和分析，找出适合婴幼儿的饮用水，并与其他小组分享、交流。

2. 4～5 名同学组成一个小组，调查统计某一孕婴店中婴幼儿饮水杯的款式、材质、大小等，对其进行比较和分析，找出适合某一年龄阶段婴幼儿的水杯，说明理由，并与其他小组分享、交流。

3. 4～5名同学组成一个小组，模拟指导婴幼儿自主饮水，拍摄视频，并与其他小组交流、讨论。

4. 4～5名同学组成一个小组，模拟组织婴幼儿集体饮水，拍摄视频，并与其他小组交流、讨论。

三、案例分析

1. 2003年，世界卫生组织在日内瓦召开了专题会议，并发表了论文《饮用水中营养矿物质对婴幼儿营养的影响》，文章指出，婴幼儿更容易受到高矿物质盐摄入的有害影响，提出适合婴幼儿的饮用水中的钠含量小于等于20 mg/L、硫酸盐含量小于等于200 mg/L。因此，钠含量低的饮用天然水更适合婴幼儿的成长需要。有些家长认为，对婴幼儿最安全的水应该是纯净水。因为它把所有的有毒有害元素都过滤掉了，同时虽然过滤掉了矿物质，但是这些矿物质可以通过丰富的饮食结构来弥补。

请问这些家长的这种想法是否正确，并说明理由。

2. 思思2岁半了，在托大班，最近很不开心，不愿意去托育机构。思思妈妈问了好多遍，才发现她是因为不习惯用托育机构的水杯喝水。在家里，她习惯用吸管喝水，没有吸管就不愿意喝水。思思妈妈与托育机构的照护者沟通，希望托育机构给思思提供吸管来喝水，照护者给她解释了2岁半幼儿用吸管喝水的危害，容易影响口腔肌肉和咀嚼功能的发展，甚至还会影响吐字的清晰程度。思思妈妈认为是照护者多虑了。

请问家长的这种想法是否正确，并说明理由。

3. 托育机构给2岁以上幼儿提供的都是开口喝水杯。照护者发现刚来托育机构2岁半的果果不愿意喝水，通过观察发现他在接水时常出现手忙脚乱的现象，有时候边接水边和其他小朋友聊天，结果水都溢出来了；有时候因拿不稳水杯而将水杯掉在地上；有时候又因不能将水杯对准水龙头而将水洒到地上，甚至弄湿衣服或鞋子。照护者同果果妈妈交流后得知果果在家很少喝水，只是在吃饭时喝点汤、稀饭，而且每次都是妈妈说该喝水了，把吸管杯拿到他面前他才喝的，自己从来没有主动使用过开口杯。

请问果果喝水存在哪些问题，分析产生的原因并提出指导对策。

学习任务四
进餐照护

学习初体验

走访一个当地的托育机构，观察记录机构里照护者对不同年龄阶段婴幼儿进餐的照护过程。照护 0～3 岁婴幼儿进餐需要有哪些知识与技能？进餐照护有哪些常见问题？照护者是如何应对的？请记录你的观察和结论，学完本任务后再来看看最初的记录。

学习任务单

项目	内容
学习目标	学完本任务后，你应该能够 ①掌握不同年龄阶段婴幼儿的膳食要求，能根据要求为婴幼儿提供合适的膳食。 ②叙述托育机构进餐前需要做的准备，能创设适宜的进餐环境，为不同年龄阶段的婴幼儿提供合适的膳食。 ③针对婴幼儿的特点，开展适宜的餐前教育，演示婴幼儿喂养过程。 ④掌握托育机构集体进餐的组织要点，能发现进餐中的隐患并及时排除。 ⑤为体弱儿、肥胖儿和严重食物过敏儿开展进餐照护。 ⑥根据餐后整理的流程进行餐后整理工作。 ⑦敏锐地观察婴幼儿饮食过程中的反应，理解其生理和心理需求，并及时给予积极回应。 ⑧体会婴幼儿进餐回应性照护的专业性，培养关爱儿童、吃苦耐劳的职业精神和服务婴幼儿的劳动精神。
学习要点	本任务的重点、难点 ①掌握不同年龄阶段婴幼儿的膳食要求，能根据要求为婴幼儿提供适合的膳食。 ②掌握婴幼儿喂养的基本方法，能根据婴幼儿的不同进食能力选择适合的喂养方式。 ③能组织幼儿集体进餐，及时解决进餐过程中出现的问题，培养幼儿良好的饮食习惯。
学习建议	学习前 ①完成本任务中的学习初体验活动。 ②认真阅读《托育机构保育人员培训大纲(试行)》《婴幼儿喂养健康教育核心信息》《托育机构婴幼儿喂养与营养指南(试行)》等文件中的相关规定。

续表

项目	内容
学习建议	学习中 ①完成本任务中的相关活动。 ②观看相关的视频资料，并记录下自己的认识。 学习后 完成本任务后的学习效果检测。
学习运用	你觉得在哪些工作场景中可以运用到所学知识。(学生填写)
学习反思	记录你在学习过程中的思考。(学生填写)

情景导入

某托育机构中的进餐场景。

10：30 老师开始为小朋友做午餐准备。王老师调整餐桌位置，对餐桌进行清洁和消毒，到消毒室拿取幼儿擦嘴用的毛巾(一人一条)；李老师进行餐前教育，介绍今日饭菜及其营养价值，进一步提醒进餐时的注意事项。

10：45 李老师组织幼儿分组进入盥洗室洗手后入座；王老师到食堂领取餐具和食物，有序地给幼儿分发饭菜。

11：00 老师努力引导每个幼儿愉快地吃完分发的饭菜，培养幼儿独立进餐的能力和良好的进餐习惯，提醒幼儿一口饭一口菜交替用餐，细嚼慢咽；对于体弱儿、肥胖儿等幼儿要特别关注和照顾。

11：30 幼儿吃完饭菜，李老师提醒并指导幼儿放好餐具、漱口、擦嘴。李老师带领幼儿到户外散步时，王老师开始清洁整理桌面和地面，收拾好碗筷并送至食堂。

你是否考虑过托育机构进餐环节需要做哪些准备？如何培养幼儿独立进餐的能力和良好的进餐习惯？本部分将围绕托育机构的进餐照护展开，包括膳食的准备、进餐环境的准备、餐前教育等。

一、 膳食的准备

婴幼儿合理膳食是指遵循婴幼儿膳食指南，通过食材的搭配与制作为婴幼儿提供全面且均衡的营养，以满足婴幼儿生长发育的需要。

（一）婴幼儿的膳食要求

1. 0～1 岁婴儿的膳食要求

①母乳是最理想的食物。母乳能满足足月儿 6 个月内所需的全部液体、能量和营养素，条件允许的应坚持纯母乳喂养至 6 个月。

②婴儿满 6 个月后应及时添加辅食。从富含铁的泥糊状辅食开始添加，婴儿食物应单独制作，无糖、无盐、无调味品、忌油腻，食物性状与婴儿的发育水平相符。

2. 1～2 岁幼儿的膳食要求

①均衡饮食。幼儿的膳食应合理搭配，保证食物种类多样化、口感好、易消化。每餐应包含 3 种以上的食物，保证动物性食物、蔬菜水果、乳类的摄入。

②合理烹调。1～2 岁幼儿的食物应为少盐、少糖，最好单独制作。烹调的重要原则是将食物煮熟、煮透，同时尽量保持食物中的营养成分和原有口味，宜采用蒸、煮的方式，不宜煎、炸。

3. 2～3 岁幼儿的膳食要求

①平衡膳食。2～3 岁幼儿的膳食每日应保证谷薯类、肉蛋禽鱼、蔬菜水果、乳类的供应，比例适当。应注意主辅食合理，荤素搭配，干湿配合，粗细粮交替，食物多样，忌食品单调、无变化。为幼儿选择健康有营养的食物，如水果、蛋类、乳制品等。

②清淡饮食。2～3 岁幼儿可与成人共同进食普通食物，适量油脂，少盐、少糖、少调味品，但应质地软、清淡，建议多采用蒸、煮、炖、煨等方式烹调，少放调料。

（二）母乳的加热

1. 隔水加热法

加热冷藏母乳需做到以下几点。

①操作前洗净双手。

②将储存母乳的容器放进 40℃左右(不要超过 42℃)温热的水里浸泡 10 分钟左右，使母乳慢慢变得温热。

③在浸泡过程中要经常晃动容器，以便里面的母乳受热均匀。

④用干净的布将容器外面的水擦干净。

⑤打开瓶盖或剪开截角虚线，倒入奶瓶中。

加热冷冻母乳：先放在冷藏室过夜解冻或放在流动的冷水里(大约 20 分钟到半小时)进行解冻，然后再像冷藏母乳一样加热。冷冻母乳加热后，可能会出现分层的现象，这是正常的。只要在喂食前轻轻摇晃混合均匀就可以了。

扫一扫

想要了解婴幼儿一日饮食安排的相关内容，请扫二维码。

练一练

请收集托育机构一周的食谱，选择某一年龄阶段某一日的饮食安排，根据膳食要求，小组合作评价其合理性，并说明理由。

学习笔记

2. 恒温加热法

把温奶器或恒温调奶器的温度设定在 40～50℃，隔水加热母乳。恒温加热是一种方便快捷的方法，它有可调节的温度，更稳定、安全，婴幼儿喝的时候不会过凉或太烫。

3. 错误的解冻或加热方式

①微波炉直接加热。因微波加热母乳容易受热不均匀，婴幼儿容易吃到“阴阳奶”。

②高温煮沸。将母乳倒入锅中，用炉火直接加热或将奶瓶放入沸水中加热，因温度太高，会破坏母乳的营养成分。

（三）婴儿配方奶粉的配制

1. 准备工作

①冲调前应洗净双手，做好奶瓶的消毒工作，在干净的桌面上进行操作。

②检查配方奶粉适合的年龄、有效期、冲泡方法、奶粉质量。

③准备沸水，冷却到 40～60℃(具体需根据配方奶粉说明书上注明的温度)。

2. 婴儿配方奶粉的配制方法

①将准确分量的温开水倒入奶瓶。

②用奶粉专用的量匙盛取准确分量的奶粉加入奶瓶，盖上奶粉罐。

③盖上锁紧环和奶嘴，用手腕的力量左右轻轻摇晃奶瓶，使奶粉与水完全融合。

④滴几滴奶到手腕内侧，感受温度是否适宜。

3. 注意事项

①奶具用前要做好清洁、消毒工作。

②使用煮沸过的温水冲泡奶粉，先加水再加奶粉。

③冲泡要严格按照奶粉罐上的说明，不能自行增加奶粉或冲泡水量。

④为配制适宜浓度的奶，判断水量需要平视液面，每勺奶粉需要用奶粉盒(筒)口平面处刮平。

⑤摇晃奶瓶时不要太用力，不要上下摇晃。

⑥尽量随喝随冲，不要提前准备。

（四）辅食的制备

1. 泥状辅食的制作

(1)谷物泥的制作

①婴儿米粉的冲调：参考调配说明将适量水加入米粉内用匙拌匀形成米糊。如果担心营养不足，母乳喂养、人工喂养的婴幼儿可以用母乳或配方奶调制米粉。随着婴儿月龄的增加，照护者可在米糊中加入水果泥、菜泥或其他泥糊状食物。

②稠粥的制作：洗净白米，用水浸泡约 1 小时，加入适量的水大火煮，水沸后转中火慢煮至米“开花”，煮至适当的稀稠度即成。

学习笔记

扫一扫

想要学习配制奶粉的流程，请扫二维码。

练一练

根据奶粉配制流程，小组合作练习操作，相互评价，根据出现的问题及时调整。

学习笔记

(2)蔬菜水果泥的制作

①根茎瓜豆泥：将根茎(如土豆、胡萝卜)、南瓜、豌豆等洗净，去皮，若有需要则切成小块后煮烂或蒸熟，用匙压成泥，可根据需要加入适量温开水、母乳或配方奶调至适当的稀稠度。

②菜泥：选择绿叶蔬菜，摘取嫩叶，放入沸水中焯熟，捞出切碎或捣烂成泥。

③水果泥：选择熟透、质软的水果，如香蕉、部分品种的苹果等，洗净，去皮，去核，捣烂或用匙压成泥状。

(3)肉泥的制作

①瘦肉泥：选用瘦肉，洗净，剁碎或用料理机粉碎压成肉糜，加入适量的水煮烂或蒸熟成泥状。

②鱼泥：将鱼洗净，蒸熟或煮熟，去皮，去刺，将留下的鱼肉用匙压成泥。

2. 颗粒状辅食的制作

①对于新鲜的叶菜类蔬菜，把老叶摘去，去茎，洗净；把新鲜的根茎类蔬菜去皮，洗净。

②将洗干净的叶菜类蔬菜用沸水焯 2～3 分钟；把洗净的切成块状的瓜果、根茎类蔬菜上蒸锅蒸熟。

③对焯熟的叶菜类蔬菜可用剪刀，对煮熟的瓜果、根茎类蔬菜可用勺子，分别制作成适合婴儿食用的碎末或碎块状食物。

二、 进餐环境的准备

良好进餐环境的准备，既能为婴幼儿提供安全、合理的进餐空间，也能为他们提供方便、合适的餐具与温度、大小适宜的食物，方便婴幼儿进餐技能的学习与良好进餐习惯的培养。

(一) 进餐环境的创设

第一，调节室温，一般冬季以 20℃为宜，夏季以 28℃为宜。

第二，播放一些动听、轻松的音乐。

(二) 餐桌的清洁与消毒

用清水抹布擦去桌面上的浮灰、污垢，可按照从上到下、从左到右的顺序擦拭，翻转抹布后再继续擦拭桌子四周的边沿；用半干的消毒抹布按上述顺序擦拭；20～30 分钟后，用清洁过的抹布再擦拭桌子一次，消除残留的消毒液。

(三) 餐具的选择

1. 勺子的选择

根据婴幼儿的年龄选择适宜的勺子，要考虑勺子的大小、形状、材质等。婴幼儿的勺子大小适中，勺头的大小为婴幼儿嘴大小的 1/3～2/3；勺柄要短而粗，易抓握；勺子的材质可选择无毒塑料、硅胶、原木、不锈钢，不建议使用陶瓷勺子。勺子的选择见表 2-4-1。

表 2-4-1　勺子的选择

月龄	名称	款式特点	实物图片
0～6 个月	硅胶软头勺	材质安全，弹性好，不易变形，不会损伤婴儿的牙龈；长牙时，可起到磨牙的作用。	
6～12 个月	塑料软头勺	大小合适，方便婴儿抓握；勺子柄部有易握设计，如凸点、勺柄有弧度，方便锻炼婴幼儿的自主进食能力。	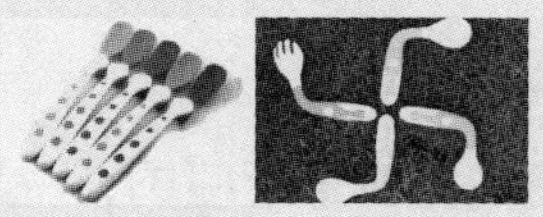
12 个月以上	不锈钢勺子	勺头比较深，能兜较多食物，方便清洗；利于幼儿练习用勺子进食时兜食物。	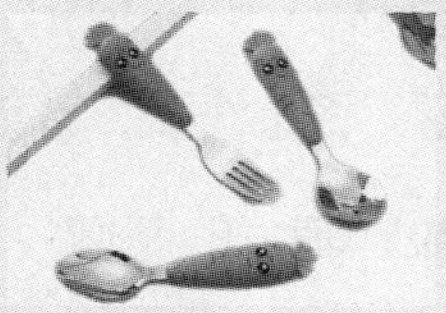

2. 碗、碟的选择

碗、碟的选择要考虑结实、易拿、方便清洁和消毒。底部凸出的碗比较容易拿握，碗的大小以适合婴幼儿双手拿起来为宜。在材质方面，可选择塑料、陶瓷、不锈钢，托育机构选择不锈钢碗更为适宜。塑料碗、碟应选择 PPSU 或 PP 材质，严禁选用 PC 材质。此外，婴幼儿的碗应相对厚一些，既可避免烫伤，也相对保温。碗、碟的选择见表 2-4-2。

表 2-4-2　碗、碟的选择

年龄	名称	款式特点	实物图片
0～1 岁	硅胶吸盘碗	碗口较大，方便婴儿学习兜食；吸附力强，足够稳固，不易弄翻；可放入微波炉使用；防摔。	
1～2 岁	卡通塑料碗	卡通设计，吸引婴幼儿的注意力，环保健康，防摔耐磨；碗口较紧凑，深度够，适合幼儿练习自主进食。	
	不锈钢保温碗	内胆可拆洗、可高温消毒，外层塑胶隔热、耐摔。	
2 岁以上	塑料餐盘	区分饭菜，随意放置；底部防滑设计；餐盘整体比较大，深度够，适合集体进餐使用。	

（四）分发餐具与食物

①根据当天的出勤情况确定餐具数量与食物量，并领取。

②分发者分发前需洗净双手。

③分发餐具。将碗对准与椅子中间水平的桌面，距离桌边一横拳的位置；将汤碗置于盘子的右前方；将勺子放在盘子上，留出放菜的空间。

④分发食物。分发食物按蔬菜—荤菜—饭—汤的顺序，饭用勺子盛，菜用夹子盛，左菜右上方汤放置。

扫一扫

想要学习分发餐具与食物的操作过程，请扫二维码。

拓展阅读

餐前和餐中的注意事项

1. 分发碗（盘）前可以将所有碗（盘）倒扣摆放或平放，取碗时方便五指捏碗底；分勺子时，需要捏勺柄末端处。

2. 分发饭菜前，可以用手肘内侧轻碰容器外侧，感知食物的温度是否适宜，若过高，可以用勺子轻轻搅动食物，待温度适宜后再分发。

3. 添加饭菜时，若幼儿的进餐速度正常而食物快没有了，可及时添加适量饭菜；若幼儿进食速度减慢，又想要添加，可减量添加。

三、 餐前教育

良好的餐前教育有利于婴幼儿消化液的分泌，激起用餐食欲，帮助婴幼儿调节情绪。让婴幼儿在愉悦的情绪下进餐是餐前教育的主要目的，因此我们需要为婴幼儿营造温馨、宽松的餐前氛围。

练一练

根据进餐准备要求，小组合作尝试为幼儿做好餐前准备工作，探讨准备过程中的问题与解决方法。

（一）引导婴幼儿关注进餐

照护者可利用做游戏、讲故事、唱歌、谈话等形式，使婴幼儿对进餐产生兴趣。例如，饭菜端出后，照护者适时引导婴幼儿感受食物，通过视觉、嗅觉、味觉等感知食物的色、香、味，激发对食物的兴趣，促进认识食物，接受新食物；用猜谜的方式让婴幼儿猜出饭菜的名称；还可通过讲故事引导幼儿对食物产生想象。

（二）介绍饭菜

照护者使用富有感情色彩的语言向婴幼儿介绍饭菜的名称、内容及营养成分。生动的介绍，能起到刺激感官、激发食欲的作用。餐前教育的指导语言可参考表 2-4-3。

表 2-4-3　餐前教育的指导语言

类型	介绍饭菜的内容	介绍饭菜的功能
情感引导	1. 我最爱吃牛肉炖胡萝卜了！ 2. 我最喜欢吃肉圆了，真香！	1. 我最爱喝让我皮肤变得白嫩的牛奶了。 2. 我喜欢吃能保护眼睛的胡萝卜。

续表

类型	介绍饭菜的内容	介绍饭菜的功能
感官激发	1. 啊！午饭太香了，香喷喷的大米饭，鸡蛋炒西红柿，肉末炒芹菜，有红、有白、有黄、有绿，真漂亮！ 2. 今天的拌黄瓜真好吃，又鲜又脆！	1. 带颜色的蔬菜，如胡萝卜、西红柿、柿子椒等很有营养，能让小朋友身体健康。 2. 肉能让小朋友长高个。
角色参与	1. 小兔子玩饿了，很想吃萝卜，我们看看今天的饭里有萝卜吗？太好了，有小兔子喜欢吃的胡萝卜、白萝卜，太香了，兔妈妈都忍不住要吃了。 2. 我们来当小兔子吧，小兔子最爱吃青菜、萝卜了。	1. 小兔子吃了胡萝卜看得更远了，小朋友想不想和小兔子一样？ 2. 小熊吃了鱼就有力气了，还能帮妈妈捕鱼了，我们吃了鱼也会有力气，是吗？

（三）提示进餐的常规要求

照护者使用恰当的语言提示幼儿进餐的常规要求，并以温和的语气指导婴幼儿进餐。

拓展阅读

幼儿进餐的常规要求

1. 会正确取放餐具。
2. 将勺子放在碗里，一只手的大拇指压勺子，双手端碗回座位。
3. 正确的进餐姿势：身体坐直，双脚放平，胸靠近桌子，一手扶碗，一手拿勺子。
4. 安静地专心进餐，保持桌面、地面的清洁。
5. 细嚼慢咽，逐渐能接受并喜欢吃各种食物，不挑食。
6. 餐后整理，清理桌面：送餐具，擦嘴，漱口，搬椅子。

（四）餐前仪式

采用朗读儿歌、童谣等形式增强幼儿对食物来之不易的感受和爱惜食物的情感。

练一练

根据餐前教育的基本步骤，小组合作模拟为幼儿开展餐前教育，体验并交流感受。

拓展阅读

幼儿饭前常用的感恩词

1. 感谢太阳，因为太阳让我们的粮食慢慢长大。
2. 感谢厨师，因为他们给我们准备了丰富的食物。
3. 感谢禾苗，因为禾苗长成了我们吃的米饭。
4. 感谢农民伯伯，因为他们给我们种了好吃的菜和粮食。
5. 感谢照护者，因为他们教了我们很多进餐礼仪。

四、 婴幼儿的喂养与进食

婴幼儿在还不能自主独立进食时，需要照护者的帮助。无论是用奶瓶还是用勺子，都需要照护者做好充分的准备，确保食物的安全与卫生。喂哺时，照护者能细致、耐心地操作，确保婴幼儿有愉悦的进食体验。

（一）奶瓶喂养

1. 准备工作

①照护者按照七步洗手法洗手，保持手部的清洁。

②测试奶温、奶速。将奶瓶倾斜，滴几滴奶液在手腕内侧，试试温度，感觉不烫即可。奶液滴落的速度以不急不慢为宜。

2. 奶瓶喂养的操作流程

①喂姿：在安静的环境中，让婴儿斜坐在照护者怀里，头颈部靠着照护者的肘弯处，背部靠着前手臂处，呈半坐姿态。

②喂奶：喂奶时，将奶瓶倾斜 45°，使奶瓶奶头和瓶颈中充满奶液；奶嘴轻轻接触婴幼儿的嘴唇，待婴儿张口时将奶嘴顺势放入嘴中，奶瓶与嘴呈 90°；中断喂奶时，用奶嘴轻轻往下压，顺势拔出奶嘴。

③拍嗝与消毒：喂奶后，将婴儿抱起，遵循空掌由下向上的方式，轻拍背部 2～3 分钟，帮助其打嗝；将瓶中剩余的奶液倒出，将奶瓶、奶嘴分开清洁干净，放入水中煮沸消毒(或选用消毒锅消毒)，晾干，备用。

3. 奶瓶喂养的回应性照护

(1)通过奶瓶喂养照护建立安全的依恋关系

照护者通过事先核查喂奶环境、奶液温度等，为婴儿提供安全、舒适的环境；根据婴儿的身心特点，选择合适的喂养体位；在整个喂养过程中，照护者通过体位调适、喂奶、整理等程序化流程，让婴儿对喂养环节有所预期，有利于婴儿对照护者建立信任，促进安全依恋关系的建立。

(2)细致观察奶瓶喂养过程中婴儿的表现

当婴幼儿出现饥饿信号时，照护者提早做好瓶喂的准备，避免婴儿长时间等待。当婴幼儿出现饱足信号时，照护者及时停止瓶喂，避免婴幼儿进食过度。

(3)对婴儿奶瓶喂养过程中的需求给予积极回应

在奶瓶喂养过程中，照护者要面带微笑，与婴儿保持眼神、语言和肢体的交流。例如，照护者不时和婴儿对视，可以询问婴儿“宝宝是不是饿了，马上就有奶喝了”。若婴儿伸手想自己握奶瓶，也可以给予鼓励。

学习笔记

扫一扫

想要学习奶瓶喂养的相关步骤，请扫二维码。

学习笔记

拓展阅读

何时开始和停止用奶瓶喂养

何时开始和停止用奶瓶喂养见表 2-4-4。

表 2-4-4　婴儿饥饱的信号

饥饿的信号	吃饱的信号
1. 把手放在嘴边。 2. 眼睛看向奶瓶。 3. 发出吮吸的动作或响声(抿嘴、砸嘴唇、伸舌头或舔嘴唇)。 4. 双手握紧。 5. 烦躁或哭闹。	1. 吮吸频率降低或不再下咽。 2. 嘴巴闭起。 3. 将头转离奶瓶所在的方向，看向别处。 4. 双手放松。 5. 安静入睡。

学习笔记

(4)对婴儿的回应进行实时反馈

当婴儿边喝奶边发出声音时，照护者可以给予回应，如“宝宝，很饿了是吧，慢慢喝”；在婴儿有回应做好相应准备后，照护者需边轻柔、缓慢操作边给予温柔的语言提示，如抱婴儿、瓶喂时放或撤奶瓶时，边说“宝宝我们去喝奶了”“喝奶了”“喝完了”，给予婴儿充分的准备、适应的时间。

4. 注意事项

①喂奶前试温时，照护者不能直接吸奶嘴来试温。

②喂奶时，照护者要避免用手直接接触奶嘴。

③奶瓶、奶嘴需每天消毒。

（二）用勺喂养

1. 用勺喂养的信号

婴儿的脖子能够灵活转动；把着能坐稳；看到大人吃东西，表现出很馋的样子；把吃的东西给他看，他会张嘴。

2. 用勺喂养的步骤

准备工作：照护者备好泥糊状辅食，给婴儿带上围嘴，将他抱入婴儿餐桌椅，与婴儿面对面。

分阶段喂哺：开始阶段，用勺尖取少量泥糊状食物，放置于婴幼儿嘴角的一侧让其吮舔；待婴幼儿能顺利吞咽后，可取大半勺泥糊状食物，用勺尖轻触碰婴儿的下唇，待其张嘴喂入口。

清洁整理：结束喂食后，帮助或指导婴儿漱口、擦嘴，及时取下围兜，将进食工具清理干净。

扫一扫

想要学习用勺喂养的相关步骤，请扫二维码。

3. 用勺喂养的回应性照护

(1)通过用勺喂食建立安全的依恋关系

照护者通过事先核查喂食环境、食物温度等，为婴儿提供安全、舒适的进食环境；根据婴儿的身心特点，选择舒适的喂食体位(如坐抱式、对坐式等)，根据一个可预测的时间表安排婴儿的喂食时间，最好选择固定的时间和地点；通过喂前如厕、洗手、体位选择、喂食、整理等程序化流程，让婴儿对喂食环节有所预期，促进安全依恋关系的建立。

(2)细致观察用勺喂食过程中婴儿的表现

照护者应使婴儿的进食姿势舒适，且尽量与婴儿面对面以方便照护和观察。照护者要关注婴儿的声音、面部表情、动作行为或言语表达。当婴儿出现饥饿信号时，照护者应提前做好喂食准备，避免婴幼儿长时间等待。当婴幼儿出现饱足信号时，照护者应及时停止喂食，避免强迫进食。

(3)对婴儿喂食中的需求给予积极回应

照护者应在喂食过程中与婴儿进行互动，顺应婴儿的需求，多示范、鼓励，如说食物的功能、用途，示范张嘴、咀嚼、吞咽的动作。如果婴儿拒绝进食某种食物，照护者应尝试提供不同搭配、味道、口感的食物。

(4)对婴儿的回应进行实时反馈

进餐时避免有玩具、手机等干扰物，避免恐吓；对良好的进餐行为，如学习咀嚼、自己用勺等，照护者应及时用眼神、表情和语言鼓励或表扬；对不良的进餐行为，如扔食物、餐具时，照护者应及时用眼神、手势制止，拿走餐具，忽视其不良行为，一旦有好的行为，再及时表扬。

学习笔记

拓展阅读

何时开始和停止用勺喂养

何时开始和停止用勺喂养见表 2-4-5。

表 2-4-5　婴儿饥饱的信号

饥饿的信号	吃饱的信号
1. 看到食物感到兴奋，伸手指向食物，或试图去拿食物。 2. 拿勺子或食物对着婴儿时，主动张嘴。 3. 发出声音或做出手势，试图表达想要。	1. 不看食物，注意力分散，东张西望。 2. 拿勺子或食物对着婴儿时，嘴巴闭起，扭头躲避喂食。 3. 被喂时发出声音或做手势，试图表达不想要。 4. 吐食物，玩食物，将食物推开。

扫一扫

想要学习指导幼儿独立进食的流程，请扫二维码。

学习笔记

4. 注意事项

①逐渐增加辅食的黏稠度和进食量。

②不要让勺进入婴儿口腔的后部或用勺压住其舌头，以免产生不良的进食体验。

③若婴儿拒绝进食，不要强迫进食。

（三）指导幼儿独立用勺进食

大多数幼儿1岁后乳磨牙开始萌出，咀嚼能力明显提高，表现出强烈的自主进食欲望，此时发展其自主进食能力，能收到很好的效果。

1. 食具和食物的准备

选择幼儿喜欢、细碎且软的食物(通常是饭菜混合)，软食更易被装进勺，喜欢的食物可以增加幼儿进食的欲望，以便提高用勺的积极性。勺的大小要适中，易于操作。

2. 动作的准备

坐姿：幼儿的脚平放在地面上，身子可略微前倾，不向左、右倾斜，不佝腰，不耸肩，前臂可自然地放在餐桌的边缘处。

端碗：饭碗应放在距桌边10 cm处，左手扶碗，固定碗的位置，右手拿勺。

3. 幼儿用勺进食的指导流程

(1)示范与模仿

照护者准备两把勺(一把幼儿使用，另一把照护者使用)，照护者先用自己的勺示范舀起一勺食物送入自己口中的过程。用勺进食的动作可细分为六步：正确用手抓握勺；将勺移至碗处；将勺插入食物中；从碗里将装有食物的勺拿出来；将装有食物的勺送入口中；将勺从口中拿出来，放到桌子上。示范时，照护者的动作需缓慢并根据进食的分步动作有相应的停顿，提示并帮助幼儿模仿学习用勺进食的过程。

(2)练习与提醒

在幼儿练习过程中，照护者应向幼儿强调用勺进食规范：握住勺柄；盛食物时勺凹陷处应该朝上；把勺举到嘴边时，眼睛看着食物，并张开口；细嚼慢咽，咽下一口，再吃一口。

(3)提升与要求

当幼儿逐渐掌握了用勺吃饭的方法后，照护者可提出进一步的要求：拿勺的姿势不能大把攥，拇指应与其他四指分开，捏住勺柄的两侧，手心朝上；每勺盛得不能太多，以防泼洒。

4. 用勺进食指导过程中的回应性照护

(1)通过用勺进食指导建立安全的依恋关系

在幼儿用勺进餐前，照护者需要营造相对安静、轻松的进餐环境，如安排相对固定的座位，餐具、食物以有序又有趣的方式呈现。通过进食前如厕、洗手、固定座位、用勺选择、进食、整理等程序化流程，让幼儿对进食环节有所预期，促进安全依恋关系的建立。

(2)细致观察用勺进食过程中婴幼儿的表现

指导婴幼儿用勺进食时，照护者与幼儿保持适当距离，这样既能方便照护与观察，又不影响幼儿自主练习用勺技能。照护者应观察幼儿用勺技能所处的阶段，预测可能出现的困难；关注幼儿练习时的情绪，预估可以持续练习的时间。

(3)对幼儿用勺进食中的需求给予积极回应

用勺进食时，若幼儿多次尝试仍不能顺利进食，出现停止或扔勺等行为，照护者需要询问，根据幼儿的进食技能发展程度，适度给予相应的动作辅助、示范指导或言语提示。例如，幼儿多次用勺舀食物未果时，可以将食物放到幼儿的勺上，或手把手帮助舀适量食物。照护者应及时制止具有危险性的进食行为，如抬头进食、勺伸入口腔过深等。

幼儿在用勺进食学习过程中，照护者需要放手让他们用较长时间练习和揣摩用勺进食的技能。当他们无法灵活地使用勺子时，照护者不要急于帮助，可以在旁边耐心地陪伴或同时进餐，并对他们顺利规范用勺进食给予肯定。

五、 组织幼儿集体进餐

进餐是幼儿一日生活中的重要环节。为了保证这项集体活动的有序进行，提高幼儿的进餐质量，照护者要具备一定的进餐组织能力和对进餐中突发事件的灵活应变能力。

（一）幼儿集体进餐的组织要点

①帮助幼儿尝试自己取饭，引导幼儿按活动路线入座。

②教给幼儿正确的坐姿和进餐方法，指导幼儿学习用勺进餐，提醒幼儿喝汤时把碗端平。

③观察幼儿的食量，鼓励幼儿吃各种食物，引导幼儿将主食和菜、主食和稀饭搭配着吃。

④帮助、指导幼儿尝试学习吃带壳、带皮、带核的食物。

⑤关注幼儿的特殊需要，针对个别不会咀嚼、吞咽有困难的幼儿，及时给予指导和帮助；针对生病、有食物过敏史、少数民族的幼儿，适当调整食物的搭配。

温馨提示：

①需要安排幼儿进餐的座位与活动路线。

②提醒幼儿取餐时需端平、慢走，轻拿轻放。

③关注幼儿的进餐心理，不强迫其进食。

④适度引导，给幼儿练习的时间。

练一练

根据婴幼儿喂哺的基本操作，小组合作角色扮演，模拟婴幼儿科学规范的喂哺过程。

学习笔记

扫一扫

想要学习幼儿集体进餐照护的相关内容，请扫二维码。

（二）集体进餐中安全隐患的排除与突发事件的应对

1. 集体进餐中的安全隐患及排除措施

集体进餐中的安全隐患及排除措施见表 2-4-6。

表 2-4-6 集体进餐中的安全隐患及排除措施

安全隐患	原因	排除措施
烫伤	食物温度过高，未进行放晾处理。 饭菜、汤随意放置。 幼儿碰撞到饭菜、汤。	做到热源不进班，五(饭、菜、汤、茶、点心)温进班。 饭菜进班放置于远离幼儿活动的区域，并进行隔挡处理。
摔伤	幼儿在进餐过程中不小心打翻的汤或菜汁，照护者没有及时擦干。	分发饭菜尤其是汤菜时，需要把握单勺的量，避免撒出。 提醒幼儿进食汤菜时，要双手捧稳，再一小口一小口分食，以免漏出。 如果发现饭菜汤汁撒到地面上，应及时清理干净。
气管异物	用餐时嬉闹、含食物大声说话、含勺(筷)四处走动、翘凳子。	时刻巡视，提醒幼儿细嚼慢咽，勿嬉笑打闹和大声说话。 逐渐培养幼儿专心吃饭、饭菜入口后细嚼慢咽、嘴里不含饭说话的习惯。

练一练

根据幼儿集体进餐的基本要点，小组合作角色扮演，模拟指导幼儿集体进餐的过程，探讨有序引导幼儿集体进餐的方法。

学习笔记

2. 突发事件的应对

(1)打翻饭菜事件的处理

迅速让幼儿脱离有饭菜的区域，不训斥或指责幼儿；若幼儿的衣裤未被弄脏，引导其换至干净的餐桌旁继续进餐；若幼儿的衣裤被饭菜弄脏，需先帮助幼儿换上干净的衣裤，再让其在干净的餐桌旁用餐；用专用抹布或纸巾擦去桌上的饭菜，并擦去地上的饭菜，用专用拖把拖净该区域；进餐护理完毕后，在专用水池内清洗被污染的衣裤。

(2)呕吐与拉肚子事件的处理

迅速让幼儿脱离有污物的区域，不训斥或指责幼儿；帮助幼儿清洗口腔或臀部，并帮其换上干净的衣裤；用专用工具和方法清理有污物的区域。尽可能小范围打扫，不影响其他幼儿进餐；进餐护理完毕后，应在专用水池内清洗被污染的衣裤。

(3)呛咳时的处理

及时观察幼儿是否能自主呼吸，如果幼儿不能自主呼吸、咳嗽或正常发音，应一人拨打 120，另一人实施紧急救助，可采取海姆立克急救法。

（三）集体进餐过程中的回应性照护

1. 通过集体进餐照护建立安全的依恋关系

照护者提供 3～4 种可以被幼儿拿起、吞咽和咀嚼的食物，创设舒适、无过多干扰的进食环境，设计相对固定的取餐线路与进餐位置。通过进餐前如厕和洗手、餐前介绍、进餐常规、餐后整理等程序化流程，让幼儿对集体进餐环节有所预期，促进安全依恋关系的建立。

2. 细致观察集体进餐过程中幼儿的表现

在幼儿集体进餐过程中，照护者应确保能观察到每个幼儿的进餐情况，注意观察幼儿的进餐兴趣、进餐能力与其发展水平是否一致，评估幼儿在集体进餐过程中可能出现的问题，并预测是否需要协助解决。例如，如果幼儿在集体进餐过程中有危险行为(如挥舞勺子、口含食物打闹)，照护者需要及时制止。

3. 对幼儿集体进餐中的需求给予积极回应

在集体进餐照护中，如果观察到幼儿需要帮助时，照护者可以先询问确定幼儿的所需(如“你是否需要把食物变得小一点”“你想再喝点汤，是吗?”)，可选择相应的动作辅助或示范、言语提示等协助幼儿顺利完成集体进餐。

对于幼儿在集体进餐过程中的努力行为，照护者要及时给予肯定(如“我发现你能自己一口一口吃完碗中的所有食物”“你能主动寻求老师的帮助”)；对于幼儿出现的不适宜进餐行为，照护者要予以制止并说明理由(如“满嘴食物时，大声说话容易呛着，请先把食物嚼了咽下再说话”)。

六、 餐后整理

幼儿餐后的整理习惯需要照护者的培养，这也是重要的进餐礼仪。同时，照护者要对整理过程中的个别情况及时回应，并及时对进餐场地进行清洁，确保幼儿活动场所的安全与整洁。

（一）指导幼儿餐后整理

1. 指导幼儿整理餐具

①将勺子、食物残渣放于碗中，碟子放于碗下。

②双手捧碗、碟，按固定路线行进至餐桌前。

③将剩余食物倒入食物回收桶。

④将碗、碟、勺子分别放到指定的地方。

2. 指导幼儿的个人卫生

(1)教幼儿正确漱口

提前放好幼儿的漱口桶。告知幼儿在漱口前确保口腔内无食物；用漱口杯接适量水；将水含嘴里，闭口，鼓动两腮，反复来回冲洗口腔内的各个部位；将漱口水吐入专门的漱口桶内。为了便于幼儿掌握漱口的操作要领，可以通过唱儿歌的方式加以辅助。

(2)指导婴幼儿擦嘴

事先准备好大小适宜的一次性餐巾纸，放在备餐桌上。告知幼儿擦嘴时双手捧住

学习笔记

扫一扫

想要学习幼儿餐后整理指导用语的相关内容，请扫二维码。

餐巾纸，放在嘴唇上，双手推动纸巾，从嘴角两边向中间擦，擦完一次后对折，再擦一次，最后将手擦干净。

练一练

根据餐后整理的基本要求，小组合作角色扮演，模拟婴幼儿餐后整理的某一环节的指导过程，发现问题并尝试解决。

学习笔记

（二）餐后环境的清洁

1. 桌面的清洁

将桌子上的饭粒、杂物收拾干净。用清水擦拭桌面，确保桌面干净。若桌面比较油腻，可在专用抹布上滴少许洗洁精，向同一方向擦拭桌面、桌边，将抹布用流动水洗净拧干后，再次擦拭桌子，直到桌子干净为止。

2. 地面的清洁

餐后对地面采用扫—拖—消毒三步进行湿性打扫，且打扫时要注意按由里往外的顺序。

扫。用潮湿的扫帚按由里向外的顺序清扫。

拖。顺着地面纹路，由清洁区拖至污染区，从左向右横拖，且从前往后倒着拖。

消毒。用消毒液再次擦拭地面，开窗通风，使地板尽快干燥。

（三）餐后整理特殊情况的应对与处理方法

1. 幼儿的进餐速度特别慢

个别幼儿的进餐速度慢，容易妨碍餐后的整理工作。因此，照护者需要引导婴幼儿适当提高进餐速度，可以让进餐速度特别慢的幼儿和进餐习惯好、吃得较快的幼儿坐在一起，利用同伴的影响力加快进餐速度；当幼儿的进餐速度有提高时，要及时给予表扬和鼓励。

2. 幼儿不整理餐具

照护者需要事先强调收拾餐具的必要性，制订合理收放餐具的步骤和线路，还可及时提醒并监督其整理。在幼儿整理餐具时，照护者要及时给予认可，促进其行为的持续性。

3. 幼儿整理得不到位

照护者可以在收放餐具处，按照餐具的摆放顺序贴上相应的标志。另外，幼儿放碗时经常出现叠得太高而倒塌的现象，照护者可以引导幼儿“盖楼房”，哪座楼房矮就要盖哪座；创设情境引导幼儿判断正误，鼓励幼儿判断哪些做得对，哪些做得不对，并讲明判断的理由；还可以采用分桌或按数量摆放的方式。

七、照护特殊婴幼儿进餐

进餐照护涉及的特殊情况主要有婴幼儿的体质较弱、营养性肥胖、食物过敏等，照护者需要根据不同的情况给予婴幼儿有针对性的进餐照护，促进婴幼儿体质的提升、体重的控制，降低过敏反应，从而保证婴幼儿营养的合理摄入，确保婴幼儿的健康发展。

学习笔记

（一）体弱儿的进餐照护

1. 患有维生素 D 缺乏性佝偻病的婴幼儿

照护者应多给该类幼儿补充含维生素 D、钙、磷及蛋白质的食物。鼓励婴幼儿坚持喝奶，补充钙质。

2. 营养性缺铁性贫血的婴幼儿

照护者应专门为该类婴幼儿制作补铁辅食，还应辅之以含维生素 C 丰富的食物，饭后应补充维生素 C，以促进铁的吸收。

3. 营养不良症的婴幼儿

照护者对营养不良的婴幼儿要细致观察，发现其进餐的特点，如速度、进食量是否变化，对食物的喜好等，为其提供营养全面、迎合喜好的膳食，选用适合的方法指导该类婴幼儿专心进餐，改善其身体状况。

4. 患病期的婴幼儿

针对处于患病期带药来园的婴幼儿，进餐照护需要注意几个方面：一是为婴幼儿提供的食物应有营养、易消化，以流质和半流质食物为主；二是掌握幼儿的进食量，以八成饱为宜，不可过多或过少；三是如果婴幼儿没有食欲，不可强求。

（二）肥胖儿的进餐照护

1. 肥胖儿进餐照护的原则

照护者应侧重帮助肥胖儿控制体重，其原则是：在保证肥胖儿生长发育所需的膳食营养平衡的基础上，控制脂肪和糖的摄入量。

2. 肥胖儿进餐照护的要点

(1)限制进食量

在满足肥胖儿基本营养及生长发育需要的前提下，照护者应适当限制肥胖儿的食量，当他们要求添饭时，应给予热量较少的食物，多给蔬菜，尽量少添加主食。

(2)调整进餐顺序

进餐时，照护者应让幼儿先吃蔬菜水果，再喝汤，最后吃主食，从而使其产生饱腹感，防止过度进食。

(3)控制进食速度

在进餐过程中，照护者指导幼儿细嚼慢咽，放慢咀嚼和吞咽的速度。同时适当提供粗纤维食物，锻炼其咀嚼能力。

(4)家园相互配合

让肥胖儿在园内和在家都能按照科学的原则调整膳食，家园共同鼓励肥胖儿树立控制体重的信心，并持之以恒。

（三）严重食物过敏儿的进餐照护

1. 识别食物过敏的常见症状

食物过敏会出现多种症状，包括皮肤、消化道和呼吸道等不适。皮肤发生反应，如湿疹、红斑、瘙痒等；消化道发生反应，如恶心、呕吐、腹胀等；呼吸道发生反应，如鼻塞、流鼻涕、呼吸困难等。

2. 防止食物过敏的对策

食物过敏是由环境和基因共同造成的，婴幼儿时期过敏的关键因素是饮食。引发过敏反应的食物通常是牛奶、鸡蛋、花生等，这些食物占了引起过敏反应食物的90%。事先向家长了解婴幼儿的食物过敏史，在托育机构的备餐区或进餐区张贴婴幼儿食物过敏的提醒表。严格按照辅食添加原则添加辅食。

> **练一练**
>
> 根据特殊婴幼儿进餐照护要求，请选择某一特殊情况，小组合作角色扮演，模拟婴幼儿照护过程。

3. 对食物过敏的处理

如果怀疑婴幼儿对某种食物有过敏反应，照护者应立即让婴幼儿终止食用这种食物，并及时带婴幼儿到医院就诊。对于已知的过敏婴幼儿，照护者应有应对食物过敏的对策；对于严重食物过敏的婴幼儿，照护者应能进行现场急救。

八、 培养良好的进餐习惯

婴幼儿期是人体生长发育的关键期，而摄取丰富的营养是健康发育的保证。在现代生活一般都比较优越的情况下，大多婴幼儿形成了吃饭挑剔、边吃边玩等不良的饮食习惯，如果没有形成良好的进餐习惯，光有丰富可口的食物也是徒然的。如何让美味的饭菜吃进婴幼儿的肚子里，成为照护者关注的重要内容。

（一）规律进餐

1. 定时

为婴幼儿制定规律的进餐时间，能根据婴幼儿的发展需要适时调整；同时，规定用餐时间，正餐控制在20～30分钟，加餐控制在10～20分钟，尽量避免超时。

2. 定位

为婴幼儿进餐准备舒适的餐椅，提供相对固定的进餐地点和专用座椅位置；引导幼儿在座位上进餐，不可端着碗四处走动。

3. 定量

培养婴幼儿有节制的饮食习惯，防止婴幼儿出现喜欢的食物就贪吃，不喜欢的食物就拒吃的现象。

（二）专心进餐

进餐时，正常的交谈、播放轻松愉快的轻音乐有利于婴幼儿专心进餐；避免婴幼儿视野内有电视、玩具等转移注意力的物品；避免边吃边玩或追着喂，一旦婴幼儿离开餐桌，可停止喂养，等待下一次进餐时间。

（三）细嚼慢咽

进餐时不能催促婴幼儿，提醒婴幼儿充分咀嚼，细嚼慢咽，以合适的速度进餐。

（四）文明进餐

培养婴幼儿饭前洗手，饭后擦嘴、刷牙或漱口的习惯；细嚼慢咽，咀嚼和喝汤不出声；正确使用餐具，不用手抓食物；餐具相互碰撞不应发出过大的响声，不敲碗筷，夹菜不挑挑拣拣，不撒饭菜；将口中的食物吞咽后才能离开餐桌；餐后将用过的餐具分别有序地轻放在指定的地方。

（五）纠正婴幼儿不良的进餐习惯

1. 不良的进餐习惯的表现类型

①挑食、偏食，食欲低下。对食物挑三拣四，是婴幼儿进餐中的普遍现象。

②进餐时注意力不集中，边吃边玩、边吃边讲话。

③独立进食能力弱。虽能吃完自己的一份饭菜，但弄得桌子、地面、衣服上到处都是。

2. 不良的进餐习惯的纠正方法

(1)通过多种方式提高婴幼儿的食欲

照护者可以增强进食的趣味性：让婴幼儿给饭菜取个有趣的名字，如红白巧克力(红白豆腐)、太阳饼(玉米饼)等，激发婴幼儿的食欲。利用榜样激励，如“我最喜欢吃胡萝卜了，真香啊！我的口水都流出来了，谁和我一样喜欢吃胡萝卜?”对于食欲低下的婴幼儿，照护者可少盛勤添，婴幼儿吃完后征求他们的意见再添，不要让婴幼儿有压力。对于婴幼儿不爱吃的菜可先盛、少盛，如“谁先把菠菜吃完，小鱼就会先‘游’到谁的小碗里去”，也可分成两份，一多一少，鼓励婴幼儿选择，让婴幼儿逐渐接受。

(2)通过趣味练习提升婴幼儿的进餐技能

除了在进餐时学习使用勺子之外，照护者还可以利用游戏的时间让婴幼儿进行练习，如在“娃娃家”“小餐厅”投放勺子，在不知不觉中帮助婴幼儿掌握使用餐具的方法。

(3)以绘本、故事、游戏等形式展开活动

照护者选取与爱惜粮食、不挑食等有关的绘本，如《多多什么都爱吃》教育婴幼儿营养均衡的重要性；《大公鸡和漏嘴巴》教育婴幼儿怎样进餐，使婴幼儿逐渐养成良好的习惯。照护者还可以通过游戏活动将用餐的好习惯渗透进去，如“小鸡吃米”游戏。

学习效果检测

一、思考题

1. 0～3 岁婴幼儿的膳食有何要求?

2. 如何为婴幼儿选择适合的餐具?

3. 如何喂哺婴幼儿?

4. 如何组织幼儿集体进餐?

5. 如何培养婴幼儿良好的进餐习惯?

二、实践应用

1. 4～5 名同学组成一个小组，调查某一超市中的辅食种类，进行统计分析，针对某年龄阶段的婴幼儿找出适合他们的辅食，并与其他小组分享、交流。

2. 4～5 名同学组成一个小组，调查某一孕婴店中婴幼儿餐具的款式、材质、大小等，进行统计分析，针对某年龄阶段的婴幼儿找出合适他们的餐具，并与其他小组分享、交流。

3. 4～5 名同学组成一个小组，每组走访 2～3 家快餐店，收集有关营养的信息。设计一个包括以下信息的评估表：①信息获得的容易程度；②是否提供儿童餐；③如果有儿童餐，使用什么样的外观来影响儿童的选择；④该儿童餐是否适合儿童食用。用这个评估表来评价这些快餐店。

4. 4～5 名同学组成一个小组，上网查看至少 3 个本地区不同托育机构的早餐和午餐食谱，从食物的种类比较食谱的优劣，对不合理的地方提出改进建议。

5. 4～5 名同学组成一个小组，模拟喂哺婴幼儿的过程，拍摄视频，并与其他小组交流、讨论。

6. 4～5 名同学组成一个小组，模拟组织婴幼儿集体进餐的环节，拍摄视频，并与其他小组交流、讨论。

三、案例分析

1. 希希 1 岁 6 个月了，是托育机构的一名新生。照护者了解到希希在家添加的辅食都打得很碎，甚至连苹果、香蕉都要打成泥，生怕噎到孩子。在托育机构里，只要饭菜中有一点硬的东西，希希就咽不下去，甚至连好不容易吃进去的食物也会吐出来。家长担心希希营养不良，要求照护者只给她喝奶、吃流食。

你应如何与家长沟通希希的饮食问题，如何建议？

2. 在午餐时间，王老师照例来到班上照护孩子们吃饭，当天的菜有“三色鸡丁”和“炒双花”，王老师就问孩子们“好不好吃呀?”孩子们都回答“好吃!”但王老师观察到有些盘子边缘挤了一堆的鸡丁，还有的西蓝花都没有动。王老师发现有些孩子把饭放在嘴里嚼了很久又吐出来，就问他们是不是咬不动，孩子说是的，这时王老师才意识到可能是鸡丁切得太大了，西蓝花也要再分得小一点。

请评价王老师的做法，小组讨论托育机构烹调婴幼儿膳食的基本原则。

3. 到午餐的最后阶段，只有个别幼儿还在用餐，王老师不时地大声催促幼儿：“加油吃，吃完后我要讲故事了。”“大口吃，最后吃一大口就没有了。”“你看保育阿姨都已经开始收拾餐具，要清扫地面了。”最后，还有一个幼儿没有吃完时，王老师干脆说：“好了，不用吃了，赶紧和其他小朋友去玩吧。”就直接拉着他和其他幼儿散步去了。

上述情景中存在哪些问题，说明理由。

学习任务五
睡眠照护

学习初体验

走访当地的一个托育机构，观察并记录机构里照护者对不同年龄阶段婴幼儿睡眠的照护过程。照护 0～3 岁婴幼儿的睡眠需要有哪些知识与技能？什么样的睡眠环境是适合 0～3 岁婴幼儿的？睡眠照护中有哪些常见问题？如何培养婴幼儿良好的睡眠习惯？照护者对婴幼儿集体睡眠活动的帮助、指导是否到位？有没有需要改进的地方？应该怎么改进？请记录你的观察和结论，学完本任务后再来看看最初的记录。

学习任务单

项目	内容
学习目标	学完本任务后，你应该能够 ①掌握不同年龄阶段婴幼儿的睡眠时长需求。 ②识别婴幼儿的睡眠信号，并给出适宜的回应性照护。 ③根据托育机构睡眠的环境要求，为婴幼儿创设适宜的睡眠环境。 ④掌握托育机构集体睡眠活动的组织要点。 ⑤按照规范流程开展婴幼儿的睡眠监护，能发现睡眠活动中的隐患并及时排除，对不良的睡眠习惯进行纠正。 ⑥根据托育机构睡后整理的流程开展睡后的整理工作。 ⑦敏锐地观察婴幼儿在睡眠过程中的反应，理解其生理和心理需求，并及时给予积极回应。 ⑧通过睡眠照护体会婴幼儿照护的专业性和对婴幼儿健康成长的价值，培养自己的职业素养和服务婴幼儿的劳动精神。
学习要点	本任务的重点、难点 ①掌握不同年龄阶段婴幼儿的睡眠时长、睡眠环境要求。 ②掌握婴幼儿睡眠照护的基本知识和技能，能根据婴幼儿的个体和特殊需求给予适宜的回应性睡眠照护。 ③能组织婴幼儿集体睡眠，及时解决睡眠过程中出现的问题，培养婴幼儿良好的睡眠习惯。
学习建议	学习前 ①完成本任务中的学习初体验活动。 ②认真阅读《中国婴幼儿睡眠健康指南》《0 岁～5 岁儿童睡眠卫生指南》《托育机构保育人员培训大纲(试行)》等文件中的相关规定。

续表

项目	内容
学习建议	学习中 ①完成本任务中的相关活动。 ②观看相关的视频资料，并记录下自己的认识。 学习后 完成本任务后的学习效果检测。
学习运用	你觉得在哪些工作场景中可以运用到所学知识？(学生填写)
学习反思	记录你在学习过程中的思考。(学生填写)

情景导入

学习笔记

2019年，一名5个月大的男婴在独自睡觉时窒息死亡。这件事让家属无法接受，怎么孩子在婴儿床上睡了半小时就发生了这样的悲剧？原来男婴的奶奶需要做饭，便让自己的孙子先睡着，等做好饭，也就是半小时的时间，奶奶去看看孙子怎么样了，却看到孙子被一件衣服盖着，出现了窒息。奶奶赶紧将孙子送往医院急救，但经过医护人员的努力，孩子还是没有保住。

如果你是托育机构的工作人员，你希望了解婴幼儿睡眠的哪些问题？如何组织婴幼儿睡眠的各个环节？如何针对婴幼儿的睡眠需求给予回应性照护呢？本部分将围绕托育机构的睡眠展开，涉及婴幼儿睡眠的需要、组织婴幼儿集体睡眠等内容。

一、婴幼儿睡眠的需要

睡眠是大脑皮层以及皮下中枢广泛处于抑制过程的一种生理状态，在睡眠时，各器官组织减少代谢活动，重新储存能量和物质，以便继续生命活动。婴幼儿的睡眠质量直接关系到其发育和认知能力的发展，对其恢复机体的活动能力、保障身体健康具有重要意义。

（一）婴幼儿睡眠的重要性

学习笔记

1. 消除疲劳

婴幼儿大脑皮层的神经细胞易兴奋，不易受抑制，因此注意力很难持久。婴幼儿只有拥有充足的睡眠才能消除疲劳，促进神经系统的发育。

2. 促进生长发育

婴幼儿只有在熟睡之后，体内才能分泌较多的生长激素。生长激素是促进婴幼儿生长的重要激素。

3. 促进脑细胞的发育

脑细胞的发育几乎都在睡眠中进行。良好的睡眠有利于脑细胞的发育，对促进婴儿的智能发育十分重要；良好的睡眠有利于脑功能的发展及记忆的巩固。

4. 增强机体的免疫能力

良好的睡眠可以促进婴幼儿的正常发育，调节神经系统功能，增强体质，提高自身免疫力，提升防病抗病的能力。

5. 促进脑能量的储存

婴幼儿在睡眠的时候基础代谢率是比较低的，耗能很少但合成反而是加强的，既有助于能量的储存，也有助于大脑的能量合成。因为脑糖原是大脑的主要能量储备物，随着觉醒时间的延长，脑糖原水平逐渐降低，而睡眠以后脑糖原的水平就能恢复。

睡眠不足会影响婴幼儿认知功能的发育，损伤大脑额叶皮质的功能，导致情感和注意力的变化，引发语言及抽象思维功能的缺陷。

（二）婴幼儿睡眠的时长

婴幼儿的睡眠由 7～9 个周期组成，每个睡眠周期为 40～50 分钟，经历了清醒—浅睡眠—深睡眠—活动睡眠—短暂清醒的过程，即由非快速眼动睡眠和快速眼动睡眠两个阶段构成，两者交替进行并有规律地循环。每个睡眠周期之后有短暂的觉醒，之后进入下一个循环。

不同月龄的婴幼儿对睡眠时间的需求是不同的，年龄越小，需要的睡眠时间越长。6 个月～3 岁婴幼儿的睡眠时间见表 2-5-1。托育机构需要为不同年龄的婴幼儿提供充足的睡眠时间，每天应安排 1～3 次睡眠。

表 2-5-1　6 个月～3 岁婴幼儿的睡眠时间

年龄	日间次数(次)	日间时间(小时/次)	夜间时间(小时)	总睡眠时间(小时)
6～12 个月	2～3	1～2	10～12	12～16
1～2 岁	1～2	1.5～2.5	10～11	11～14
2～3 岁	1	2～2.5	9～11	9～11

小调查

请采访家长并收集10个不同月龄孩子的睡眠时长，尝试评价其合理性，请说明理由。

婴幼儿的姓名： 月龄：

白天睡眠次数： 白天平均每次睡眠时长： 白天睡眠时长：

晚上睡眠时长： 晚上睡眠特点：

婴儿总睡眠时长：

学习笔记

（三）婴幼儿睡眠的环境

1. 室内环境

(1)光线

房间的光线不可太亮，应适度、柔和，适合婴幼儿入睡。睡前应拉好窗帘，降低房间的亮度。

(2)通风

房间有门窗可通风，保持室内空气流通，秋冬寒冷季节可在睡前半小时关闭门窗，确保温度适宜。

(3)温度

室温不宜过冷或过热，合理使用空调。冬季室温保持在14～18℃，夏季室温保持在27℃左右。注意：由于婴幼儿的体温调节中枢发育尚不完善，他们还不能很好地随环境的温度来调节自身的温度。

(4)湿度

一般室内湿度以50%～60%适宜。如果湿度太大，可以通过通风、光照，或安装除湿设施来调节；如果空气过于干燥，可以在地板上洒一些水或使用加湿器。

(5)声音

婴幼儿的睡眠环境应安静，避免大声喧哗、过大的走动声等对婴幼儿造成惊吓。当然，婴幼儿的睡眠环境也不要求绝对安静，一些经常存在的声音并不会影响他们的睡眠，过于安静的睡眠环境不能促进婴幼儿昼夜睡眠规律的形成。

2. 床铺和被褥

(1)床铺

为婴幼儿选择舒服、安全的睡眠用床。考虑到骨骼发育的特点，婴幼儿用床宜选择软硬适中的单层平板床，床垫与床每侧间隙应小于两指宽。根据婴幼儿的情况合理安排床位，体弱的婴幼儿应被安排在避风处。体质较好、怕热的婴幼儿可被安排在通风处(但不能吹过堂风)，难以入睡、易尿床、活泼好动、爱说话的婴幼儿可被安排在便于照顾和管理的地方。咳嗽的婴幼儿最好与其他人保持一定的距离。全体婴幼儿要头脚交叉睡。安排床位时，卧室内床头的间距不得小于0.5 m，两排床的间距不得小于0.9 m。

(2)被褥

为婴幼儿准备好睡眠所需的被褥，并根据季节的变化及时调整被子的厚薄。被褥应该选择全棉面料以保护其柔嫩的肌肤。冬季，可提前将婴幼儿的被子打开并掀开，方便婴幼儿进入被窝，防止受凉。根据婴幼儿的生长发育情况及时调整枕头的高度。

婴幼儿的寝具应该及时清洁、干燥，经常在阳光下晾晒。

3. 心理环境

良好的心理环境有利于婴幼儿获得安全感，从而提高睡眠质量。托育机构应该为婴幼儿提供适宜的照护，恰当关注婴幼儿的需求，有利于婴幼儿建立良好的睡眠节律。照护者的过度关注、恐吓、争吵、情绪不稳定等，会让婴幼儿缺乏安全感。白天婴幼儿过度紧张、过多看刺激性电视、玩太兴奋的游戏等，都会影响婴幼儿的睡眠质量。

4. 睡前活动

婴幼儿白天通过加强体育锻炼，保证充足的户内外身体活动的时间和质量，有助于睡眠，有利于生长激素的分泌，提高睡眠质量。

学习笔记

拓展阅读

婴幼儿午睡适宜的照护与不适宜的照护(环境等)

婴幼儿午睡适宜的照护与不适宜的照护(环境等)见表 2-5-2。

表 2-5-2　婴幼儿午睡适宜的照护与不适宜的照护(环境等)

项目	适宜的照护	不适宜的照护
环境	• 婴幼儿的睡眠区不与游戏区、用餐区相混杂。例如，游戏区的玩具或其他游戏物品需要被清走(或放置在架子上)。 • 每个婴幼儿都有自己的床。 • 家人为婴幼儿带来可以让其感到慰藉的特别物品，让婴幼儿感到自己的小床是属于自己的小天地。	• 婴幼儿床沿着游戏区的边缘摆放。 • 婴幼儿没有自己固定的小床，哪里没人就睡哪里。 • 婴幼儿没有自己专属的寝具，床上也没有放置自己的物品，婴幼儿不认为这是一个属于自己的小天地。
灯光	• 睡眠区的灯光较暗，但照护者可以看清楚每个婴幼儿的状况。 • 区域内很安静，在婴幼儿入睡时播放轻柔的音乐。	• 强光让想睡觉的婴幼儿难以入睡。 • 室内有其他婴幼儿在大声玩游戏，或音乐的声音很大。

续表

项目	适宜的照护	不适宜的照护
铺位	•铺位之间的距离恰当。 •照护者为每个婴幼儿安排铺位时，会考虑到婴幼儿的睡眠习惯及需要。例如，是否容易入睡，是否容易不安，对周遭环境安静程度的需求如何，或在一般情况下午睡时间的长短。	•铺位之间的距离太小。 •照护者没有根据每个婴幼儿的睡眠习惯与需要来考虑和计划午睡这一环节。
寝具	•每个婴幼儿都拥有标示自己名字的床铺及寝具。 •每天都可以在自己心爱的毯子的陪伴下入睡。	•婴幼儿没有自己固定的寝具，寝具混用。 •照护者不鼓励婴幼儿从家里带特别的物品，理由是“会弄丢”或“会引起争夺的场面”。

（四）婴幼儿睡眠的信号

婴幼儿入睡前一般都会发出睡眠信号，不同婴幼儿发出的信号不同。常见的信号有情绪低落、无精打采、动作放缓、话语减少。有的婴幼儿会用手频繁揉眼睛、哈欠连连、双目无神、眼睛发呆、咬手指等。如果错过了最佳睡眠时机，有的婴幼儿会出现尖叫、哭闹或者异常兴奋、抗拒睡眠等情况。婴幼儿的睡眠信号转瞬即逝，照护者需要抓住婴幼儿的睡眠信号并及时安抚入睡。

练一练

讨论婴幼儿的睡眠信号(见表 2-5-3)，并针对不同的睡眠信号，小组合作讨论采取何种回应性照护。

表 2-5-3　不同的睡眠信号

睡眠信号	妙招举例	我还能……
打哈欠	把婴幼儿放到床上，播放轻柔的睡眠曲	
哭闹	先抱着婴幼儿安抚，再让婴幼儿独自入睡	
……	……	……

学习笔记

二、组织婴幼儿集体睡眠

托育机构婴幼儿的睡眠照护有规范的流程。睡眠前，照护者需要创设良好的睡眠环境，为婴幼儿铺好床，拉好窗帘，调好室温，播放轻柔的音乐，组织婴幼儿上厕所，有序地进入睡眠室，脱衣物并摆放整齐，钻进被窝，听着睡前故事安静入睡。睡眠中，照护者定时巡视和照护，排除各种安全隐患，确保婴幼儿的睡眠质量。睡眠后，照护者还要唤醒并组织婴幼儿如厕及做好睡后整理。

（一）睡前准备

照护者应该引导婴幼儿知道午睡的步骤。

1. 睡前检查

婴幼儿睡前应进行安全检查，检查婴幼儿的身体有无不适，神态情绪是否异常，有无携带小物件进入睡眠房间。选择婴幼儿专属的床上用品，并配置与季节相符的被褥。切勿将不使用的被子、玩具、毛绒动物、摇铃等放在婴幼儿床上，切勿在床上或附近安装挂饰物等，以免发生意外。

2. 睡前活动

避免婴幼儿饥饿或进食过饱的情况下睡眠。睡前活动一般安排 3～4 项内容，宜安排安静类的游戏和生活活动，如盥洗、如厕、讲睡前故事等，提醒婴幼儿少喝水，完成大小便后及时洗手，减少生理上的干扰。活动内容每天基本保持一致，活动时间尽量控制在 20 分钟内，可播放轻柔的音乐，稳定情绪，放松心情，指导婴幼儿安静有序地进入室内，找到自己的床铺，活动应简短而温馨，为睡眠做好心理准备。活动结束后，尽量确保婴幼儿处于安静状态。

3. 脱衣物

0～12 个月的婴儿不能自理，照护者在给他们脱衣物时，可边操作边配上语言，描述过程，使婴儿逐渐理解动作和物品的名称，并学习配合。12～18 个月的幼儿可以配合照护者伸手脱衣、脱去鞋袜等，照护者应鼓励并示范，提供机会让幼儿学习技能。18～36 个月的幼儿能掌握自行脱部分衣物和鞋袜的技能。照护者应尊重幼儿的意愿，鼓励幼儿学习，分解步骤并示范，使幼儿掌握自理技能。

准备：安排幼儿给布娃娃穿脱衣服，练习拉拉链、扣扣子、系鞋带等，教会幼儿认识衣裤袜的前后和里外、鞋子的左和右。指导过程如下。

脱鞋子：解开鞋扣或鞋带，两脚逐一从鞋跟到脚尖脱出鞋子，并将它们放正。

脱裤子：幼儿双手抓紧裤腰，将裤腰脱到膝盖下，然后用手把裤子的两只裤脚逐一向下拉，直至把整条裤子脱掉。

脱袜子：双手抓住袜口朝下脱至脚跟，用手抓住袜尖朝外脱离脚部，用同样的方式完成另一只袜子的脱离。

脱开襟上衣：脱开襟上衣时，应先将扣子解开或将拉链拉开，幼儿双手攥住衣襟向后拉，将衣服脱至肩下，然后从背后逐一脱掉两只袖子(较小的幼儿在解开扣子后，可由成人帮其脱下袖子)。

脱套头上衣：幼儿双手提住衣领的两端，从头上向前拉，将手和头从衣服中退出。

整理衣物：照护者指导幼儿将脱下的衣物分类，整齐叠放，放置在床尾。

注意：照护者可以利用儿歌、图片等来帮助幼儿提高穿脱衣物的兴趣并掌握操作技能。

扫一扫

想要了解托育机构睡前准备的相关内容，请扫二维码。

练一练

根据睡前检查的流程，小组合作练习操作，相互评价。

练一练

根据睡前组织婴幼儿脱衣物的流程，小组合作练习操作，相互评价，对出现的问题及时调整。

学习笔记

例如：

脱裤子

双手抓紧小裤腰，
一下脱到膝盖下。
再用小手拉裤脚，
最后还要摆摆好。

叠衣歌

伸伸手，伸伸手，
抱抱臂，抱抱臂，
弯弯腰，弯弯腰，
我的衣服叠好了。

练一练

编一编有趣的儿歌，引导婴幼儿快速钻入被窝，盖好被子，进入甜甜的梦乡。

4. 进被窝

婴幼儿脱去衣物后，可以穿着质地柔软舒适、透气性好并吸汗的睡衣或贴身衣物进入被窝睡觉。照护者可以配合有趣的儿歌引导婴幼儿钻入被窝。“我是一支小铅笔，身体直又细，被子就是小笔筒，睡觉钻进去。”还可以引导婴幼儿模仿小鼹鼠或者其他小动物钻入被窝，“掀开被子的一角，把小脚伸进去，然后身体慢慢地往里钻，就像小鼹鼠钻洞一样。躺好后，小手也钻进去，只露出小脑袋……”

学习笔记

5. 讲睡前故事

(1)活动准备

物品准备：适宜的睡前绘本、适宜的座椅、舒缓的音乐。

照护者准备：着装整齐，配有适当的肢体语言。

(2)活动过程与表现

①注意礼仪，坐姿端正，精神面貌良好，状态饱满。

②选择适合婴幼儿月龄的睡前绘本故事，在忠实于原作的基础上合理加工故事，易于婴幼儿理解。

③普通话标准，声音柔和，语速适宜，表达流畅。

④语气、语调表情符合故事角色的形象及内容特点，声情并茂，富有感染力，态势语运用恰当，有助于婴幼儿理解故事内容。

⑤故事讲述富有童趣，有亲和力，适合婴幼儿学习、欣赏，能激发婴幼儿的兴趣。

⑥流畅地完成故事讲述。

练一练

根据讲故事的流程，以小熊宝宝绘本《睡觉》为例，小组合作练习操作，相互评价，看看谁的故事适合婴幼儿。

（二）睡姿

1 岁以下的健康婴儿应尽可能地仰卧(面部朝上平躺)，因为这种睡姿对婴儿来说最安全。婴儿猝死综合征是 1 岁以下婴儿(28 天至 1 岁婴儿)死亡的首要原因，让婴儿仰卧可以降低婴儿猝死综合征发生的风险。刚喂完奶的婴儿建议先右侧卧位半小时，然后改成仰卧位；照护者帮助婴幼儿采用仰卧位或侧卧位姿势入睡时，要求婴幼儿的脸和头不被遮盖。婴幼儿侧卧位时，避免将婴幼儿的耳郭压向前方，以免折叠导致耳郭变形。不同的睡姿有不同的优缺点，需要根据婴幼儿的年龄和需要选择调整，见表 2-5-4。

表 2-5-4　不同睡姿的优缺点

类型	优点	缺点
仰卧	1. 婴幼儿的脸色和面部表情可以被直接观察到，如有异常情况，可及时发现并处理。 2. 口鼻直接向上通气。 3. 四肢可以随意活动，有助于运动功能的发展。 4. 视野开阔，可以促进视力发育。	1. 婴幼儿的舌头向后，前颈部弯曲，因而使呼吸道变窄，可能会导致呼吸困难。 2. 胃内的食物较易返流到食管引发呕吐，并且呕吐物容易积存在喉部，如果呛入气管，就会发生意外窒息甚至猝死。 3. 易因踢被子而着凉。 4. 不容易产生安全感，睡得不踏实。
俯卧	1. 可以使自己被包藏在被子里面，犹如回到母亲的子宫里，有安全感，易入睡。 2. 胃内的食物不容易返流到食管造成呕吐，有利于肠道蠕动，可以促进食物的消化和吸收。 3. 呼吸较为通畅，不易发生呼吸困难。	1. 婴幼儿的脸被遮住一半，如有异常情况不容易被及时发现。 2. 婴幼儿的口鼻容易被不慎堵住，由于他们的头部较重，柔软的颈部肌肉无力支撑，加上 3 个月以下的婴儿不会翻身，从而导致呼吸困难甚至窒息死亡。 3. 俯卧使婴幼儿的胸腹部紧贴床，不容易使身体散热，易导致体温升高。 4. 由于四肢的活动通常向上，因此手脚失去了自由活动的空间。
侧卧	1. 婴幼儿右侧位时，可以使胃内的食物不易流入食管，从而减少溢奶和吐奶的发生。 2. 如果胃内的食物返流到食管，这一睡姿可以使流向口腔内的呕吐物由嘴角流到口腔外，不宜呛入气管。 3. 可以改变咽喉软组织的位置。当呼吸道有炎症时，这一睡姿可减少分泌物对气道的阻塞，减轻呼吸困难。	1. 婴幼儿的四肢短，躯干呈现圆筒状，因此，不能通过交叉手臂或用大腿来保持这一姿势，否则会很累。需要照护者在婴幼儿的前胸或者后背垫枕头扶持。 2. 左侧卧位很容易溢奶，胃内的食物容易返流到食管中。

资料来源：欧阳鹏程，2005。

（三）睡中巡查

扫一扫

想要了解托育机构睡中巡查的相关内容，请扫二维码。

在婴幼儿睡眠期间，照护者应随时关注，不随意离开。对于 1 岁以下的婴儿，建议每隔 5 分钟巡回检查一次；对于 1～3 岁幼儿，建议每隔 10 分钟巡回检查一次，确保能第一时间发现特殊情况，并及时处理。特别注意婴幼儿是否在被子下面玩玩具、拆弄被褥、玩身上的衣服等，若发现以上情况应及时给予帮助与引导；观察婴幼儿在睡眠期间的情况，根据室温随时调整婴幼儿的盖被量，为蹬被的婴幼儿盖好被子，及时为出汗的婴幼儿擦拭头上及身上的汗液；及时发现并纠正婴幼儿睡眠过程中的不良睡姿(见表 2-5-5)；引导中途需要上厕所的婴幼儿及时排便，避免尿床；对身体不适的婴幼儿及时检查，如有婴幼儿出现发烧、惊厥、腹痛等情况，应立即采取恰当的处理方式。

表 2-5-5　婴幼儿的不良睡姿及纠正方法

类型	危害	纠正
张嘴睡	导致婴幼儿的口腔干燥，喉咙发痒，还会增加感染病毒、细菌的概率，易引发口腔疾病，影响睡眠质量；长期张嘴睡，用嘴呼吸会降低鼻腔的嗅觉功能，影响婴幼儿的食欲，导致婴幼儿的上下颌骨发育畸形，造成龅牙或者牙齿不整齐，严重的会出现牙关闭合不全。	检查枕头是否过低。如果枕头过低，就适当给婴幼儿垫高枕头。及时去医院就诊，查找原因，检查婴幼儿是否有鼻腔堵塞、急性鼻炎或慢性鼻炎，以及扁桃体炎、扁桃体肥大和腺样体肥大等。
枕臂睡	会长时间压迫婴幼儿的手臂神经，造成肢体气血阻滞，使神经产生麻痹，引发不适。	及时拉出婴幼儿的手臂。
蒙头睡	会造成空气不流通，影响婴幼儿的正常呼吸，严重时引发窒息。婴幼儿醒后睡眠不佳，精神萎靡。	及时露出婴幼儿的头部。
趴着睡	会对婴幼儿的心脏造成压迫，容易造成婴幼儿气喘憋闷、呼吸困难，引发窒息。	需及时将睡姿调整为仰卧位或侧卧位。

扫一扫

想要了解托育机构睡后整理的相关知识，请扫二维码。

（四）睡后整理

照护者应该引导婴幼儿知道午睡后起床的步骤。

1. 唤醒

营造起床的氛围，播放轻柔的音乐或节奏平缓的故事，唤醒婴幼儿，观察婴幼儿的精神、情绪、面色等。根据婴幼儿的个体差异，给予一定时间的起床缓冲。对于赖床的婴幼儿，可轻拍或轻声叫醒。

2. 穿衣物

0～12 个月的婴儿不能自理，照护者在给他们穿衣物时，可边操作边配上语言，描述过程，使婴儿逐渐理解动作和物品的名称，并学习配合。12～18 个月以上的幼儿可以配合照护者伸手穿衣、穿鞋袜等，照护者应鼓励并示范，提供机会让幼儿学习技能。18～36 个月的幼儿能掌握自行穿部分衣物和鞋袜的技能。照护者应尊重幼儿的意愿，鼓励学习，分解步骤并示范，使幼儿掌握自理技能。

练一练

根据醒后组织婴幼儿穿衣物的流程，小组合作练习操作，相互评价，针对出现的问题及时调整。

3. 整理如厕

检查是否穿戴整齐，鞋带、纽扣是否系好、扣好，检查床上是否异常，如是否有尿床、流鼻血的情况等，并组织幼儿上厕所、洗漱，查看婴儿的尿不湿，并根据需要及时更换。婴幼儿起床离开睡眠室后，开窗通风，并将被褥打开吹晾 10 分钟左右。整理床铺、被褥，并清洁睡眠室环境。

拓展阅读

婴幼儿午睡适宜的照护与不适宜的照护(照护者等)

婴幼儿午睡适宜的照护与不适宜的照护(照护者等)见表 2-5-6。

表 2-5-6　婴幼儿午睡适宜的照护与不适宜的照护(照护者等)

项目	适宜的照护	不适宜的照护
照护者	由固定的照护者负责婴幼儿的睡眠照护。	经常更换照护者，由不同的照护者负责婴幼儿的睡眠照护。
入睡照护	午睡前，照护者会通过一系列有规律的活动和环境的改变向午睡环节过渡。 照护者会先安排能让婴幼儿安静下来的活动，如念故事书。 床铺放置妥当后，婴幼儿会拿着自己的毛绒玩具或毯子走到自己的铺位；之后熄灭室内灯，同时播放轻柔的音乐，以帮助婴幼儿入睡。	没有安排一些向午睡环节过渡的活动。 婴幼儿躺下后照护者随即关灯，期望婴幼儿能够立刻安静下来。 秩序混乱。一些婴幼儿在午睡，另一些婴幼儿哭闹玩耍。

（五）婴幼儿睡眠的回应性照护

1. 通过睡眠照护建立安全的依恋关系

照护者通过事先的卧室环境、睡眠用具的安全核查为婴幼儿提供安全、信任的睡眠环境，充分考虑婴幼儿的生理和心理特点。照护者在婴幼儿入睡前给予固定的睡眠信号，每天到了睡眠时间可以做相同的事情，如将玩具都收起来，把灯关掉，拉下窗帘，然后开始为婴幼儿安静地讲睡前故事。这样的仪式和环境向婴幼儿传达了可预测的信息：午睡时间到了。在整个睡眠过程中，通过睡前准备、进卧室、脱衣服、钻被窝、讲故事等程序化流程让婴幼儿对睡眠的各环节有所期待，建立信任，从而促进安全依恋关系的建立。

2. 细致观察睡眠过程中婴幼儿的表现

照护者应及时观察婴幼儿的睡眠行为，包括困倦信号、睡眠姿势、睡眠状态等，发现问题及时处理。例如，通过哭声、动作、手势和面部表情以及身体姿势等，识别婴幼儿的睡眠信号，了解婴幼儿的需求，并及时给予相应的语言、表情和动作回应，为婴幼儿提供与需求相匹配的睡眠照护。这些信号的出现提示照护者可以安排睡眠了。例如，眼神呆滞，不专注；打哈欠，皱眉，吮吸手指，揉眼睛；动作变慢或肢体乱动；变得安静或哭闹、焦虑；对周围事物不再有兴趣；身体变软；不配合游戏等。在婴幼儿睡眠过程中，照护者应选择合适的位置，保证每个婴幼儿都能在照护者的视线范围内，注意观察婴幼儿睡眠中的表现是否与年龄阶段的特点及其发展水平相一致，评估婴幼儿在睡眠过程中出现的问题哪些是需要帮助解决的，从而为后续的回应及调整做准备。如果发现婴幼儿在睡眠过程中有危险，照护者需要及时给予制止或排除。

学习笔记

学习笔记

3. 对婴幼儿睡眠中的需求给予积极回应

在婴幼儿睡眠过程中，照护者应陪伴在旁边，然后在一旁观察，不要打断那些能自己入睡的婴幼儿，鼓励婴幼儿用自己的方式入睡，给予他们优质的睡眠环境，采取选择性的干预措施进行睡眠支持，并给予积极回应。照护者在睡前可关注婴幼儿的需求，对于不能独立入睡的婴幼儿，轻拍婴幼儿，使其情绪放松后入睡，然后逐渐减少陪伴次数，直至婴幼儿能独立入睡；对于家庭依恋度较高的婴幼儿，可以让其带安慰物，如家长的照片、毛绒玩具或妈妈的物品等，使其在获得心理安慰后入睡；对于担心尿床的婴幼儿，可告知照护者帮忙检查提醒，让其安心入睡；对于分离焦虑严重的婴幼儿，要与家长协商，让婴幼儿午饭后回家睡觉，从半日入园逐渐过渡到全天入园。

4. 对婴幼儿的回应进行实时反馈

照护者应对婴幼儿睡眠过程中的需要和回应及时调整，等待婴幼儿通过自己的努力处理睡眠过程中的问题，等婴幼儿把一切都处理好了之后及时给予其表扬，表扬的内容要具体；对婴幼儿在睡眠过程中出现的不良行为进行约束时，态度要坚定，语调要平静而温和。例如，婴幼儿在睡眠时宜采用仰卧姿势，将趴睡、跪睡、蒙头睡等不良的睡姿及时调整为正确睡姿，调整过程中动作要温柔。分析婴幼儿入睡困难的原因，并实时调整。可造成睡眠障碍的主要因素有：睡眠环境不佳，吃得过饱或过少，睡前过度兴奋、过度疲劳，或受到惊吓，睡姿不佳造成胸口受压、呼吸不畅等。如果婴幼儿的精力旺盛，不必强求入睡，以免使其产生心理负担。

三、 培养良好的睡眠习惯

睡眠对婴幼儿的生长发育有重要作用，婴幼儿只有拥有充足的睡眠，才能健康成长，所以需要从婴幼儿开始就培养良好的睡眠习惯。

（一）婴儿睡眠行为的培养

1. 培养昼夜节律

安排婴儿白天有规律地进食、活动，多晒太阳，有规律地安排日间小睡、喂养和活动。3 个月以上逐渐减少夜间喂养次数。

2. 保持一致的睡眠环境

婴幼儿的睡眠房间宜保持安静、适度黑暗、凉爽(不要太热)。睡眠场所避免有其他干扰，如电视机，避免将床作为平时玩耍或活动的地方。

3. 建立固定的睡前活动流程

建立固定的睡前活动流程，如喂完奶半小时后如厕、更衣、上床、关灯，或洗澡后做抚触、更衣、上床、关灯，唱催眠曲等，避免将喂养、哄抱作为睡眠的信号和安抚条件。

4. 培养自主入睡的习惯

在婴儿 3 个月后，逐渐培养他自主入睡的习惯，即在婴儿迷迷糊糊但还未入睡时

学习笔记

就把他放在床上，让他自己进入睡眠状态。夜间当婴儿扭动、出声时，可轻拍。如果需要喂养，也应在更换尿布后再喂养，喂养后让他自动进入下一个睡眠周期。如果能坚持良好的睡眠习惯，婴儿在 6 个月后就可能睡整觉了。

5. 坚持一致性原则

在培养婴儿良好的睡眠规律和行为时，家长与托育机构要保持一致的态度。

（二）幼儿睡眠行为的培养

1. 稳定的卧室环境

确保幼儿的卧室环境保持稳定。有的幼儿需要一盏小夜灯，这样才感觉更安全，有的幼儿在黑暗、安静的房间里睡得更好，照护者可根据幼儿的要求设置。

2. 相对固定的睡眠日程表

让 12～36 个月的幼儿定时进行日间小睡和晚上就寝，以保证足够的夜睡眠时间。避免午睡太迟使幼儿在夜间上床后难以入睡，但也不要剥夺日间小睡时间，因为过度疲劳可能会使夜间的睡眠质量更差。

3. 稳定的就寝程序

建立一个稳定的就寝程序，包括平静而愉快的活动，如在家刷牙、洗澡、解小便后上床；在园时饭后安静游戏、解小便后上床。

4. 规定界限

上床后规定明确的界限，如上床后只讲一个故事，讲完后道晚安、关灯，让幼儿保持安静，自主入睡。

5. 鼓励使用安全的安慰物

让幼儿喜欢上一个可以带到床上的安全物体，如毛绒玩具或小盖毯，使幼儿在入睡时或夜间短暂觉醒后会觉得放松且容易入睡。

6. 坚持一致性原则

工作日和节假日的睡眠日程保持一致，托育机构与家庭的睡眠日程保持一致，在培养幼儿良好的睡眠规律和行为时，家庭与托育机构要保持态度和原则一致。

学习效果检测

一、思考题

1. 婴幼儿睡眠的重要性有哪些？
2. 对 0～3 岁婴幼儿的睡眠时长有何要求？
3. 如何为婴幼儿创设适宜的睡眠环境？
4. 如何组织婴幼儿的睡眠活动？
5. 托育机构如何培养婴幼儿良好的睡眠习惯？

二、实践应用

1. 4～5名同学组成一个小组，调查收集托育机构不同月龄班10个婴幼儿的睡眠时长(采访家长)，通过统计分析算出婴幼儿的平均睡眠时长，并与其他小组分享、交流。

2. 婴幼儿已经入托一个多月了，但是依然有几个小朋友不愿意睡午觉。4～5名同学组成一个小组，共同讨论通过哪些途径可以引导婴幼儿在托育机构进行午睡。查看资料，并设计引导方案。

3. 4～5名同学组成一个小组，模拟组织婴幼儿开展睡眠活动，拍摄视频，并与其他小组交流、讨论。

4. 4～5名同学组成一个小组，模拟组织婴幼儿的睡后整理环节，拍摄视频，并与其他小组交流、讨论。

三、案例分析

1. 刚入托的一段时间，融融一直不能自主入睡，希望照护者陪在他身边，轻轻拍他入睡。只要照护者离开，他就不肯入睡。之后，照护者尝试让他自己睡，照护者在拍其他小朋友的时候看着他，跟他说："融融，今天你试着自己睡好吗？我会在旁边看着你，看融融今天棒不棒。"第一天睡不着，第二天还行，第三天没人拍他也能自己睡了。下午起床后，照护者说："融融，今天好棒，中午是自己睡的。"他听了很高兴，穿完衣服说："老师，明天我还要自己睡。"

请评析照护者对孩子的睡眠照护采取的回应性照护是否适宜。

2. 刚入托的婴幼儿会存在很多睡眠方面的问题，如午睡的时候尿床，入睡的宝宝突然惊醒哭起来，入睡困难等。

如果你是托育机构的照护者，你对这些婴幼儿的午睡问题将采取哪些回应性照护措施？

3. 婴幼儿午睡的时候经常出现跟风现象。例如，有的孩子发出"咯咯咯"的笑声，其他孩子也会跟着发出笑声；有的孩子窃窃私语，其他孩子也会开始讲话；孩子们经常跟着起哄，大家兴奋起来，相互影响，难以入睡。

如果你是托育机构的照护者，遇到这样的问题，你将采取哪些回应性照护措施？

学习任务六
游戏活动照护

学习初体验

走访当地的一个托育机构，观察记录机构里不同年龄阶段婴幼儿户内外游戏活动的过程。照护 0～3 岁婴幼儿游戏活动需要哪些知识与技能？游戏活动照护中有哪些常见问题？托育机构的照护者是如何应对的？请记录你的观察和结论，学完本任务后再来看看最初的记录。

学习任务单

项目	内容
学习目标	学完本任务后，你应该能够 ①了解开展托育机构运动类和安静类游戏活动阶段所做的准备。 ②根据婴幼儿的需求实施运动类和安静类游戏活动前、活动中和活动后的回应性照护。 ③根据婴幼儿的年龄特点进行运动类和安静类游戏活动后的整理。 ④观察婴幼儿游戏过程中的反应，理解其生理和心理需求，并及时给予积极回应。 ⑤通过游戏活动照护体会游戏活动的重要性及专业性，培养细心、耐心、热爱婴幼儿的职业精神。
学习要点	本任务的重点、难点 ①掌握不同年龄阶段婴幼儿运动类和安静类游戏活动的安全防范。 ②掌握婴幼儿游戏活动前、活动中和活动后的保育要点。
学习建议	学习前 ①完成本任务中的学习初体验活动。 ②认真阅读《托育机构管理规范(试行)》《3 岁以下婴幼儿健康养育照护指南(试行)》等文件中的相关规定。 学习中 ①完成本任务中的相关活动。 ②观看相关的视频资料，并记录下自己的认识。 学习后 完成本任务后的学习效果检测。

续表

项目	内容
学习运用	你觉得在哪些工作场景中可以运用到所学知识？（学生填写）
学习反思	记录你在学习过程中的思考。（学生填写）

学习笔记

情景导入

早上的晨间活动，两个小朋友一起玩跳障碍的游戏，一个比较壮，另一个比较瘦，两人撞到了一起，瘦小的小艺摔倒后磕到了左下巴。照护者把他带到保健室后，保健员马上进行消毒、止血，并检查身上的其他地方，发现其他地方无异常，照护者联系并陪同家长一起去了医院。

事后分析原因如下。一是晨练场地的选择不当。因为下雨，操场的过道上人来人往，比较拥挤。二是小朋友搭档的选择不当，小艺本身比较瘦小，协调能力一般，其搭档的运动和跑跳能力都很好。所以在一起时，会出现两人不协调、跳跃不同步的情况。

《托育机构管理规范（试行）》指出，托育机构应当以游戏为主要活动形式，促进婴幼儿在身体发育、动作、语言、认知、情感与社会性等方面的全面发展。托育机构的游戏活动主要由运动类和安静类游戏两种基本类型构成。由于婴幼儿的自我保护意识较差，在游戏中容易出现一些安全问题，本章将围绕托育机构在运动类和安静类游戏活动中如何做好活动前、活动中和活动后的回应性照护展开。

一、运动类游戏照护

运动类游戏是婴幼儿每天室内外活动的重要组成部分，这类游戏能够使婴幼儿的动觉、感官及整个身体得到充分锻炼。运动类游戏包括地面游戏、球类游戏、车轮游戏等。

专家建议婴幼儿在一天的大部分时间应当做运动类游戏。运动类游戏能够大量消

学习笔记

耗婴幼儿的精力、提升体能并给予感官刺激的活动，能令婴幼儿更全面地发展，而剩下的时间建议引导婴幼儿做一些思考或艺术方面的安静类游戏。《托育机构管理规范(试行)》要求托育机构应当保证婴幼儿每日户外活动不少于 2 小时，寒冷、炎热季节或特殊天气情况下可酌情调整。《3 岁以下婴幼儿健康养育照护指南(试行)》提出，避免婴幼儿久坐超过 1 小时，幼儿每天身体活动时间至少 3 小时，其中户外活动时间至少 2 小时，遇到雾霾、高温等特殊天气宜酌情减少户外活动时间。

（一）活动前

1. 环境准备

合理规划和布局运动类游戏的活动空间。托育机构在规划建设初期，户外预留平地、山坡、洞道等场地，用于设置开阔的平地、爬行空间、可扶走的斜面以及低矮的楼梯、滑梯等，确保婴幼儿能够进行爬、走、钻、攀、上下楼梯等活动。空间的规划应与婴幼儿的发展阶段相适应，并根据场地为婴幼儿合理划分空间和区域。对于乳儿班的婴儿，要有相对独立的活动空间；对于托小班和托大班的幼儿，可以提供跑步、攀爬、平衡、跳跃、秋千等区域；托大班的骑车区域应相对独立，设置骑车道。户外硬件可配备具有攀爬功能的斜坡、滑梯、轮胎，玩水玩沙的浅水池、沙坑，具有平衡训练功能的小吊床或秋千、平衡木等，还可设置具有空间探索功能的小隧道等。

管理及核查场地的安全。依据乳儿班、托小班和托大班婴幼儿的活动需求制订一份全园户内外运动类游戏活动时间安排表，便于照护者了解时间的安排，确保时间、人员管理的把控。对场地和空间有限的托育机构，在充分开发可利用场地空间的基础上，要协调安排好各班错时错峰活动，并在每次活动开展前做好场地的安全核查，可以使用托育机构户外和室内环境安全核查表进行安全核查，重点核查有无安全隐患等。

如果是户外运动类游戏，照护者需要选择适合的天气和活动时间。大雾、雾霾和其他极端天气不宜让婴幼儿外出活动，天气晴朗时，最佳外出活动时间是上午 10 时前和下午 3 时后。

2. 物品准备

选择适合的、数量充足的游戏玩具。罗列托育机构运动类游戏活动玩教具资源目录，包括玩教具的名称、材料、玩法、适合的年龄阶段等信息。依据婴幼儿的年龄特点、发展需求和活动内容选择适合的活动器具。由于婴幼儿的活动多为平行游戏，以单人游戏和双人游戏为主，因此照护者需要提供充足的游戏玩具，数量、种类均需达标。

非结构化与结构化的体育活动的区别： 非结构化的体育活动是指由照护者支持的婴幼儿的自由玩耍和运动；结构化的体育活动是指由照护者指导和支持的婴幼儿有目标、有意识的运动。

核查游戏玩具的安全性。做好游戏器具的安全性核查，先检查玩具上有无“3 岁以下儿童不适用”的标识，玩具以及玩具的零件是否过小，玩具携带的电线或绳子是否过长，玩具是否使用无铅油漆；再查看玩具的结构、质量，重点核查是否松动，是否有裂口、翘刺、翘钉，是否有可拆卸的磁铁，电池安装是否牢固等。

备好急救包。准备一个急救包，存放常用的外科用药和物品，如干湿纸巾、创可贴、酒精片等。

3. 人员准备

设计婴幼儿运动类游戏活动方案。照护者需要根据婴幼儿的身心发展规律和动作发展特点，遵循不同月龄婴幼儿的运动原则(见表 2-6-1)，选择适合不同月龄婴幼儿非结构化和结构化的体育活动(见表 2-6-2)，做好运动类游戏活动方案设计，有目的、有计划、分层次地组织活动，避免出现“拔高”或“低估”婴幼儿能力的现象。

表 2-6-1　不同月龄婴幼儿的运动形式及运动原则

<table>
<tr><th>月龄</th><th>运动形式</th><th>运动原则</th></tr>
<tr><td>1～3 个月</td><td>俯卧、抬头</td><td rowspan="4">1. 婴儿的运动应与日常的自我探索活动和照护者的互动密切结合。
2. 创设允许婴儿自由移动和探索的环境，鼓励婴儿抬头、翻身、坐下、爬行和行走。
3. 婴儿的活动应促进运动技能的发展。
4. 保障运动环境的安全，提供适合不同月龄婴儿的运动设备，在照护者的监督下开展身体活动，确保安全和积极的运动体验，以促进运动技能的获得。
5. 根据婴儿的动作发展把握婴儿身体运动的需求，通过提供非结构化和结构化的体育活动提高运动技能。</td></tr>
<tr><td>3～6 个月</td><td>俯卧、抬头、翻身、拉坐、独坐</td></tr>
<tr><td>6～9 个月</td><td>翻滚、从躺位翻身坐起来、匍匐爬行</td></tr>
<tr><td>9～12 个月</td><td>爬、爬障碍物、扶站、扶走</td></tr>
<tr><td>12～18 个月</td><td>爬、走、蹲站、跑，推着或拉着玩具走</td><td rowspan="3">1. 幼儿每天应进行至少 30 分钟的结构化的体育活动。
2. 幼儿每天应进行至少 60 分钟至数小时的非结构化的体育活动，每次久坐的时间不得超过 60 分钟。
3. 幼儿应发展运动技能，并把它作为未来运动技能和身体活动的基石。
4. 为幼儿提供能满足大肌肉活动空间需要的室内外安全活动区域。
5. 根据幼儿的动作发展适当构建活动环境，以增加体育活动，通过提供非结构化和结构化的体育活动来提高幼儿的运动技能。</td></tr>
<tr><td>18～24 个月</td><td>爬、走、跑、上下楼梯，扔球、踢球</td></tr>
<tr><td>24～36 个月</td><td>爬、走、跑、单脚站立、双脚跳、踢球</td></tr>
</table>

表 2-6-2 不同月龄婴幼儿非结构化和结构化的体育活动示例

月龄	非结构化的体育活动	结构化的体育活动
0～12 个月	1. 在多功能健身架下躺着或趴着。 2. 在活动垫上仰卧或俯卧。 3. 伴随音乐声踢和敲打物体。 4. 在堆有枕头和玩具的地板上爬行，帮助婴儿发展空间意识。 5. 各种类型的爬行。	1. 在婴儿仰卧或俯卧时，距离婴儿眼睛约一臂远的地方用各种玩具(如拨浪鼓、毛绒玩具)吸引婴儿。 2. 和婴儿玩躲猫猫游戏。 3. 提供给婴儿伸手可及的物品，以鼓励婴儿伸手抓取。 4. 协助婴儿用手握住摇铃。 5. 提供不同大小、质地、颜色和形状的安全游戏物品。 6. 鼓励婴儿玩有纹理的积木、可挤压的玩具，以提高运动的灵活性。 7. 协助婴儿掌握适合其发展的运动技能，如坐、向前和向后爬行、站立或踏步。 8. 把婴儿抱在运动球上，让其腹部和背部紧贴运动球，缓慢地来回移动球。 9. 将婴儿竖起来，让婴儿的脚接触地面。 10. 鼓励婴儿爬行和匍匐前进。 11. 协助婴儿练习走路。
12～36 个月	1. 在户外活动场地上自由玩耍。 2. 独立行走。 3. 踮脚取物。 4. 骑各种骑行玩具。 5. 沙盘游戏。 6. 推、拉物体。 7. 在地板上跳来跳去。 8. 奔跑和追逐物体。 9. 爬楼梯和滑滑梯。	1. 设置障碍物，提供给幼儿参与运动和学习运动技能的机会。 2. 提供家具，辅助幼儿扶站以保持稳定。 3. 玩捉迷藏游戏，照护者数数寻找幼儿，或藏起物品让幼儿找。 4. 提供各种适合运动技能发展的设备，并通过示范鼓励幼儿学习不同的技能。 5. 为发展不同的运动技能设置创造性和激励性的运动任务。 6. 引导幼儿将球或小物件扔到地板上的篮筐里。 7. 让幼儿踢固定的球。 8. 引导幼儿在“隧道”中爬行。 9. 引导幼儿进行识别身体部位的游戏。

了解婴幼儿的健康状况和身体情况，如对容易出汗的婴幼儿要准备汗巾，便于在活动中擦汗。特别容易出汗需要准备 2 条，一条隔汗，另一条擦汗。对体质差的或刚恢复健康的婴幼儿，应适当减少他们的运动量。

照护者应帮助婴幼儿做好活动前的准备，如提醒婴幼儿如厕，活动前补充水分，仔细检查婴幼儿的衣着、鞋子是否便于运动，鞋带是否系牢，口袋中是否有硬物，衣服上是否有饰物，卫衣的帽绳是否系好，以免在运动中受伤，夏天还需要做好防晒等。

想一想

照护者在创设运动类游戏环境时主要考虑什么，为什么？

（二）活动中

典型案例

上午吃完水果后，老师会带着孩子们在后院做早操，之后会带领孩子们做一些简单的游戏，如猫捉老鼠、丢手绢等。这一天的游戏是猫捉老鼠，孩子们带上老师制作的猫和老鼠的头饰，扮演不同的角色。儒儒平时很喜欢跑动，听到老师说做游戏后兴奋不已，立刻跑了起来，结果脚底一滑摔倒了，头刚好碰在墙壁的凸起上。老师见状立刻跑过去，看见他额头有点血渗出，因为是先滑倒再碰上去的，老师首先判断伤势不会太重，但担心孩子会害怕，老师立刻用手按住伤口进行止血，并喊旁边的老师帮忙把孩子抱到保健室。在安抚孩子的同时，保健员进行伤口清洗、消毒、包扎。紧急处理后照护者立刻联系孩子的家长并告知详细过程，询问是否需要到医院就医。

以上案例对你有什么启示？

学习笔记

1. 根据婴幼儿的年龄特点安排活动

对于1岁以下的婴儿，应鼓励他们进行充分自由的身体活动，尤其是地板上的玩耍互动，清醒时每天趴卧至少30分钟(可分次进行)；1～2岁的幼儿每天至少有3小时的身体活动，其中包括30分钟的中高强度活动；2～3岁的幼儿每天至少3小时的身体活动，其中包括1小时的中高强度活动。注意动静结合、室内活动与户外活动结合，不同形式的活动交替进行，在天气适宜的情况下，每天户外活动要求不少于2小时。在雾霾、高温和寒冷天气可酌情减少户外活动时间，减少的时间用室内活动替代。

2. 提供多样化的运动方式

婴幼儿的运动应具有多样化。这里的多样化指的是多种目标、多种环境、多种强度、多种形式。多种目标是指提供给婴幼儿发展基本动作技能的游戏项目，锻炼婴幼儿的心肺功能、骨骼和肌肉，从而提高其灵敏性、协调和平衡能力。多种环境是指提供给婴幼儿室内、户外等环境，培养婴幼儿的多种感知和在不同环境中的适应能力。多种强度是指保证中等及以上强度的运动，需要循序渐进地提升。多种形式是指可以采用单独玩耍、同伴玩耍、小组玩耍和亲子互动的方式进行。

3. 调节婴幼儿的运动负荷

可以采用自然观察法进行评估，通过现场观察婴幼儿的脸色变化、出汗量、呼吸以及心跳速度等外显行为来判断活动量，如活动中婴幼儿的脸色发红、满头大汗、呼吸急促和心跳加快等，这说明活动量较大，需要提醒婴幼儿休息。对于较大的幼儿，可以通过观察他说话时的状态来判断。如果在运动中，幼儿可以讲短句子，但不能完整表述长句子，同时伴有微微出汗，这说明活动量中等；如果在运动中幼儿气喘吁吁，只能蹦几个字，不能连续说话，这说明活动量较大。同时，照护者还需要注意婴幼儿间运动量的个体差异，视其能力调整运动量。

学习笔记

4. 注意实时评估活动风险

运动中的婴幼儿喜欢尝试突破自己的“身体界限”，有时一路蹒跚，跌跌撞撞。同时，因婴幼儿缺乏生活经验，无法判断哪些事情是危险的，容易置自己于危险之中。照护者在了解婴幼儿的能力、理解他们的需求的同时应对婴幼儿的安全负责。根据运动类游戏的类型确定三级风险等级：完全安全(不需要看护)、不确定区域(需要看护)、非常危险(完全限制)。托育机构的大多数运动类游戏活动处于中间区域。对于这个等级的活动，照护者应该在每次活动中标记出那些让婴幼儿处于极度危险的活动，以及无法提供积极刺激或者没有刺激的活动，通过实时风险评估，及时制止可诱发风险的活动。

5. 注意按需开展婴幼儿的身体照护

照护者在活动中要及时了解婴幼儿的需求。对有如厕和饮水需求的婴幼儿及时提供帮助；对出汗较多的婴幼儿可将汗巾放于其背部帮助吸汗，提醒他们在活动中适当脱衣，防止婴幼儿在活动后因出汗而着凉；对运动中出现擦伤、跌倒等意外伤害的婴幼儿及时给予救助。

（三）活动后

1. 整理游戏器材

照护者组织婴幼儿一起整理运动器材，培养婴幼儿的规则意识和自理能力，其前提是保证需要协助整理的运动器材没有安全隐患，其整理在婴幼儿的能力范围内。

2. 及时洗手、补水

照护者要引导或帮助婴幼儿及时洗手，避免环境中带来的病原体引发疾病。同时，应让婴幼儿补充水分，但不能一次性喝太多，因为一次性喝大量的水，会增加心脏的负荷，严重的还会引起肠胃痉挛，因此，提醒婴幼儿喝水要适度。

3. 及时擦汗、 更衣

照护者要引导或帮助婴幼儿正确使用毛巾，将额头、身上的汗擦干。对出汗较多的婴幼儿，要及时为他们换下湿衣服。当婴幼儿的情绪平稳不再出汗时，要提醒或帮助婴幼儿及时穿上衣服，以免着凉。

典型案例

晨间活动结束后，保健员发现小诗神情紧张地坐在椅子上，用左手扶着右手，不像平时那样活泼好动。保健员让小诗动动右手，可是手臂动不了，还说疼，于是把她带到医院，她被诊断为右手手肘脱臼。事后了解到，当天晨锻的器械是轮胎，小诗很喜欢帮老师整理器械，在搬运轮胎时没有与其他人合作，而是一个人独自完成的。

从这个案例中，你受到了什么启示？

（四）运动类游戏中的回应性照护

1. 通过游戏照护建立安全的依恋关系

照护者通过事先的运动环境和器材的安全核查为婴幼儿提供安全的运动类游戏环境，充分考虑婴幼儿的生理和心理特点，为其量身打造合适的运动类游戏项目。在整个过程中，通过如厕、喝水、检查衣物、预备、游戏、整理等程序化流程让婴幼儿对运动游戏的各环节有所期待，从而建立信任。例如，游戏前通过提醒幼儿如厕、补充水分和检查婴幼儿的衣物等促进其安全依恋关系的建立。

2. 细致观察运动过程中婴幼儿的表现

在开展运动类游戏中，照护者应分工合作选择合适的站位，保证每个婴幼儿都能在观察到的视线范围内。注意观察婴幼儿在运动时的脸色、呼吸频率、说话状态、出汗量等生理特征，同时还需要观察是否有一定的潜在危险和协助需求，如婴幼儿可能会被困在一个游乐设备中，这时他也没有发出求助的信号。如果此时没有明显的、立即发生的危险，请耐心地给他时间来自己解决这个问题。如果发现在运动的过程中有危险行为，需要及时制止。

3. 对婴幼儿运动中的需求给予积极回应

在活动中，如果婴幼儿确实需要帮助，照护者要用轻微提示、鼓励的方式来帮助他们解决问题。我们要做孩子的辅助者，而不做领导者。例如，你可以说："我做什么能帮助你走出困境呢？要不我举起你的手臂，你抬起腿试试?"指导婴幼儿如何在安全性不确定的区域保证自身安全。例如，向他们解释为什么有些东西是不可触碰的，为什么有些事情是严格禁止的。可以通过提问的方式诱导婴幼儿思考："如果你做……会有什么后果?"照护者应准确识别并及时、富有感情、保持一致地对婴幼儿做出与其发育水平相应的回应。

4. 对婴幼儿的回应进行实时反馈

对通过自己的努力处理问题的婴幼儿要及时表扬。表扬的内容要具体，类似于"做得好"这样的表扬并不会对他下一次该怎么做有所帮助。复述上述问题的解决方法，他就知道刚才哪里他做得好。例如，"我喜欢你刚才抬起膝盖来摆脱困境的方法。"那么，当下一次被卡住时，他可能就会记得抬起膝盖。

二、 安静类游戏照护

安静类游戏让婴幼儿去消化他们在活动中的所思所想、所作所为。安静类游戏包括手工创作(画画、做手工和搭积木)、角色扮演和讲故事、听故事等。

（一）活动前

1. 环境准备

根据安静类游戏活动的类型选择对应的合适区域，并做好该区域的安全性核查和环境的清洁消毒，并根据游戏内容布置好相应的环境。例如，建构区和阅读区要提供充足的质地柔软的物品，如靠垫、地垫、塑料泡沫垫等，这些在活动和休息时都会需要，能让婴幼儿舒服地躺下、坐着。在美术、烹饪或玩水活动时，提供质地坚硬的地面，坚硬的表面更容易清洁。例如，在塑料洗脸盆下面垫上防滑垫，可以让婴幼儿安全地玩水，同时也不至于把周围弄得很乱。

2. 物品准备

罗列托育机构安静类游戏活动玩教具资源目录，包括认知类、语言类、建构类、艺术类(美术、音乐)等玩教具的名称、材料、玩法、适合的年龄阶段等信息，在活动开展前根据婴幼儿的活动内容选择适合的玩教具，这些玩具都是定期进行清洁与消毒的，并对相应的玩教具进行安全性核查。

3. 人员准备

照护者针对游戏活动的内容帮助婴幼儿做好活动前的准备，如提醒婴幼儿如厕，为婴幼儿换上游戏活动需要的服装并提供其他个人物品。

（二）活动中

1. 选择适宜的玩具

照护者应根据婴幼儿的发展阶段选择合适的玩具，尽量选择有多种玩法的玩具。婴幼儿的玩具不一定都是购买的，也可以用生活中的一些物品做玩具，如小盒子、小瓶子、树叶、石子等，在用它们做玩具时，需要清洗消毒后使用，确保投放在游戏环境中的每一个物品都是安全、可触摸的。

2. 投放适量的玩具

照护者需要确定适量的玩具。一次不要投放太多玩具，过多的玩具会产生过度刺激，或导致过多的感官输入。拥有过多玩具的婴幼儿会比较兴奋，容易分心；拥有太少玩具的婴幼儿会因外在刺激过少而感觉无聊。照护者可以根据观察婴幼儿的行为来判断玩具的数量是否合适，确保玩具数量适宜。玩具的最佳数量还会根据不同的时间点、儿童的人数以及季节而变化。

3. 提供适当的引导与互动

照护者在陪伴婴幼儿玩耍时，既要提供婴幼儿探索的自由，又要有适当的引导与互动。当婴幼儿沉浸于某个玩具时，照护者可以在一旁观看，也可以用语言描述他的行为，进行适当讲解，如“你把大块积木放在最底下，再把小的放在上面，这样会搭得又高又稳”，这样可以促进婴幼儿认知能力的发展。照护者的关注和鼓励会激发婴幼儿继续探索的热情。当婴幼儿遇到困难时，照护者可以给予适当的指导和帮助，也可以做示范帮助婴幼儿掌握一些技巧，使婴幼儿掌握解决困难的办法。

4. 不要过多干扰婴幼儿

照护者在陪伴婴幼儿玩耍时注意不要过多打扰他们。当婴幼儿全身心投入游戏时，照护者不要一会儿问要不要喝水，一会儿问需不需要帮助，过多的打扰可能影响婴幼儿专注力的发展。婴幼儿有自己独特的思维，可能会表现出一些不是常规传统的玩法，照护者不要用传统的思维引导婴幼儿，从而影响婴幼儿创造力和想象力的发展。

学习笔记

拓展阅读

婴幼儿游戏中的成人角色

1. 鼓励婴幼儿间的互动，然后退到一边。
2. 实施选择性干预措施。
3. 提供适合婴幼儿游戏的时间、空间和材料。
4. 陪伴婴幼儿进行游戏，但不干预。
5. 确保婴幼儿的安全。
6. 支持婴幼儿自己解决问题。
7. 必要时提供“脚手架”。
8. 观察婴幼儿。

学习笔记

（三）活动后

1. 整理及收纳

活动引导或帮助婴幼儿一起完成玩具及其他物品的整理，有利于培养婴幼儿的秩序感。

2. 及时洗手、如厕

活动结束后，照护者给没有学会自主如厕的婴幼儿更换纸尿裤，引导会自主如厕的幼儿有序如厕；帮助婴儿做好手清洁，帮助或指导幼儿自主洗手。

典型案例

托大班的一个小朋友在椅子上突然重心不稳摔了过去，额头碰到了前面的洗手台，老师连忙抱起他，发现他的额头被碰了一个包，擦破了皮。老师赶紧抱孩子来保健室处理伤口，工作人员用碘伏给他消毒。

以上案例给了你什么启示？

学习笔记

（四）安静类游戏中的回应性照护

1. 通过游戏照护建立安全的依恋关系

照护者通过事先的游戏环境、玩具和材料的安全性核查为婴幼儿提供安全、信任的探索环境，充分考虑婴幼儿的生理和心理特点，并根据婴幼儿的需要和发展配置相应的游戏活动区(如角色扮演区、阅读区、建构区、艺术活动区等)，通过提供适宜的、丰富的材料满足婴幼儿自主游戏的需要。在整个过程中，照护者通过环境创设、情景导入、自主游戏、整理等程序化流程让婴幼儿对游戏的各环节有所期待，建立信任。

选择性干预：是指在游戏中用于保护婴幼儿，以及在必要的时候帮助婴幼儿发展的干涉或打断。

2. 细致观察游戏过程中婴幼儿的表现

在开展安静类游戏中，照护者应分工合作选择合适的位置，也可以与婴幼儿共同参与到游戏中，保证每个婴幼儿都能在照护者的视线范围中，注意观察婴幼儿游戏中的表现是否与其发展阶段相一致，观察婴幼儿的兴趣，评估婴幼儿在游戏过程中出现的问题哪些是需要帮助解决的，从而为后续的回应及其游戏环境的调整做准备。如果发现婴幼儿在游戏过程中有危险，照护者需要及时给予制止或排除。

想一想

为什么照护者在鼓励婴幼儿进行互动后应该退到一旁观察?

3. 对婴幼儿游戏中的需求给予积极回应

在婴幼儿游戏中，照护者陪伴在旁边，然后退到一边观察，采取选择性干预进行支持，应鼓励婴幼儿间的互动，不要打断那些全身心投入游戏中的婴幼儿，鼓励婴幼儿用自己的方式学习。只有婴幼儿需要的时候，照护者才能进行干预，包括身体的需求和游戏指导的需求，并给予积极回应。

学习笔记

发现婴幼儿对游戏的环境和材料没有兴趣时需要及时调整；对通过自己的努力处理游戏过程中的问题的婴幼儿要及时表扬，表扬的内容要具体；对婴幼儿在游戏过程中出现的不良行为进行约束时，态度要坚定，语调要平静而温和。例如，在游戏结束后如果观察到个别幼儿有不整理玩具等行为，照护者要用温和的语调耐心地给予其动作示范或提醒。

学习效果检测

一、思考题

1. 讨论运动类游戏可能存在的安全隐患。
2. 讨论安静类游戏可能存在的安全隐患。
3. 如何根据婴幼儿的年龄特点安排活动?
4. 简述不同月龄婴幼儿适合的运动形式及原则。

二、实践应用

1. 调查5所托育机构，了解这些托育机构户外活动的主要活动形式，并统计一日户外活动的时长，思考这些活动是否适宜，为什么?

2. 调查5所托育机构，了解这些托育机构安静类游戏的主要活动形式，并思考这些活动是否适宜，为什么?

三、案例分析

1. 晨练时间，托育机构的孩子去户外运动，地上摆放了很多户外运动器械。进行了几轮运动后，我发现地上的呼啦圈有点脱离原来设计的轨道，就走过去调整，突然听到身后“扑通”一声，转身看到小锃趴在木质的板凳桥上大哭，而板凳桥已经翻倒在地。我赶紧走过去拉开了他的手，发现他满嘴都是血，我立刻组织剩下的孩子，让另一个老师带他去保健室止血，并打电话给孩子妈妈，孩子最后到医院缝了两针，我们园方诚恳的道歉得到了家长的谅解。

请你评价照护者的做法，并分析以上事件发生的原因。

2. 允许婴幼儿用他们自己的方式来学习，不要进行干预。如果你能耐心地观察他们，你将会发现婴幼儿可以自己解决很多问题。即使在你认为必须提供帮助的情况下，婴幼儿或许也不需要你的帮助。我们太疼爱孩子，以至于会认为"孩子想要那件玩具，可是够不着"。这样的想法会促使我们把玩具放到孩子手里。我们在帮助婴幼儿时传达出的信息却是："你需要我们，我们是无所不能的巨人，而你却是个无助的小孩子。"这并不是我本意想要传达给孩子的信息。我会等到孩子发出"我无法独立应对它"这一信号时再去帮助他们。

对于以上的说法，你认可吗？并对此进行解释。

学习模块三
健康管理

婴幼儿的健康与安全牵动着家长和托育机构照护者的心。托育机构的健康管理对保护和促进婴幼儿的身体健康至关重要。《托育机构管理规范（试行）》要求托育机构应当按照有关托儿所卫生保健的规定，完善相关制度，切实做好婴幼儿和工作人员的健康管理。你知道我国托育机构健康管理的相关法规规范和制度要求吗？托育机构健康管理包含哪些知识和技能？你会妥善处理婴幼儿健康管理中遇到的常见与特殊问题吗？

学习导图

- 健康管理
  - 健康检查
    - 健康检查的对象与要求
    - 生长发育检测
    - 健康档案
  - 体格锻炼
    - 体格锻炼的价值与原则
    - 体格锻炼的时间与方法
    - 婴幼儿的动作发展与训练
  - 健康教育
    - 健康教育计划的制订
    - 健康教育活动的开展

学习任务一
健康检查

学习初体验

针对 0～3 岁婴幼儿，在健康管理方面有哪些管理规范的要求？实际操作中会遇到哪些问题？请结合自身的经历或进入托育机构，通过现场观察及访谈，思考并梳理如何把好健康检查、体格锻炼和健康教育关，充分体现托育服务的重要价值。请记录你的观察和结论，学完本任务后再来看看最初的记录。

学习任务单

项目	内容
学习目标	学完本任务后，你应该能够 ①了解婴幼儿健康检查的基本项目与具体内容。 ②熟悉婴幼儿入托健康检查的基本要求、体格生长指标的测量与评价。 ③掌握婴幼儿健康检查的基本操作技术，如晨检和全日观察的基本方法与操作流程、入托体检的关键检查环节与注意事项。 ④在婴幼儿入托时，精准把控入托条件。 ⑤妥善处理入托及在托一日生活中可能出现的健康问题，并做好健康档案的管理。 ⑥感受敬佑生命、护佑健康的重要性和专业性。
学习要点	本任务的重点、难点 ①掌握健康检查的规范要求。 ②掌握晨检、生长发育评定的技术操作和管理健康档案。 ③处理健康检查中可能遇到的个性化问题。
学习建议	学习前 ①完成本任务中的学习初体验活动。 ②认真阅读《托儿所幼儿园卫生保健工作规范》《3 岁以下婴幼儿健康养育照护指南(试行)》等文件中的相关规定。 学习中 ①完成本任务中的相关活动。 ②查阅资料，并深入托育机构现场，向保健老师、招生老师、园长、照护者以及家长等多方了解情况、搜集案例。

续表

项目	内容
学习建议	学习后 ①完成本任务后的学习效果检测。 ②系统思考婴幼儿入托与健康管理的流程，并争取在实践中体会。
学习运用	你觉得在哪些工作场景中可以运用到所学知识？(学生填写)
学习反思	记录你在学习过程中的思考。(学生填写)

情景导入

学习笔记

某托育机构经过紧锣密鼓的准备，把室内打扫得干干净净，活动场所布置一新并顺利通过了相关项目的验收，招生工作准备启动。

在婴幼儿入托前，托育机构在健康管理方面需要做哪些准备？入托体检要到哪里去做，需要做哪些项目？如何界定是否可以入托？婴幼儿入托后，每天来园要做哪些检查才可以进班？在园一日生活中需要关注哪些方面？如何完整地保留在托婴幼儿的健康管理资料并为日后的管理工作奠定基础？

一、 健康检查的对象与要求

从婴幼儿进入托育机构的第一天开始，健康检查便陪伴着他们。完善的健康检查制度就像一双无形的手，保护着集体生活中的孩子们。

（一）健康检查的对象与类型

健康检查的对象包括新入园的和已经在园的婴幼儿及托育机构全体工作人员。《托儿所幼儿园卫生保健工作规范》明确指出，托育机构的健康检查包括儿童健康检查和工作人员健康检查。儿童健康检查包括入园(所)健康检查、定期健康检查、晨午检及全日健康观察，工作人员健康检查包括上岗前健康检查、定期健康检查。

（二）健康检查的要求

1. 入托健康检查

第一，婴幼儿在入托前必须到当地妇幼保健机构或卫生行政部门指定的医疗卫生机构进行规定项目的全身体格检查，经检查合格后才能入园。

第二，婴幼儿入托，保健员应当查验“儿童入园(所)健康检查表”“0～6 岁儿童保健手册”“预防接种证”。健康检查表上的项目应填写完整、正确，体检一个月内有效。对入园儿童预防接种证进行认真核查，并认真登记好每个婴幼儿的预防接种情况，若发现无预防接种证或未依照国家免疫规划规定剂次接种的儿童，应当在 30 日内向所在地接种单位或县级疾控机构报告，给家长发放预防接种补种单(做必要的家园沟通提示)，督促家长及时带婴幼儿前去补证或补种并负责补证或补种后的接种证复验。每学期至少收集并查看一次在园婴幼儿的预防接种完成情况，若发现有漏种现象，及时与家长沟通。

扫一扫

想要了解《儿童入托、入学预防接种证查验办法》，请扫二维码。

第三，婴幼儿转园，应凭原在园的健康检查表和无传染病接触史的转园证明。婴幼儿离开园三个月以上，重新体检后方可再入园。

第四，有严重的先天性心脏病、裂腭、癫痫、中度以上智力低下(不适应集体生活、不能接受教育)等疾患的婴幼儿未矫治前不宜入园。

想一想

入园前来报名的家长介绍孩子有哪些疾病史时，需要考虑签署家园沟通备忘录？

第五，入园体检时发现疾病应及时治疗，患营养不良、贫血等可以入园后矫治。发现疑似传染病者，应暂缓入园。患传染病者应隔离治疗，痊愈且隔离观察期满后凭指定医疗机构出具的“返园证明”并经保健员检查后方可入园。

学习笔记

第六，如果家长在报名时提及婴幼儿曾有先天性疾病、高热惊厥频发等有潜在安全隐患的情况，则建议与家长签署相关情况备忘录并收集相关资料，商定对婴幼儿的特殊护理措施(含家园沟通等约定)，相关班级照护者做书面工作提示，将其纳入安全管理责任范围。

2. 晨间检查

(1)物品准备

手电筒、三色晨检牌、高度达到与多数幼儿平视的晨检椅、压舌板、体温计、医用棉签、晨检车或台、标签纸、记录笔、洗手液、擦手毛巾(数量足够)、纸巾、呕吐包、指甲刀、医用外科口罩、医用一次性手套、一次性纱布块、隔离服等；酒精棉片、安尔碘或碘伏、双氧水、速干手消毒剂、创可贴等。

(2)晨检步骤

扫一扫

想要了解托育机构晨检的相关内容，请扫二维码。

婴幼儿入园先筛查体温，洗手后再晨检。晨检步骤包括一问、二看、三摸、四查、五记录。

一问：在家饮食、睡眠、大小便情况，有无发热，传染病接触史、有无外出史，以及其他相关症状。

二看：面色、精神状况、皮肤与口腔黏膜眼结膜等。

三摸：额头、腮腺、淋巴结。

四查：是否携带不安全的物品和食品，检查个人卫生情况。传染病流行季节检查相应部位，根据传染病的观察要点进行有针对性的观察，如出现发热、咳嗽、乏力、呼吸不畅、腹泻等疑似传染病的症状，不予进园。

五记录：正常情况下与班级做晨检交接；发现异常问题，及时做好记录。

(3)委托服药

由保健员收下家长带来的处方药(病历卡)，核对姓名、药名、剂量、用药时间和方法等，做好记录，按时给婴幼儿用药。接受委托服药时，要落实以下管理要求。

①婴幼儿在园服药。

家长委托的药品必须是婴幼儿本次生病就医的处方药。保健员核清病例原件、留存对应病历的复印件(或照片)，方可接纳家长的“委托喂药”。委托登记信息要详尽并签全名。无病历医嘱及家长委托签名的，托育机构不能擅自喂药。所有需要托育机构代喂的药品，家长要亲自交给保健员，原则上不接受口头(电话)委托以及未成年人的委托喂药。保健员要认真复核家长登记的药品情况，对于没有标明药品名称的药物(如散装药粉、中药、水剂等不明成分的药物或者保健品)及不对症的药品，保健员应拒绝喂药。婴幼儿服药，保健员要在全日观察记录本上做详细记录以便照护者配合观察。药品须由保健员亲自喂服，使用当日消毒专用服药杯，做好“三查”“五对”“一注意”，严防差错事故的发生。给多个幼儿喂药时，须喂完一人后再喂另一人。

②保健室药品的配备与管理。

保健室严禁配备处方药，只按儿保所规定的目录配备基础非处方药(OTC 标识)且不能擅自使用。日常做好采购人、有效期和使用登记，上锁管理(见图 3-1-1)。严禁擅自给婴幼儿集体服用任何药品，如含有黄芪的保健茶。如果家长不愿让婴幼儿服用，照护者需请家长签名确认(建议园所对各季节的营养保健茶品名、成分、保健效果做详细说明)。药品的采购渠道及资质应符合要求，专人专账专柜专锁管理，严格按药品说明书使用，严格控制每次的申领数量。

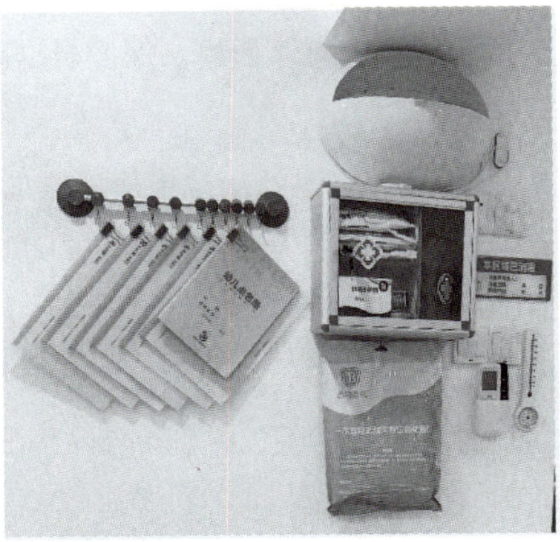

图 3-1-1 托育机构配备小药箱上锁图

必备记录：家长委托服药记录、晨检与全日观察记录、晨检发现异常记录。

学习笔记

(4)晨检的常见问题及处理方法

晨检的常见问题及处理方法见表 3-1-1。

表 3-1-1　晨检的常见问题及处理方法

常见问题		处理方法提示
分离焦虑，不愿晨检		加强早入园接待力量/分散注意力/补检
手卫生	指甲长	家长现场处理为主/紧急必要时现场或班级处理
	洗手问题	分类现场引导/班级引导/健康宣导
健康方面	紧急	现场应急处理/送医(家长/园方)
	无传染相关	家长带回就医/居家观察/观察室留观/委托服药等
家园共育	家长不配合	耐心解释/园领导协调支持/制度执行/规范宣导
	家长配合	前置(出发前测温/健康异常告知/家园平台互动)
安全问题	服饰方面	健康安全宣导/班级处理/层层把关、共性研讨
	自带玩具	引导、消毒、安全、保管
	自带水杯	水温、标识、清洁消毒、引导

学习笔记

(5)晨检牌的发放

给晨检无异常的婴幼儿发放晨检牌。晨检牌建议基础颜色设定为红、绿、黄三种，并参考交通指示灯的概念赋予晨检牌所代表的晨检情况。绿灯行，绿色晨检牌表示健康；红灯停，红色晨检牌表示生病需要在园服药；黄灯亮了等一等，黄色晨检牌表示需要对婴幼儿加强观察。如此操作简单易懂、方便记忆，可间接起到教育的作用。同时要求婴幼儿知晓晨检牌的含义，使其起到应有的提示作用。

(6)晨检工作要求

①做到“四无”。

“四无”即无不安全物品、食品带入，无不宜入园(所)的婴幼儿进班(如潜在或存在的传染病症状体征等)，无错收药品的情况，无查实有误的家长投诉。

②晨检率达到 100%。

在现有条件下，定点定位、过道式有序晨检。保健员准时到岗，并在规定时间内坚守岗位，保证婴幼儿随到随检。

有结合本园实际情况的切实可行的迟到补检措施。例如，托育机构重视照护者、婴幼儿及家长的晨检宣传，各方配合；门卫通知迟到的婴幼儿到保健室补检，领取晨检牌；保健员因故不在岗时，班级先初检再通知保健补检，衔接要到位；管理人员巡班时要注意检查核对，确保晨检牌数量和个别沟通补检数与每日实到人数相符。有信息化平台的托育机构可以同时注意网上请假、晚到等特殊情况的比对。

③监控晨检质量。

照护者要高度关注婴幼儿的晨检情况，核对来园婴幼儿是否接受过晨检，进班二次晨检，对于配合度不高的新生、使用纸尿裤的小月龄婴幼儿的皮肤等情况要特别关注。保健员到班级核对人数与晨检牌数量是否相符，对服药及其他个别需要观察的婴幼儿重点关注。园领导重点抽查晨检效果(按评价要点进行)。发生传染病时，照护者要重点把关生病返园的婴幼儿，查看相应病历和返园证明。

④晨检注意事项。

师生入园先测温。体温低于 37.3℃方可进入园区，注意测温仪精准的定期校对、天气情况对户外测温的影响；所有使用测温仪人员均应掌握正确的测温操作方法。

注重形象。晨检时必须穿着整洁的保健专用工作服，亲切对待婴幼儿和家长。防疫时期按要求做好个人防护，减少交叉感染的机会。寒冷天气，调适洗手水温，保健员要注意手部保暖，避免手太凉让婴幼儿产生抵触情绪。

注意光线。例如，在室内晨检，注意晨检厅光线，必要时开灯；无论是室内晨检还是室外晨检，检查口腔时必须使用手电筒。小月龄婴幼儿因分离焦虑哭闹、不配合晨检时，可由照护者抱开安抚，情绪稳定后再补检；对于临时抱开的婴幼儿，保健员也要及时记录，确保无一遗漏。

3. 婴幼儿全日观察

第一，保健员除了每日晨检之外，每日上午、中午、下午至少三次巡视各班级，检查并向班上的照护者了解婴幼儿的健康状况，如有可疑或异常应及时处理。

第二，由照护者执行并做好记录，重点注意发热、呕吐腹泻、呼吸道症状、食欲与精神状况、小便颜色、大便性状、出血与皮疹等情况，睡前安全检查，起床午检，出现异常情况应及时报告给保健员。

第三，处于医学观察期的重点班级，除了照护者之外，保健员应加强观察与指导，及早发现传染病，及时采取措施。

第四，对患病和体弱的婴幼儿加强生活护理，照护者若发现异常情况应立即与保健员联系，并做好全日观察记录。

4. 婴幼儿定期体检

第一，承担婴幼儿定期体检的医疗卫生机构及人员应当具有相应的资格。婴幼儿定期体检项目包括测量身长(身高)、体重等。

第二，体检的次数根据婴幼儿的月龄而定。在婴幼儿满月、3 个月、6 个月、8 个月、12 个月、18 个月、24 个月、30 个月和 36 个月时监测其健康状况，及早发现消瘦、超重、肥胖、发育迟缓、贫血、维生素 D 缺乏佝偻病、眼病、听力障碍及龋病等健康问题。

第三，3 岁以上幼儿每半年测身高、体重一次，每学期检查视力一次，所有在园的婴幼儿每年检查血红蛋白一次。

第四，定期体检率 100%，对新入园未满一个月者可不列入应查人数之内，但应做登记统计。定期体检后要进行婴幼儿健康状况分析评价和疾病统计，针对检查出来的可矫治疾病，制订矫治计划，算出矫治率，直至痊愈。对患病婴幼儿，做好专案管理，做好登记、统计工作。

5. 工作人员健康检查

第一，工作人员每年一次必须到本区(县)妇幼保健院(所)进行检查，检查项目可参考《托儿所幼儿园卫生保健工作规范》的内容。工作人员体检合格，由健康检查单位签发“健康证明书”后方可上岗工作。工作人员岗前体检率和每年定期体检率要达到100%。

第二，患精神病或有精神病史、有严重生理缺陷者不得在托育机构工作。

第三，托育机构发现工作人员患传染病疑似病例未确诊和排除前，以及病原携带者应暂时调离工作岗位。疑似病人在排除患传染病后、原携带者经治愈后，持医院证明方可恢复工作。

第四，工作人员若有传染病密切接触史，须向园负责人报告，暂时调离工作岗位接受医学观察，观察期满且无症状再做检查，正常者可恢复工作。

第五，工作人员每日上岗前必须洗手并接受保健员的晨检。

第六，凡患有下列症状或疾病者须离岗，治愈后须持县级以上人民政府卫生行政部门指定的医疗卫生机构出具的诊断证明，并取得托育机构工作人员健康合格证后，方可回园工作。发热、腹泻等症状，流感、活动性肺结核等呼吸道传染性疾病，痢疾、伤寒、甲型和戊型病毒性肝炎等消化道传染性疾病，淋病、化脓性和渗出性皮肤病等。

二、 生长发育检测

婴幼儿的健康不仅表现为没有疾病或虚弱，而且还表现为身体、心理和社会功能的完好状态以及潜能的充分发展。监测婴幼儿体格的生长、心理行为的发育和社会适应能力的发展，是保障和促进婴幼儿健康成长的重要手段。

（一）体格检查

扫一扫

想要了解体重测量的相关内容，请扫二维码。

1. 体重测量

体重是较易获得的反映婴幼儿生长与营养状况的指标。婴幼儿出生后体重为非等速增长。正常足月婴儿在出生后头3个月的体重增长速度最快，平均每月增加1～1.2 kg，出生后3个月时的体重约为出生时体重的2倍；婴儿1岁时的体重约为出生体重的3倍，此为出生后的第1个生长高峰；2岁时的体重约为出生时的4倍。可通过下列公式粗略估计婴幼儿的体重。

3～12个月体重(kg)=(月龄+9)/2

1～3岁体重(kg)=年龄(岁)×2+8

(1)工具选择

电子体重秤。

(2)测前准备

体重秤清零，婴幼儿应该脱去外衣、鞋帽，排空小便。

(3)测量方法

婴幼儿体位：婴儿躺位，幼儿1～3岁坐位，3岁以上站位。站位测量时，幼儿站在秤台中央，双手自然下垂。

读数：待数据稳定后读数。记录时，需要去除婴幼儿衣服的重量。体重记录以千克(kg)为单位，保留小数点后 2 位。

2. 身长/身高测量

扫一扫

想要了解身长/身高测量的相关内容，请扫二维码。

身长/身高：指头顶到足底的长度，是头部、脊椎与下肢长度的总和。因 3 岁以下幼儿立位测量不准确而采用仰卧位测量，故被称为身长，3 岁以后采用立位测量，被称为身高。立位和仰卧位测量存在 1～2 cm 的差距，而世界卫生组织的标准参考值分为 0～2 岁和 2～5 岁，以 2 岁为界限。身长/身高的增长规律与体重相似，年龄越小，增长越快。出生时平均身长为 50 cm；出生后 3 个月时的身长约为 62 cm；第 3 个月后每月身长的增加速度减慢一半，平均每月增加约 2 cm；出生后半年，平均每月增加约 1 cm；1 岁时身长可达到 75 cm，约为出生时身长的 1.5 倍。出生后第 2 年身长平均增加 11～12 cm，到 2 岁时身长约为 87 cm，2 岁后到青春期开始前身长平均每年增长 5～7 cm。保健员掌握身长/身高的增长规律，对生长发育测评及家园沟通很有帮助。可通过下列公式粗略估计婴幼儿的身高。

1 岁以后平均身长的计算公式：身长(cm)＝ 年龄(岁)×5＋80

(1)工具选择

3 岁以下婴幼儿量身长使用卧式测量床，其刻度可读至 0.1 cm。

(2)测前准备

测量前足板必须与头板平行，与底板垂直。婴幼儿应脱去外衣、鞋帽。

(3)测量方法

婴幼儿体位：仰卧于量床中线上，头顶接触头板，面向上，两耳在同一水平上，两侧耳郭上缘与眼眶下缘的连线与量板垂直。

测量者：位于婴幼儿右侧，将左手置于婴幼儿的膝部，使其固定，用右手滑动滑板，使之紧贴足跟。

读数：量床两侧的读数应保持一致，然后读数。婴幼儿的身长记录以厘米(cm)为单位，保留小数点后 1 位。

3. 视力检查

(1)工具选择

1.5～4 岁幼儿使用儿童图形视力卡或点视力检查仪。4 岁以上幼儿使用国际标准视力表或对数视力表，3～4 岁幼儿若能配合也可使用。

(2)测前准备

检查视力时，幼儿应站在距离视力表 5 m 处。国际标准视力表的悬挂高度应使视力表 1.0 行与幼儿的双眼大致水平，对数视力表的悬挂高度应使视力表 5.0 行与幼儿的双眼大致水平。

(3)测量方法

检查时应遮盖一只眼睛，另一只眼睛睁大，不能眯眼、斜视或歪头，双眼分别进行检查，从最大视标开始。每行选择最外侧的一个视标依次向下。当幼儿辨认出现困难时，开始检查上一行的全部视标。

记录幼儿所测得的最佳视力，以能辨认出半数及半数以上视标的一行为准。

学习笔记

4. 体格检查中的注意事项

提醒婴幼儿体格检查前一晚最好洗个澡，换上干净的衣服，尽量穿宽松舒适的衣服，便于穿脱；体检的环境要干净整洁，做好环境的清洁和消毒工作；将体检器械和体检手册准备好，测量仪器校对准确；对于婴儿，尽量选择在两顿奶之间清醒、安静的状态下进行体检；在对婴幼儿进行体检时，要事先给予言语提示，动作温柔，便于婴幼儿配合；直接接触婴幼儿的皮肤，需要事先将手搓暖。

（二）体格生长监测

指导家长使用0～3岁儿童生长发育监测图(见图3-1-2、图3-1-3)进行家庭自我监测。若儿童体重、身长/身高等体格生长水平低于第3个百分位或高于第97个百分位，或者出现生长速度平缓或下降或突增，应提醒家长带婴幼儿及时就诊。

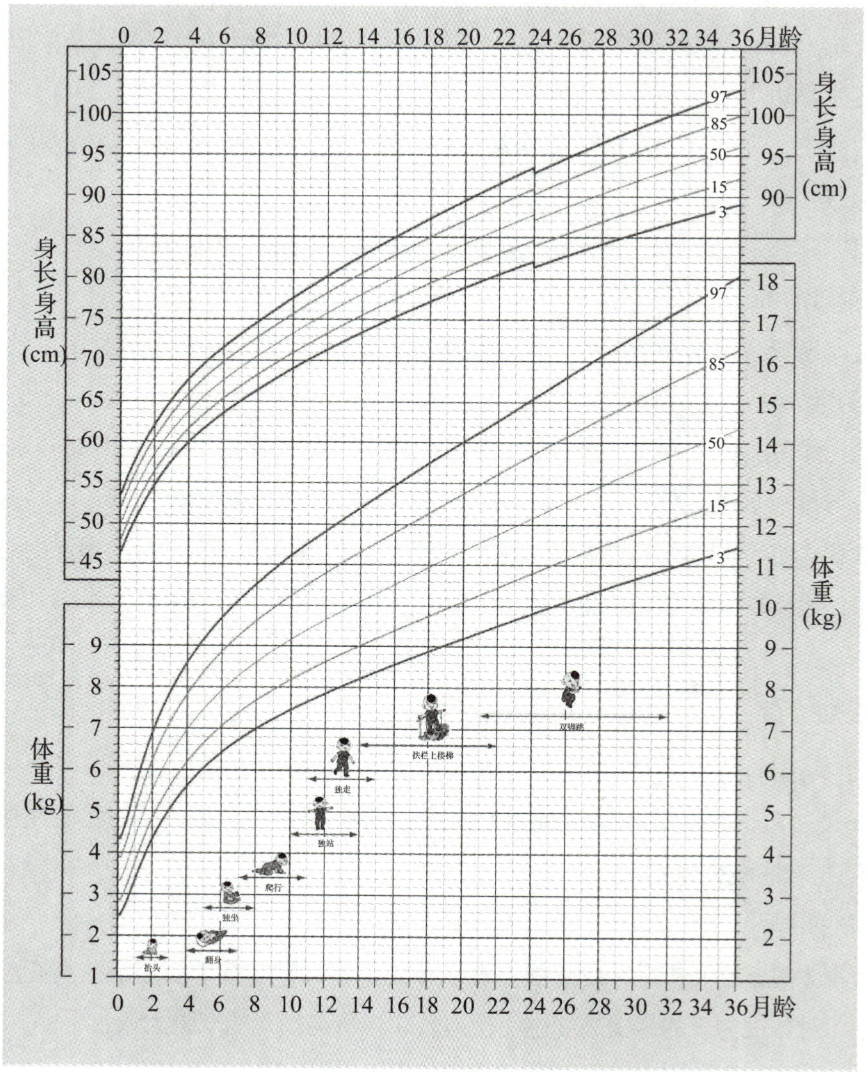

图 3-1-2 0～3岁男童生长发育监测图

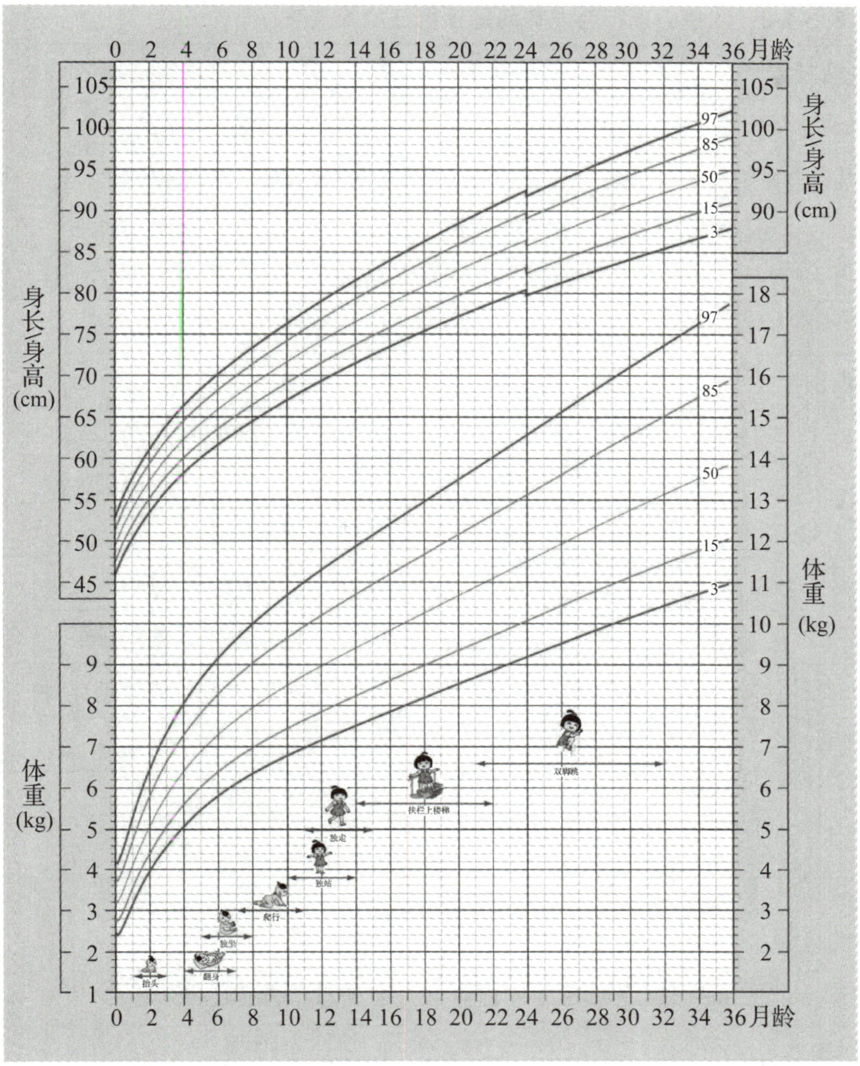

图 3-1-3 0～3 岁女童生长发育监测图

（三）心理行为发育监测

婴幼儿的心理行为发育涉及感知、认知、粗大动作、精细动作、语言、社会适应与交往等多方面。照护者应及时了解 0～3 岁婴幼儿的心理行为发育里程碑；在接受国家基本公共卫生服务项目 0～6 岁儿童健康检查时，积极配合进行儿童心理行为发育问题预警征象筛查(见表 3-1-2)等，及时发现发育偏异的可能和风险，进一步进行评估和早期干预。

学习笔记

表 3-1-2　儿童心理行为发育问题预警征象筛查表

年龄	预警征象		年龄	预警征象	
3 个月	1. 对很大的声音没有反应	□	30 个月	1. 不会说 2～3 个字的短语	□
	2. 逗引时不发音或不会微笑	□		2. 兴趣单一、刻板	□
	3. 不注视人脸，不追视移动的人或物品	□		3. 不会示意大小便	□
	4. 俯卧时不会抬头	□		4. 不会跑	□
6 个月	1. 发音少，不会笑出声	□	36 个月	1. 不会说自己的名字	□
	2. 不会伸手抓物	□		2. 不会玩“拿棍当马骑”等假想游戏	□
	3. 紧握拳松不开	□		3. 不会模仿画圆	□
	4. 不能扶坐	□		4. 不会双脚跳	□
8 个月	1. 听到声音无应答	□	4 岁	1. 不会说带形容词的句子	□
	2. 不会区分生人和熟人	□		2. 不能按要求等待或轮流	□
	3. 双手不会传递玩具	□		3. 不会独立穿衣	□
	4. 不会独坐	□		4. 不会单脚站立	□
12 个月	1. 呼唤名字无反应	□	5 岁	1. 不能简单叙说事情的经过	□
	2. 不会模仿“再见”或“欢迎”的动作	□		2. 不知道自己的性别	□
	3. 不会用拇食指对捏小物品	□		3. 不会用筷子吃饭	□
	4. 不会扶物站立	□		4. 不会单脚跳	□
18 个月	1. 不会有意识地叫“爸爸”和“妈妈”	□	6 岁	1. 不会表达自己的感受或想法	□
	2. 不会按要求指人或物	□		2. 不会玩角色扮演的集体游戏	□
	3. 与人无目光交流	□		3. 不会画方形	□
	4. 不会独立行走	□		4. 不会奔跑	□
24 个月	1. 不会说 3 个物品的名称	□			
	2. 不会按吩咐做简单的事情	□			
	3. 不会用勺吃饭	□			
	4. 不会扶栏杆上楼梯/台阶	□			

注：检查有无相应年龄的预警征象，如果发现相应情况就在“□”内打“√”。该年龄阶段任何一条预警征象阳性，均提示有发育偏异的可能。

（四）眼病的预防与照护

托育机构应提高对视力不良和近视的防控意识，引导家庭定期主动接受儿童眼保健和视力检查服务，完成各年龄阶段的眼病筛查、视力和“远视储备量”的监测，以及早发现和治疗早产儿视网膜病变、先天性白内障、视网膜母细胞瘤等致盲性眼病，预防近视的发生。

托育机构应保证婴幼儿充足的睡眠和户外活动时间，减少持续近距离用眼时间，保持婴幼儿眼部的清洁卫生。2 岁以下的婴幼儿不建议观看或使用电子屏幕；2 岁以上的幼儿观看或使用电子屏幕时间每天累计不超过 1 小时，每次使用时间不超过 20 分钟。若婴幼儿出现以下症状，如不能追视、对外界反应差，看东西时凑近、眯眼、皱眉、斜眼、歪头，瞳孔区发白、畏光、流泪、眼部发红或有脓性分泌物等，应及时就诊。

（五）听力障碍的预防与照护

托育机构应指导家庭积极主动接受儿童耳及听力保健服务，注意观察婴幼儿对声音的反应和语言发育的情况。在日常养育中，照护者应使婴幼儿远离强声或持续噪声环境，避免婴幼儿去有强工业噪声、娱乐性噪声的场所；避免婴幼儿使用耳机；洗澡或游泳时防止婴幼儿呛水和耳部进水；不要自行为婴幼儿清洁外耳道，避免损伤；避免婴幼儿头部、耳部外伤和外耳道有异物；婴幼儿罹患腮腺炎或脑膜炎后，应注意观察其听力变化。若发现婴幼儿有以下情形之一(耳部及耳周皮肤异常；外耳道有分泌物或有异常气味；有拍打或抓挠耳部的动作；有耳痒、耳痛、耳胀等症状；对声音反应迟钝，或有语言发育迟缓的表现；头常常往一侧歪，或对呼唤无回应)，应及时就诊，接受进一步评估。

（六）龋病的预防与照护

婴幼儿萌出第一颗乳牙时就应开始清洁牙齿。照护者可根据月龄选用纱布、指套牙刷、儿童常规牙刷为婴幼儿清洁牙齿。建议使用儿童含氟牙膏，牙膏使用量为米粒大小。尽量避免婴幼儿餐间摄入含糖食物，饮水以白开水为主。照护者不应将食物嚼碎后再喂给婴幼儿，不应与婴幼儿共用餐具，婴幼儿喂养器具应经常清洗消毒。从第一颗乳牙萌出到 12 个月龄，进行第一次口腔检查和患龋风险评估，之后每 3～6 个月定期检查。对患龋中、低风险的婴幼儿，每年使用含氟涂料 2 次；对患龋高风险的婴幼儿，每年使用 4 次。一旦发现牙齿有颜色、质地及形态的改变，建议及时就诊。

三、 健康档案

《托育机构保育指导大纲(试行)》指出，托育机构应当建立信息管理、健康管理、疾病防控和安全防护监控制度，制定安全防护、传染病防控等应急预案，切实做好室内外环境卫生，注意防范和避免伤害，确保婴幼儿的安全和健康。

（一）健康档案的内容

托育机构健康管理工作包括建立健康档案。由于婴幼儿健康状态持续性追踪评估

学习笔记

及照顾相当重要，因此，除了工作人员健康合格证、儿童入园(所)健康检查表、儿童健康检查表或手册、儿童转园(所)健康证明等常规资料建档之外，还需要建立婴幼儿健康管理跟踪资料。其中，须持续评估管理的健康资料包括但不限于基本资料、健康史、生长与发育情况。

（二）健康档案的分类

①按使用部门划分：保健室、班级、园长办公室、所在地的主管部门。

②依照保健板块划分：健康检查、疾病预防、消毒隔离、安全工作、膳食营养和保健管理。

③按使用频率划分：每日、每周、每月、每学期、每年度、入(离)园一次性登记。

（三）健康档案的主要作用

健康档案记录生长发育过程可以作为家园沟通、上报上级部门资料、调查研究、健康教育、规范管理、接受评估、法律参考的依据。例如，通过定期对婴幼儿出勤、健康检查、膳食营养、常见病和传染病等进行统计分析，可以掌握婴幼儿的健康及营养状况。有条件的托育机构可应用计算机软件对儿童体格发育评价、膳食营养评估等卫生保健工作进行管理。

（四）健康档案的保管要求

依法依规专人管理，填写完整，复核逻辑，检查复核，保护隐私，借阅审批登记，定期归档，交接签收，保存三年，销毁审批等。

（五）健康档案表单示例

健康档案表单示例见表 3-1-3 至表 3-1-10。

表 3-1-3　幼儿出入园登记表

机构名称：

序号	入园日期	班级	姓名	性别	出生日期	家庭住址	户口所在地			家长电话		取得体检合格证日期	登记人	去向			备注
							本区	外区	外地		电话			升班	转班	离园	
										父							
										母							
										父							
										母							

表 3-1-4　员工入职登记表

机构名称：

序号	入职日期	姓名	性别	服务/岗位	出生日期	家庭住址	联系电话	无犯罪记录证明		登记人	备注
								有/无	编号		

表 3-1-5 晨检发现异常情况记录表

机构名称：

日期	班级	姓名	异常情况	处理/反馈	记录人(签名)	备注

表 3-1-6 家长委托用药登记表

机构名称：

日期	班级	幼儿姓名	家长代诉	委托内容		药品来源	病历提供(有/无)	家长委托(签名)	药品病历核查(签名)	用药时间	保健医生(签名)	教师(签名)	药瓶(袋)留存	备注
				药品名称	剂量与时间									

表 3-1-7 食堂从业人员健康状况每日晨检(含自查)记录表

机构名称：

日期	健康状况							个人卫生					自查人(签名)	处理情况	检查人(签名)
	未见异常	体温(℃)	问题					符合要求	问题						
			咳嗽	呕吐	腹泻	外露伤口	其他		着装不规范	戴首饰	指甲长	其他			

表 3-1-8 访客登记表

机构名称：

到访时间		姓名	证件类型				证件号码	现住址	手机号码	来访事由	受访者	离园时间(00：00)	保安核对(签名)	备注
日期(月/日)	时分(00：00)		身份证	护照	驾照	其他								

表 3-1-9　预防接种证检查登记表

班级名称：　　　　　保健医生：　　　　　普查登记时间：

序号	姓名	出生日期	性别	计划免疫完成情况								非计划免疫完成情况							补种情况		检查人	备注
				卡介苗	乙肝	脊灰	百白破	麻苗	流脑	乙脑		水痘	麻腮风	流感	甲肝	肺炎	手足口		漏种疫苗及针次	补种日期		

表 3-1-10　爱绿新生入园肺结核筛查记录表

（此表用于新生入学时家长填写）

机构名称：　　　　班级：　　　　幼儿姓名：　　　　性别：

请如实填写以下信息。

一、共住的家人中 2 年内是否有肺结核病人？

①是，请注明关系：父、母、兄弟姐妹、爷爷(外公)、奶奶(外婆)、其他。

②否

二、近 2 年经常见面的亲戚朋友中是否有肺结核病人？

①是　　②否

三、近三个月有无咳嗽、咳痰持续 2 周以上？

①是　　②否

四、近三个月有无咯血或咳出的痰中带血？

①是　　②否

如以上任意一条件为“是”，请务必及时就诊，由专科医生酌情决定做必要的进一步检查，就诊病历(含复印件)交给托育机构保健医生。

家长签名：

与幼儿的关系：

家长的联系电话：

筛查日期：

特殊情况跟进(检查报告复印件附后)：

记录人：

1. 此表在提交体检卡办理正式进班手续前填写，校园指定专人收集汇总后存档。
2. 每年开展一次(建议 9 月份)。
3. 首次开展该项筛查工作的校园，建议请全体在读幼儿家长填写。

学习效果检测

一、思考题

1. 婴幼儿健康检查的基本项目和主要内容有哪些？

2. 简述托育机构晨检和全日健康观察的内容及要求。

3. 简述婴幼儿体格检查的回应性照护内容。

4. 托育机构健康档案的作用有哪些？

二、实践应用

1. 研究当前关于预防接种的争论热点，把班级分成两组进行辩论。你的观点是什么？一个未进行预防接种的孩子被允许进入托育机构吗？

2. 调查5个托育机构，了解这些托育机构健康检查的主要形式，并思考这些形式是否适宜，为什么？

3. 儿童入托时，哪些孩子可以入园？哪些不宜入园或暂缓入园？为什么？

三、案例分析

1. 2岁的依依是中途进入托育机构的，当时她的父母没有完整填写她的健康记录表。现在她已经入托一个月了，托育机构一直都没有看到她的接种记录。

如果你是该托育机构的老师，该怎么做？并说明理由。

2. 一天下午临近放学时，文静老师在帮依依整理衣裤时发现衣服口袋里有一个注射器，上面没有针头。注射器是从哪里来的？是不是医疗废弃物？……一系列的疑问在心中产生。后经询问得知，这是依依妈妈带她去医院看病时医生为了安抚生病的依依给的“玩具”，注射器是没有用过的。老师考虑到依依入园有些情绪，所以默许了她将自己喜欢的“玩具”带到班级中的行为。

如果你是该托育机构的老师，该如何避免以上事件的发生？

学习任务二
体格锻炼

学习初体验

观察托育机构不同年龄阶段婴幼儿的运动量，照护者在体格锻炼活动中是如何组织与引导婴幼儿的。0～3 岁婴幼儿应如何进行体格锻炼？照护者的帮助、指导是否到位？有没有需要改进的地方？应该怎么改进？请记录你的观察和结论，学完本任务后再来看看最初的记录。

学习任务单

项目	内容
学习目标	学完本任务后，你应该能够 ①理解婴幼儿体格锻炼的价值与原则。 ②知道婴幼儿体格锻炼的时间与方法。 ③了解婴幼儿的动作发展特点与锻炼方法。 ④最大限度地保护婴幼儿的安全和健康，感受关爱生命、促进婴幼儿健康的重要性和专业性。
学习要点	本任务的重点、难点 ①理解婴幼儿体格锻炼的价值与原则。 ②知道婴幼儿体格锻炼的时间与方法。 ③了解婴幼儿的动作发展特点与锻炼方法。
学习建议	学习前 ①完成本任务中的学习初体验活动。 ②认真阅读《托育机构管理规范(试行)》《托育机构负责人培训大纲(试行)》《托育机构保育人员培训大纲(试行)》等文件中的相关规定。 学习中 ①完成本任务中的相关活动。 ②认真学习本任务中的体格锻炼的内容，观看相关的视频资料，并记录下自己的认识。 学习后 ①完成本任务后的学习效果检测。 ②录制模拟指导婴幼儿开展体格锻炼活动的视频。

续表

项目	内容
学习运用	你觉得在哪些工作场景中可以运用到所学知识？(学生填写)
学习反思	记录你在学习过程中的思考。(学生填写)

情景导入

某托育机构有宽阔的大院子，可以让婴幼儿充分享受空气浴、日光浴。每日户外活动时间为2小时，培养婴幼儿参加体育活动的兴趣，增强婴幼儿的体质，促进婴幼儿的身心健康。明年该托育机构计划开展水浴锻炼——游泳课，以增强婴幼儿的心肺功能，通过“三浴”锻炼，提高婴幼儿的免疫力，促进其发育。

如果你是托育机构的工作人员，你了解婴幼儿体格锻炼的价值吗？你知道托育机构有哪些体格锻炼的形式吗？不同年龄阶段的婴幼儿体格锻炼的要求是什么？本部分将围绕托育机构的体格锻炼展开，涉及体格锻炼的价值与原则、体格锻炼的时间与方法等内容。

学习笔记

一、 体格锻炼的价值与原则

缺乏身体活动被确定为造成人类死亡的一个主要因素，也是超重和肥胖症增多的一个推动因素。照护者应充分利用日光、空气和水等自然条件，保证婴幼儿充足的户外活动时间。0～3岁是人类运动能力产生和发展的重要时期，是婴幼儿大肌肉动作发展的重要时期，也是婴幼儿精细运动能力发展的重要时期。婴幼儿的动作发展和体格锻炼是至关重要的。

学习笔记

（一）体格锻炼的价值

1. 促进生长发育

(1)是婴幼儿增高的积极因素之一

身体形态发育的重要指标包括身高、体重、肩宽、胸围、骨盆宽等。经常参加锻炼的人大多比同龄人会高些。

(2)促进骨的生长

体格锻炼能加速人体全身的血液循环，可以改善骨组织的血液供应，促进骨的生长。骨承受的压力对软骨板的生长能起到良好的刺激作用，促进软骨板的增生。

(3)增强骨的功能

婴幼儿的骨骼发育比较快，骨骼的特点是软骨多，骨干短而细，骨化还未完成，骨骼的成分有机物多，无机物少，易弯曲变形。体格锻炼可以促进骨骼结构和机能发生良性变化，提高骨骼的抗折、抗弯、抗压、抗扭转的功能。

(4)促进肌肉的发育

体格锻炼时肌肉开放的毛细血管数量达到安静时的 15～30 倍，能促使肌肉内毛细血管的数量增加，肌纤维变粗、体积增大、弹性增加，肌肉工作的能力及耐力提高。

(5)增强关节的功能

体格锻炼可以使关节韧带变得更加坚韧和结实，关节自身也更加灵活和牢固。

2. 促进身心健康

(1)促进婴幼儿身体机能的整体提高

体格锻炼可以促使机体活动变得更加灵活、协调，加快全身的新陈代谢、血液循环，增强心脏的功能，减少呼吸系统的疾病，提高神经系统的机能，使婴幼儿的身体素质得到明显改善。

(2)促进婴幼儿心理的健康发展

体格锻炼可以促使婴幼儿形成正确的站姿、坐姿，有利于婴幼儿良好形象的塑造。长期的体格锻炼可以培养婴幼儿的内在气质和审美情趣，增加其自信心，锻炼其坚强的意志，有利于婴幼儿强壮体魄的形成，促进婴幼儿早期的全面发展。

(3)促进智力的发展

体格锻炼能有效增加大脑的重量和皮质厚度。在体格锻炼中，大脑皮层始终处于积极的活动状态，会引起神经和心理紧张，加速血液循环，提高心脏功能，改善大脑供氧状况。

体格锻炼时要求注意力集中，思维敏捷。一般人对光、声刺激的反应潜伏期为 0.3～0.5 秒，而乒乓球运动员比一般人快 3～5 倍。体格锻炼可以提高婴幼儿的视听记忆能力及感觉反应能力，促进智力的发展。

（二）体格锻炼的原则

1. 顺应发展

遵循婴幼儿的动作发展规律，尊重婴幼儿的个体发展差异，运用科学照护的手段，鼓励婴幼儿进行与其年龄相适应的运动。在一日生活中，创造丰富的身体活动环境，确保活动环境和材料安全、卫生。关注患病的婴幼儿，对处于疾病恢复期的婴幼儿及时调整活动强度和时间；发现运动发育迟缓的婴幼儿后，给予有针对性的指导。

2. 循序渐进

根据婴幼儿的生理特点，有计划、有步骤地组织婴幼儿进行体格锻炼。结合婴幼儿的年龄特点和健康状况，合理安排锻炼方式及运动强度，采取由易到难、由简到繁、由短到长、由小量到大量的原则进行体格锻炼。

3. 坚持不懈

充分利用日光、空气和水等自然条件组织婴幼儿进行体格锻炼，保证婴幼儿有充足的户外活动时间。安排类型丰富的活动和游戏，并保证每日有适宜强度、频次的大运动活动。

4. 五项结合

五项结合即体格锻炼与营养相结合、体格锻炼与生活制度相结合、体格锻炼与睡眠相结合、体格锻炼与护理相结合、体格锻炼与教育相结合。体格锻炼前要进行场地环境、体格锻炼的器具、婴幼儿的着装等安全检查工作。准备婴幼儿体格锻炼中需要的生活护理用品，如擦汗毛巾、饮用水等。锻炼时要仔细观察婴幼儿的反应，及时采取相应措施，确保做好运动中的观察及照护，避免发生伤害。体格锻炼后要有整理活动，以满足机体运动张力缓冲的需要。

二、体格锻炼的时间与方法

婴幼儿期是身体和认知能力快速发展的时期。早年形成的生活方式和行为会影响整个生命过程中的身体活动水平和方式。积极的游戏和开展有组织和无组织身体活动的机会可以促进运动技能的发展以及对实体环境的探索。为了达到建议的每日身体活动时间，尤其是对婴幼儿而言，需要考虑整体 24 小时活动的规律。

（一）体格锻炼的时间

《托育机构管理规范（试行）》要求托育机构应当保证婴幼儿每日户外活动不少于 2 小时，寒冷、炎热季节或特殊天气情况下可酌情调整。

世界卫生组织发布的关于 5 岁以下儿童的身体活动、久坐行为和睡眠新指南指出，5 岁以下儿童要想健康成长，必须减少坐下来看屏幕，或被限制在婴儿车和座椅上的时间，应当获得更高质量的睡眠，并有更多的时间积极玩耍。该指南还指出，用更积极的游戏取代长时间的受限或屏幕前的久坐不动，同时确保儿童获得足够的优质睡眠。该指南就 5 岁以下儿童身体活动时间建议如下。

学习笔记

想一想

为什么婴幼儿体格锻炼需要顺应婴幼儿的发展？

学习笔记

扫一扫

想要学习婴儿被动操，请扫二维码。

学习笔记

婴儿(不足1岁)：每天多次以多种方式进行身体活动，特别是通过互动式地板上游戏，多则更好。对于尚不能自主行动的婴儿，这包括在清醒时每天至少做30分钟的俯卧位伸展。

1～2岁的儿童：在各种强度的身体活动中花费至少180分钟，包括中等到剧烈强度的身体活动，全天分布，多则更好。

3～4岁的儿童：在各种强度的身体活动中花费至少180分钟，其中至少包括60分钟中等到剧烈强度的身体活动，全天分布，多则更好。

扫一扫

想要学习婴儿主被动操，请扫二维码。

（二）体格锻炼的方法

1. 自主运动

1岁前，喝奶、换衣、换尿布、睡眠、起床等，都需要相应的身体姿势的变化，这都是在促进婴儿各部分肌肉的发展。1岁后，幼儿开始自己学习吃饭、洗手洗脸、脱穿衣服、解扣纽扣、脱穿鞋子、解系鞋带、帮助成人做事等，这都需要一系列协调的动作才能完成。

扫一扫

想要学习婴儿模仿操，请扫二维码。

2. 婴幼儿体操

体操把需要锻炼的大肌肉运动融进操节中，做操时，躯干及四肢的大肌肉有节奏地收缩和放松，不会遗漏，也不会持续紧张。经常在音乐声的伴奏中做操，可以使婴幼儿的动作协调及具有节奏感。婴幼儿的体操有三种。

①被动操：适合2～6个月的婴儿。

②主被动操：适合7～12个月的婴儿。

③模仿操：适合1.5～3岁的幼儿。

3. 体育游戏

①利用各种设备和机会发展运动能力，操作各种有安全保证的运动器具。

②通过外出散步、户外活动等充分接触和利用自然条件，发展运动能力。

练一练

对照视频学习婴幼儿的主动操，并尝试给仿真娃娃实施。

三、婴幼儿的动作发展与训练

（一）婴幼儿粗大动作的发展与训练

1. 粗大动作的定义

粗大动作是指有关全身大肌肉群活动的大幅度动作，包括抬头、翻身、坐、爬、站立、行走、上下楼梯、跑、跳、攀登、平衡、投掷等。

学习笔记

2. 婴幼儿粗大动作的发展规律

①最初的动作是全身性的、笼统的、散漫的，之后逐渐分化为局部的、准确的、专门化的。

②身体的上部动作到下部动作：婴儿最早的动作发生在头部，其次是躯干，最后是下肢，按照抬头、翻身、坐、爬、站、行走的方向发展。

③从大肌肉动作到小肌肉动作。

学习笔记

3. 婴幼儿粗大动作的阶段性发展

①0～1 岁以移动运动为主，包括抬头、翻身、坐、爬、站等。

②1～2 岁由移动向基本运动机能过渡，包括走、滚、踢、扔、接等。

③2～3 岁以发展基本运动机能为主，各种动作均衡发展，包括走(不同方向、曲线、倒走)、跑(追逐跑)、跳(原地跳、向前跳)、投掷等。

4. 婴幼儿粗大动作的具体发展状况

抬头：婴儿在被竖抱的时候即便没有他人的支撑头也不会左右摇晃，或在俯卧的时候，头可以抬起 30°～40°，并能随着事物的移动转动头部。婴儿通常在 3～4 个月的时候学会抬头。

翻身：当婴儿经常有把双脚抬起，身体自然侧倒后，下半身有扭动的动作时，这表明婴儿已经开始在学习翻身了。这个动作通常产生于 4～8 个月，发育较早的婴儿可能在 4 个月时就学会了翻身。

坐：婴儿能平衡上身和头部，无须手臂和手的额外支撑。婴儿的上身与手臂是垂直的(无前倾)，并能够维持至少 10 秒的时间。这个动作通常产生于 5～8 个月。婴儿能坐起来就表示其肌肉和神经已经发展到了脊柱末端，是婴儿运动技能发育正常的重要指标。

爬：通常意义上的爬是爬行的最终形式，即手和膝盖交替向前或向后移动，肚子未接触爬行面，并能够朝着同一方向至少移动三次。这是一个协调地使用手和膝盖爬行的阶段。这个动作通常产生于 6～10 个月。

第一阶段着地爬行：用手臂和腿推着身体前进。

第二阶段匍匐爬行：用手臂带动身体，两腿在后面拖着，腹部蠕动。

第三阶段四肢爬行：通常意义上的爬。

站：婴儿双脚站立，双手可把住或不把住支撑物，但身体不接触支撑物。这是迈向直立行走的第一步，通常产生于 10 个月后，与行走动作的产生时间十分接近。

行走：婴幼儿在身体直立的状态下行走，通常由依靠支撑物到无须依靠支撑物，慢慢产生独立行走的能力。这个动作通常产生于 9～18 个月。

5. 婴幼儿粗大动作的训练方法

(1)0～3 个月：抬头动作的训练

竖抱抬头：喂奶后，照护者竖抱婴幼儿使其头部靠在自己的肩上，轻拍几下背部，待婴儿打嗝后，让婴儿的头部自然直立片刻，不要扶住头部，以促进其颈部肌肉张力的发展。

俯腹抬头：婴儿空腹的时候，照护者将他放在自己的胸腹前，并使婴儿自然地俯卧在自己的腹部，把双手放在婴儿的脊部按摩，引逗婴儿抬头。

俯卧抬头：在两次喂奶的间隔期，照护者让婴儿俯卧，按摩婴儿的背部，用玩具引逗婴儿抬头，并左右侧转动。

学习笔记

(2)3～6 个月：翻身动作的训练

被动翻身：在两次喂奶间隔期间，婴儿处于觉醒状态时，照护者将婴儿放置于硬床上，取仰卧位，衣服不要太厚，将其左腿放在右腿上，照护者用左手握婴儿的左手，右手轻轻刺激婴儿的背部，边做动作边念儿歌“滚滚滚、滚西瓜”，使婴儿被动翻身。然后用同样的方法进行相反方向的练习。

引逗翻身：婴儿侧卧在床上，用玩具在其一侧引逗，让婴儿半自主翻身。

主动翻身：婴儿仰卧在床上，自主地从仰卧到俯卧。

(3)6～7 个月：久坐动作的训练

拉坐：婴儿处于仰卧状态时，照护者握住婴儿的手，将他拉坐起来，注意让婴儿自己用力。照护者仅用很小的力，之后逐渐减力，或让婴儿仅握住自己的手指坐起来，婴儿的头能伸直，不向前倾。

扶坐：照护者让婴儿坐在自己的腿上，手托着婴儿的腋下或扶着髋部，让婴儿坐稳。时间不能太长，几分钟即可。

靠坐：照护者将婴儿放在有扶手的沙发或小椅子上，让婴儿靠坐着玩，照护者给予一定的支撑，之后逐渐减少支撑，每次 10 分钟。

独坐：照护者让婴儿在靠坐的基础上练习独坐，先给予一定的支撑，之后逐渐撤去支撑。每次坐的时间不能超过 15 分钟。

(4)7～10 个月：爬动作的训练

俯卧，抵足匍行：婴儿的胸部离床，身体重心落在手上，有时婴儿的双脚也离开床铺，以腹部为支点在床上打转。照护者用手抵住婴儿的足底，促进婴儿匍行。

匍行：照护者用玩具在前方引逗婴儿练习匍行，或抵住婴儿的足底或用毛巾提起婴儿的小腹，使婴儿的身体重心落在手脚上，便于匍行。

手足爬行：照护者用毛巾提起婴儿的腹部，让婴儿练习手足爬行。

(5)10～12 个月：站立动作的训练

扶物站立：照护者让婴儿从卧位拉着东西或牵他的一只手让他站起来，或把婴儿抱到椅子、沙发旁边，诱导婴儿扶着东西站起来，在站位时照护者用玩具引逗 3～5 分钟，扶住双手慢慢坐下，扶站几分钟后要扶坐，以免婴儿疲劳。

左膝站起：照护者盘腿坐在地垫上，让婴儿坐在自己的腿上，帮助其站起来再坐下反复多次。

坐椅站起：照护者让婴儿坐在高度适宜的椅子上，练习站起来再坐下。

站起坐下：照护者用语言要求婴儿站起或坐下，婴儿能较灵活地站起坐下，建立平衡感。

(6)12～16 个月：行走动作的训练

推车走：提供小推车，让幼儿扶着推车的扶手，边推车边走。照护者要跟在旁边保护幼儿，及时用语言鼓励幼儿。

踢球走：照护者将球放在幼儿脚的前方，鼓励幼儿用脚踢球，并鼓励幼儿追球走，

学习笔记

追上了再踢球，反复进行。照护者要及时帮助幼儿将球放在脚的前方。

(7)16～24 个月：跑动作的练习

跑步扶停：幼儿刚开始学习跑步，平衡感不够好，动作的控制能力不够强，往往跑起来很难停下来，所以照护者要和幼儿面对面分开一段距离，让幼儿向自己的方向跑，自己扶停。

抛球捡球：照护者将球抛到远处，并鼓励幼儿跑步捡球。捡到球再抛球，反复进行。幼儿捡到球时，照护者要及时表扬。

(8)24～36 个月：跳动作的训练

双足跳台阶：照护者用双手牵着幼儿从最后一级台阶跳下，或散步时照护者牵着幼儿的双手往前跳跃。

双脚向上跳：照护者和幼儿面对面手拉手，鼓励幼儿用力向上跳。

（二）婴幼儿精细动作的发展与训练

1. 精细动作的定义

精细动作主要是指神经对小肌肉群的控制活动。精细动作发展的顺序是从用满手抓握到用拇指与其他四指对握，再到食指与拇指对捏，在粗大动作发展的基础上才能得到发展，包括手、眼睛、脸及嘴部肌肉的运动等。具体包括“抓、捏、拍、拧、撕、推、压、夹”等动作，如吃、穿、画画、剪纸、玩积木、穿珠子等动作。

2. 婴幼儿精细动作的发展规律

精细动作的发展以手部的动作为主，包括手掌握力的收放、手指的运用、拇指与其他手指配合。

精细动作的发展是从整体到分化、从不随意到随意、从不准确到准确的连续发展过程。

3. 婴幼儿精细动作的阶段性发展

0～6 个月是抓握动作的发展时期。照护者在婴儿的床上方或周围悬挂不同材料做的或能发出响声的玩具，引导婴儿经常用手去摸和抓出现在眼前的东西。

6～12 个月是拍打、取物、对击、松手、扔物动作的发展时期。照护者可以提供能发出声音的玩具(小鼓、琴等)，让婴儿拍打提供的玩具和容器；提供不同规格和质地的小球让婴幼儿捏或扔。

12～18 个月是套圈、垒高、食指按压、敲打、舀动作的发展时期。照护者可以提供彩色套圈、方形小积木、按拨器、打击飞人、打球台、小勺、小碗等玩具让幼儿进行练习。

18～24 个月是穿、捏、套叠、旋转、镶嵌的动作发展时期。照护者可以提供串珠、二指捏镶嵌板、套碗、套塔、开锁模具、2～4 片简易拼图等玩具让幼儿进行练习。

24～36个月是构造组合、平拆、捏、搓、折、画画的动作发展时期。照护者可以提供积木、橡皮泥、折纸、6～12片拼图、蜡笔画纸等玩具让幼儿进行练习。

4. 婴幼儿精细动作的具体发展状况及训练方法

婴幼儿精细动作的具体发展状况及训练方法见表3-2-1。

表3-2-1 婴幼儿精细动作的具体发展状况及训练方法

年龄	具体发展状况	训练方法
1～3个月	会手紧握成拳。	不要给婴儿戴手套，让他自由活动。
3～4个月	躺着时手臂能挥动。	准备不同材质的物品，如毛线、毡布、塑料等材质的物品，让婴儿摸。
4～6个月	双手会各自抓物。	在婴儿面前放一些物品，移动物品引导他伸手取物。
6～8个月	会玩弄玩具上的绳索、会敲打玩具、会将玩具由一只手交到另一只手上。	把一些能发出响声的玩具放到婴儿面前，如拨浪鼓，并示范如何让拨浪鼓响动。
8～9个月	会用食指触碰按钮。	选择带有开关的电动玩具，引导婴儿按压玩具的开关。
9～10个月	会有意识地将玩具分类。	给婴儿示范将玩具放到指定位置，让婴儿模仿。
10～12个月	会用拇指和食指捏拿葡萄干，会拉下袜子。	可选择小糖豆、大米花引导婴儿用拇指、食指扒取，但要在婴儿身边看护，并在训练结束后，将物品收拾好。
12～16个月	单手能同时捡起两个小东西、会转开瓶盖、会拿笔涂鸦、会拿杯子喝水、会拿汤匙进食。	可以使用笔，笔最好是蜡笔，让幼儿自由发挥。
16～19个月	会叠积木(3块)、会仿画直线、会脱下没鞋带的鞋子。	引导幼儿用积木搭高楼、接火车等。
19～21个月	会仿画圆形、会拉下拉链、会剥开糖果的包装。	让幼儿进行穿珠、夹豆子等游戏。
21～24个月	会把6～7块积木叠高、会脱下没扣扣子的外套。	可以与幼儿一起给家里的洋娃娃穿衣服，带着幼儿折纸。
24～27个月	优势手已形成、会仿画横线、上厕所会脱裤子。	引导幼儿用绘本进行绘画。
27～32个月	会叠积木(8块)、取物不易失手掉落、丢接球没有困难、玩玩具不会显得笨手笨脚、喜欢玩操作性玩具、不会经常弄坏玩具、会穿上没鞋带的鞋子。	给幼儿提供不同类型的玩具，如赛车、机器人等。可以带幼儿在橡皮泥上按下手印，比大小。
32～36个月	会依样画图形、会解纽扣。	和幼儿将家里的恐龙化石玩具按在橡皮泥上，等橡皮泥干后，恐龙化石就完成了。诸如此类的游戏，可以和幼儿一起玩。

学习效果检测

一、思考题

1. 婴幼儿为什么要进行体格锻炼？

2. 婴幼儿的体格锻炼主要有哪些形式？

3. 婴幼儿体格锻炼的原则是什么？

4. 简述不同月龄婴幼儿体格锻炼的时间。

二、实践应用

4～5名同学组成一个小组，参观一所当地的托育机构，了解婴幼儿体格锻炼的方法并进行比较，与其他小组分享、交流。

三、案例分析

1. 明明8个月了，爸爸妈妈把他送到托育机构。照护者在引导明明爬行训练的时候发现，明明只会在地垫上原地打转。照护者和明明妈妈沟通了此情况，明明妈妈说，在家里明明也是只会贴床打转或者向后退。看着同龄宝宝们都已经会爬了，明明妈妈有点着急。

如果你是明明的照护者，你会如何引导明明练习爬行？分析明明还不会爬的原因是什么。

2. 朵朵刚满7个月，朵朵妈妈觉得朵朵长得比同龄的小朋友壮实，于是就给她准备了学步车，提前让她练习走路。过了2个月，朵朵妈妈认为她练习了这么久，应该可以独立行走了。撤掉学步车后，发现朵朵东倒西歪，只能依靠成人的搀扶站立，朵朵妈妈还发现朵朵的脚有些内八，腿也站不直。

从婴幼儿大运动训练的视角，分析朵朵妈妈的照护行为存在的问题，并说明理由。如果你是保育人员，你会怎么做？

学习任务三
健康教育

学习初体验

参与一次托育机构的健康教育活动，观察不同年龄阶段婴幼儿在活动中的行为和情绪，感受活动的氛围。在体验的过程中，请思考针对 0～3 岁婴幼儿，如何制订健康教育计划，以及怎样开展健康教育活动。请记录你的观察和结论，学完本任务后再看看最初的记录。

学习任务单

项目	内容
学习目标	学完本任务后，你应该能够 ①了解健康教育在托育机构开展的重要性。 ②根据婴幼儿的年龄特点，制订有针对性的健康教育计划。 ③针对 0～3 岁婴幼儿开展健康教育活动，并对健康教育活动的过程、效应、结果进行评价。 ④体会托育机构健康教育的专业性，培养婴幼儿良好的生活卫生习惯。
学习要点	本任务的重点、难点 ①制订符合婴幼儿年龄特点的健康教育计划。 ②开展托育机构健康教育活动，改变婴幼儿不良的生活卫生习惯。
学习建议	学习前 ①完成本任务中的学习初体验活动。 ②认真阅读《健康中国行动(2019—2030 年)》，了解相关内容。 学习中 ①完成本任务中的相关活动。 ②查阅关于如何开展婴幼儿健康教育的案例和托育机构的健康教育计划，并记录下自己的认识。 学习后 ①完成本任务后的学习效果检测。 ②尝试制订不同年龄阶段的健康教育活动计划。

续表

项目	内容
学习运用	你觉得在哪些工作场景中可以运用到所学知识？（学生填写）
学习反思	记录你在学习过程中的思考。（学生填写）

情景导入

闹闹刚过完 2 岁生日，妈妈就把他送到了某托育机构。刚来园时，他不肯洗手，也不肯晨检，每次手还没碰到水就开始大哭，然后把手放进嘴里咬着不放。托育机构要求晨检前洗手率达到 100%，面对闹闹的情况，老师和保健医生都十分头疼，不知道该怎么办。

遇到托育机构的孩子来园不爱洗手、用脏手揉眼睛、不肯晨检怎么办？针对这一情况，分析行为背后的原因，如何进行干预，怎样开展健康教育活动。本部分将围绕健康教育计划的制订和健康教育活动的开展等问题，对婴幼儿的不良行为进行干预，以达到教育目的。

学习笔记

一、 健康教育计划的制订

婴幼儿的身心健康是发展的基础。在开展婴幼儿照护时，照护者应把婴幼儿的健康、安全及养育工作放在首位，坚持保教结合的原则，保中有教、教中有保，自然渗透，教养合一，促进婴幼儿生理及心理的和谐发展。

在托育机构中，我们会发现孩子的一日生活各环节都是健康教育的契机。掌握托育机构的健康教育制度、明确健康教育内容是制订健康教育计划的前提。

想一想

认真阅读某托育机构的健康教育制度，记录自己的收获，并思考还可以完善的内容。

学习笔记

（一）托育机构的健康教育制度

健康教育制度是托育机构开展健康教育活动的行动纲领。在遵守相关法律法规的前提下，托育机构根据自身的实际需求，制定相应的健康教育制度十分重要。托育机构应该逐条研读健康教育制度，凡是制度要求的，就是必须做到的，制度不能脱离实际。

例如，某托育机构的健康教育制度如下。

①根据不同季节、疾病流行等情况制订全年健康教育工作计划并组织实施。

②对照护人员每月开展一次培训研讨，每季度至少开展一次健康讲座，每学期组织一次卫生防病基础知识测试，每年进行一次健康宣传(宣传方案/健康教育教案/电脑小报等)展示评比活动。

③利用多种形式，如健康宣传报、微信、公众号、健康主题讲座和家长问卷等，向家长宣传。

④根据婴幼儿的年龄特点，每周开展一次形式多样的健康教育活动，并在一日生活中融入健康教育的内容。

⑤用制作海报、现场演示等方式，开展健康主题日(如爱耳日、爱眼日等)活动。

⑥做好健康教育记录，定期评估相关知识知晓率、良好生活卫生习惯的养成和婴幼儿健康状况等健康教育效果。

⑦如果发生疫情，各岗位人员注意做好疫情控制，杜绝个人擅自通过自媒体等传播和扩散疫情信息；重大公共卫生事件信息均以政府部门的公布为准，不信谣、不传谣。

⑧利用多种形式做好疫情防控知识普及工作，让全体婴幼儿(家长)、员工掌握基本的卫生防病知识和防护技能，引导教职员工正确认识疫情，消除不必要的紧张和恐惧。

（二）托育机构健康教育的类型及内容

1. 常规健康教育

①一日生活教育：入园、进餐、学习、游戏、运动、如厕、饮水、午睡、离园等。

②安全教育：防火(见图 3-3-1)、防暴、防拐、防走失、防震、防台风等。

图 3-3-1 托育机构消防安全教育

③健康主题教育：爱耳日、爱眼日、爱牙日、洗手日等。

2. 心理健康教育

①情绪情感教育。

②行为习惯教育。

③良好个性教育。

④社会适应能力教育。

（三）健康教育计划制订的步骤

拓展阅读

目标的制定

在制定健康教育的具体目标时，请思考以下问题。

Who——目标的对象是谁。

What——通过健康教育，让婴幼儿发生什么样的变化。

When——发生这种变化需要多长时间。

Where——发生这种变化的范围是什么。

How——希望变化的程度有多大。

学习笔记

1. 需求评估

①对托育机构各年龄阶段婴幼儿的现状进行分析，通过观察婴幼儿的日常行为，了解存在哪些主要的健康问题。

②分析这些健康问题的严重性和危害性，确定在一个学期或一年当中需要干预哪些健康问题，然后将其写入健康教育计划中。

2. 确定健康教育目标

①总体目标：健康教育开展之后预期能达到的结果。

②具体目标：将总体目标分解、细化，进行更具体的描述。具体目标更有操作性。

3. 制订健康教育干预的策略

①教育策略：具有指向性、整合性、可操作性、调控性、灵活性和层次性的特点。针对0～3岁不同月龄婴幼儿的特点，灵活调整教育方法，干预不良的行为。

②环境策略：健康教育需打造良好的环境，营造良好的氛围，让婴幼儿在环境中感受、体验和学习。

4. 制订健康教育的实施计划

①制订实施计划表：活动主题、活动目标、活动内容、时间、负责人、准备的物品(如教具等)、活动经费预算等。

②组织建设：建立托育机构健康教育领导小组和教研组。

③人员培训：各岗位人员熟悉健康教育的流程、各自的职责等。

④材料准备：体检设备(如体重秤等)、培训设备(如电脑、投影仪等)、教具(如牙模、挂图等)、日常办公用品等。

5. 制订健康教育的评价方案

①过程评价。活动的准备与组织情况、参与的人数、婴幼儿的感受、家长的满意度、目标完成情况等。

②效应评价。参与健康教育活动后，0～3岁婴幼儿的健康行为习惯是否有变化，

态度是否有转变。

③结果评价。生理健康指标(如身高、体重等)是否达到了标准状态，心理健康指标(如情绪、态度等)是否达到了预期效果。

④效果评价。对比观察：参与健康教育活动后，通过观察、提示、帮助等方式评价没有进行教育和进行教育的差别，看婴幼儿是否有进步。自然观察：直接实施干预，干预过程中进行多次观察。

学习笔记

二、 健康教育活动的开展

（一）常规健康教育活动的开展

婴幼儿进入托育机构后，健康教育就已贯穿在一日生活中了，从入园到离园可以开展的健康教育活动有很多(见表 3-3-1)。

表 3-3-1　托育机构常规的健康教育活动

环节	内容
入园	测温、晨检前洗手、换室内鞋和衣服等
盥洗	如厕、配合换纸尿裤等
餐点	喝牛奶、吃水果、拿勺子吃饭、漱口、擦嘴巴等
午睡	穿脱衣服、摆鞋子等
户外活动	注意户外安全、擦汗、喝水等
离园	离园前的整理、排队等

设计健康教育活动要提前写好教案，有目标(符合婴幼儿的年龄特点)、有步骤，课后有反思和总结。

拓展阅读

托育机构可以开展的健康主题日活动

3 月 3 日爱耳日、3 月 21 日睡眠日、4 月 7 日卫生日、4 月 25 日预防接种宣传日、5 月 8 日红十字日、6 月 6 日爱眼日、9 月 20 日爱牙日、10 月 15 日洗手日等。

（二）健康主题日活动的开展

①健康主题日活动被纳入教学计划，提前研讨活动方案等。

②在活动前，要对家长进行引导，让家长提前对孩子进行健康教育，多观察孩子，积累素材。

③制作海报，充分利用托育机构的健康教育宣传栏，将健康教育的内容以图文并茂的形式生动地展现出来。

④活动开展时，拍照记录，使活动有氛围，可以带动更多的人参与其中。

⑤活动结束后要深刻反思，反思自己做得好的地方是什么，做得不好的地方是什么，学到了什么，接下来会做什么……

通过一系列的健康教育活动，向孩子、家长、保教人员传授准确的健康知识。某托育机构制作的洗手日画报和以洗手为主题的手工见图 3-3-2。

图 3-3-2 洗手日主题活动

（三）心理健康讲座的开展

越来越多的父母开始重视婴幼儿的心理健康。婴幼儿进入托育机构，面对一个陌生的环境，分离焦虑、社交障碍、不良的行为习惯等问题较为突出，父母很期待托育机构给予婴幼儿心理支持。

托育机构可以开展一些活动，如心理健康家长沙龙、心理健康讲座等，也可以充分利用网络平台给予家长支持，教家长如何缓解焦虑的情绪，培养孩子的良好情绪和个性，以及社会交往能力。

及时满足婴幼儿的合理需要，预防心理问题的发生。培养人格健全的婴幼儿是托育机构的重要使命。

学习效果检测

一、思考题

1. 托育机构的健康教育主题活动有哪些？这些活动如何开展？

2. 制订健康教育计划的步骤有哪些？评价方案有哪些类型？

二、实践应用

参观一个托育机构，熟悉任一年龄阶段婴幼儿在园的一日生活各环节，设计一个健康教育主题活动。

三、案例分析

2 岁 8 个月的冬冬先天性近视，父母经常出差没时间陪他，上托育机构之前，他大部分时间都在看电视。随着年龄的增长，冬冬的视力越来越差，上托育机构后还经常哭闹并吵着要看电视。

如果你是冬冬的老师，你应如何教育他，并改善冬冬看电视的习惯？

学习模块四

疾病防控

传染病是由各种病原体引起的能在人与人、动物与动物或人与动物之间相互传播的一类疾病。你知道目前我国法定报告的传染病分哪几类吗？传染病的传播途径又有哪些？为什么要进行预防接种？如何进行正确的个人防护？出现异物吸入、烫伤等意外时该如何进行紧急处理？了解传染病的基本知识，按时预防接种，帮助孩子养成良好的卫生习惯，懂得常规护理和急救知识，可以防患于未然，让婴幼儿远离疾病，健康成长。

学习导图

- 疾病防控
  - 传染病防控
    - 常见的传染病
    - 常见传染病的预防接种
    - 传染病的预防与控制
  - 卫生保健
    - 卫生防护
    - 清洁与消毒
  - 护理与急救
    - 常见疾病的症状与护理
    - 常见意外伤害的预防与处理
    - 危重症的识别与处理

学习任务一 传染病防控

学习初体验

传染病防控对于维护婴幼儿的健康和预防严重疾病具有重要作用。对于托育机构来说，及时发现传染病、预防接种和卫生保健能够防止传染病的发生与传播。当托育机构内的婴幼儿出现传染病(如手足口病)时，你能否正确判断？你了解手足口病的传播形式吗？每种传染疾病的隔离期是多久？你了解预防接种的适应症和禁忌症吗？请记录你的观察和结论，学完本任务后再来看看最初的记录。

学习任务单

项目	内容
学习目标	学完本任务后，你应该能够 ①了解 0～3 岁婴幼儿常见传染病的临床表现。 ②熟悉 0～3 岁婴幼儿常见传染病的传播途径。 ③掌握预防接种的基本原则。 ④学会传染病的预防和控制的方法。 ⑤通过学习传染病防控体会婴幼儿照护的专业性，做好托育机构的安全疾病防控工作，培养生命至上思想和关爱生命的职业情怀。
学习要点	本任务的重点、难点 ①了解 0～3 岁婴幼儿常见传染病的临床表现。 ②了解预防接种的禁忌症。
学习建议	学习前 ①完成本任务中的学习初体验活动。 ②查阅《托育机构管理规范(试行)》《托儿所幼儿园卫生保健管理办法》《托儿所幼儿园卫生保健工作规范》《中国流感疫苗预防接种技术指南(2022—2023)》等文件中的相关规定。 学习中 ①完成本任务中的相关活动。 ②观看相关的视频资料，并记录下自己的认识。 学习后 完成本任务后的学习效果检测。

续表

项目	内容
学习运用	你觉得在哪些工作场景中可以运用到所学知识？(学生填写)
学习反思	记录你在学习过程中的思考。(学生填写)

情景导入

晨检时，请了6天假的安安被送到了托育机构门口。安安6天前出现发热，3天前出现皮疹，在医院被确诊为“麻疹”，现在体温已经正常了1天。妈妈认为安安体温都正常了，可以继续上学。托育机构的保健员和安安妈妈说，麻疹的隔离期为出疹后至少5天，同时建议妈妈带安安到医院复诊后，带上复学证明再来上学。

你知道我国法定传染病有几种吗？你会识别流行性感冒、水痘、麻疹、手足口病等儿童常见的传染病吗？你了解他们的隔离期吗？对于预防接种的禁忌症和适应症你能说出几条？本部分将围绕托育机构的传染病管理问题开展，涉及各类儿童常见传染病的早期识别、预防接种、个人防护、清洗与消毒等。

拓展阅读

传染病的分类

《中华人民共和国传染病防治法》规定的传染病分为甲、乙、丙三类。

甲类传染病：鼠疫、霍乱；

乙类传染病：传染性非典型肺炎、艾滋病、病毒性肝炎、脊髓灰质炎、人感染高致病性禽流感、麻疹、流行性出血热、狂犬病、流行性乙型脑炎、登革热、炭疽、细菌性和阿米巴性痢疾、肺结核、伤寒和副伤寒、流行性脑脊髓膜炎、百日咳、白喉、新生儿破伤风、猩红热、布鲁氏菌病、淋病、梅毒、钩端螺旋体病、血吸虫病，疟疾。

丙类传染病：流行性感冒、流行性腮腺炎、风疹、急性出血性结膜炎、麻风病、流行性和地方性斑疹伤寒、黑热病、包虫病、丝虫病，除霍乱、细菌性和阿米巴性痢疾、伤寒和副伤寒以外的感染性腹泻。

学习笔记

一、常见的传染病

传播途径是指病原体从传染源排出，侵入下一位宿主之前，在外环境中停留和转移所经历的全过程。主要有以下四大传播途径：呼吸道传播、粪—口传播、接触传播和血液传播。托育机构中常见的传染病通常通过呼吸道传播、粪—口传播和接触传播三类途径传播。以下介绍常见儿童传染病的识别和处理。

（一）流行性感冒

流行性感冒(简称流感)，是由流感病毒引起的一种急性呼吸道传染病，根据病毒核蛋白和基质蛋白，分为甲、乙、丙、丁(或 A、B、C、D)四型。流感病毒抗原性易变，传播迅速，每年可引起季节性流行，在学校、托育机构和养老院等人群聚集的场所可暴发疫情。全人群普遍易感，流感虽然大多为自限性疾病，但部分因出现肺炎等并发症可发展至重症流感，少数重症病例的病情进展快，可因急性呼吸窘迫综合征或多脏器衰竭而死亡。重症流感主要发生在老年人、年幼儿童、孕产妇和有慢性基础疾病者等高危人群中。学校、托育机构作为封闭的人群密集场所，流感疫情暴发往往早于并加剧季节性和大流行性流感在社区的传播。

1. 流行病学

流感患者和隐性感染者是流感的主要传染源。流感从潜伏期末到急性期都有传染性。病毒在人的呼吸道分泌物中一般持续排毒 3～6 天，儿童、免疫功能受损者的排毒时间超过 1 周。

2. 传播途径

流感主要通过打喷嚏或咳嗽等飞沫传播，经口腔、鼻腔、眼睛等黏膜直接或间接接触感染，接触被病毒污染的物品也可通过上述途径感染。

3. 临床表现

潜伏期一般为 1～4 天。主要以发热、头痛和全身不适起病，体温可达 40℃，可有畏寒、寒战，多伴全身肌肉酸痛、乏力、食欲减退等症状，常有咽喉痛、干咳，可有鼻塞、流涕等情况。无并发症者病程呈自限性，通常于发病 3～4 天后体温逐渐恢复正常，全身症状好转，但咳嗽、体力恢复通常需 1～2 周。

4. 隔离期

成人和较大年龄儿童一般持续排毒 3～8 天，低龄儿童发病时的排毒量与成人相同，但排毒量下降更慢，排毒时间更长。

5. 日常预防措施

采取日常防护措施可以有效减少流感的感染和传播。日常防护措施，包括：保持良好的呼吸道卫生习惯，咳嗽或打喷嚏时，用纸巾、毛巾等遮住口鼻；勤洗手，尽量避免用不干净的手触摸眼睛、鼻或口；均衡饮食，适量运动，保证充足的休息；避免近距离接触流感样症状患者，在流感流行季节，尽量避免去人群聚集的场所；出现流感样症状后，婴幼儿应居家观察，不带病人园，接触家庭成员时戴口罩，减少疾病的传播；去医院就诊时，婴幼儿及照护者要戴口罩，避免交叉感染；等等。

典型案例

2 岁的萌萌，体温 37℃，精神萎靡，面部、躯干、四肢有密集的红斑、丘疹、米粒至绿豆大小的水疱，疱周有红晕，少数结痂，四肢远端皮损较少，口腔，外阴黏膜有水疱，左侧额面部数个水疱破溃有渗液。

请推断萌萌可能得了什么病。

（二）水痘

水痘是一种急性呼吸道传染病，由水痘—带状疱疹病毒首次感染后引起，多见于儿童，以分批出现的全身性丘疹、水疱、结痂为主要临床特征，还会出现发热、头痛、咽痛等，并发症以皮肤继发细菌感染为主，严重者也可发生肺炎、脑炎等。水痘—带状疱疹病毒还可以引起带状疱疹，多发生于中老年人，其发病机制是儿童首次感染病毒患水痘痊愈后，部分病毒潜伏于神经细胞内，形成慢性、潜伏性感染，进入中老年时期后，潜伏的病毒被激活，导致身体单侧体表神经分布的皮肤出现带状、成簇的水疱，并伴有局部神经痛。

1. 流行病学

水痘在人与人之间传播，主要通过吸入含有水痘病毒的水痘液的气溶胶，或者吸入患者排出的呼吸道分泌物。水痘的传染性强，患者家庭内易感者的感染率可以达到 100%。

2. 传播途径

水痘的传播途径广，主要通过呼吸道飞沫和直接接触传播，也可通过被污染的衣物、玩具等传播。这种传播途径意味着儿童只要和出水痘的人群接触，同时自身又没有较强的免疫力，受感染的概率就会非常大。其潜伏期一般为 2～21 天，平均为 14～16 天。

3. 临床表现

患儿出疹前 1～2 天可有发热、头痛、咽痛、乏力等症状。典型症状：起病后 1 周内可分批出现斑疹、丘疹、水疱、脓疱和结痂等多形性皮损。皮疹呈向心性分布，以头面部和躯干较为常见，还可累及口腔、外阴和头皮，甚至是耳道。

4. 隔离期

从出疹前 48 小时持续至皮损完全结痂。

5. 日常预防措施

室内开窗通风，避免传染他人；患儿的衣被、用具，可暴晒或者煮沸消毒；饮食注意清淡、易消化，忌食生冷刺激性食物，保证足够的饮水量，保证大便通畅；卧床休息，加强护理，注意监测体温；保持皮肤清洁，不搔抓皮肤，保持水疱干燥，尽快

学习笔记

学习笔记

结痂，防止继发感染；选择纯棉的贴身衣物，勤换洗；日常用品要定期消毒，采取洗、晒、烫、煮、烧消毒，不与别人共用同一件物品；注意手卫生，注意修剪指甲，避免搔抓、抓破水疱引起感染或遗留瘢痕。

（三）麻疹

麻疹是一种具有高度传染性的急性出疹性呼吸系统传染病，麻疹病毒属于 RNA 病毒，分类上属于副黏液病毒科、麻疹病毒属。麻疹病毒对理化因素的抵抗力弱，对热、强光、酸、干燥和一般消毒剂都很敏感，在日光照射下或流通空气中 20 分钟即可失去致病力。

1. 流行病学

从潜伏期末到出疹后 5 天内，患儿的结膜和呼吸道分泌物、尿和血液均携带此病毒。

2. 传播途径

主要通过直接接触和呼吸道分泌物飞沫传播。

3. 临床表现

麻疹可分为潜伏期、前驱期、出疹期和恢复期。潜伏期：9～14 天，在潜伏期可有轻度体温上升。前驱期：2～4 天，有发热、咳嗽、流涕、结膜炎及流泪、打喷嚏等症状，体温可高达 40℃。麻疹早期的特征性体征是麻疹黏膜斑。出疹期：皮疹首先在发际、颈侧部和耳后出现，然后大约在 24 小时内向面部、颈部、上肢及上胸部蔓延，之后向躯干和下肢蔓延，包括脚掌，而且融合成片，此时体温升高，在出疹后的第 4 天，皮疹开始消退。恢复期：病程后期皮肤变为棕色以及脱屑。

4. 隔离期

隔离至出疹后 5 天，如果伴有呼吸道并发症时，应延长到出疹后 10 天。

想一想

手足口病的典型症状有哪些？

（四）手足口病

手足口病是由肠道病毒感染引起的一种儿童常见传染病，5 岁以下的儿童多发。自 2008 年手足口病在我国大范围流行已过去十余年，手足口病仍会严重影响儿童的健康。

1. 流行病学

患儿和隐性感染者为主要的传染源，手足口病的隐性感染率高。肠道病毒适合在湿热的环境下生存，可通过感染者的粪便、咽喉分泌物、唾液和疱疹液等传播。儿童普遍易感，以 5 岁以下儿童为主。

学习笔记

2. 传播途径

密切接触是手足口病重要的传播方式，通过被病毒污染的手、毛巾、牙杯、玩具、食具、奶具等传播；还可以通过飞沫传播；饮用或食入被病毒污染的水和食物亦可被感染。

3. 临床表现

手足口病多表现为发热，手、足、口、臀部等部位出疹，且不限于手、足、口部位。皮疹可表现为疱疹或大疱样改变，可伴疼痛及痒感，可伴有咽痛、咳嗽、流涕、食欲不振等症状。部分病例仅表现为皮疹或疱疹性咽峡炎，个别病例可无皮疹。

4. 隔离期

从出现症状到疱疹形成痂皮，直至痂皮脱落为止。

（五）感染性腹泻

感染性腹泻指因各种病原体肠道感染引起的腹泻。目前引起感染性腹泻的病原体主要有三大类：细菌、病毒、寄生虫。我国以细菌和病毒为主。细菌性腹泻以志贺氏菌、肠致泻性大肠杆菌、致泻性弧菌为主，以及其他致泻性菌，如空肠弯曲菌和小肠耶尔氏菌。病毒性腹泻在感染性腹泻中占有一定比例，其病原体包括轮状病毒、腺病毒、星状病毒、小圆病毒、杯状病毒等。《中华人民共和国传染病防治法》将霍乱定为甲类传染病，将细菌性和阿米巴性痢疾、伤寒和副伤寒定为乙类传染病，将除上述以外的感染性腹泻定为丙类传染病。

1. 流行病学

全年均可发生，但有明显的季节高峰。细菌性腹泻的发病高峰一般在夏秋季节，轮状病毒等病毒性腹泻主要发生在寒冷季节，以冬春季节发病较多。发病高峰季节随地区和病原体的不同而发生变化。

2. 传播途径

感染性腹泻的传播途径主要是粪—口传播，即通常经水、食物、接触和苍蝇等媒介传播。用受到传染源粪便污染的水冲洗生冷食品如瓜果、海产品、蔬菜等从而使它们受到污染。接触传播通常引起感染性腹泻散发，被污染的手是传播的重要因素，尤其是卫生况较差的儿童。

3. 临床表现

粪便的性状可为稀便、水样便、黏液便、脓血便或血样便。同时可伴有腹痛、恶心、呕吐、腹胀、食欲不振、发热及全身不适等。病情严重者，可以因大量丢失水、电解质而引起脱水、电解质紊乱甚至休克，最后确诊须依赖病原学检查。

4. 隔离期

感染性腹泻是否进行隔离，需要根据感染的病原体判定。细菌性腹泻需隔离至症状消失后连续 2～3 次大便培养阴性方可解除隔离，病毒病腹泻一般需要在症状完全消失后的 3 天内解除隔离。

5. 日常预防措施

注意个人卫生，饭前便后勤洗手；家庭成员患病时其呕吐物和饮食用具要严格消毒；注意乳制品的保存以及奶具、玩具、便具的定期消毒；不吃生的食物，不饮生水，不吃放置时间过久或变质过期的食品；煮熟的食物趁热吃，隔夜的食物吃之前要彻底加热；生熟食品应分开存放，已消毒餐具和未消毒餐具分开存放，避免交叉感染；在本病高发期，尽量避免到人群聚集场所。

拓展阅读

《学校和托幼机构传染病疫情报告工作规范(试行)》节选

1. 报告内容及时限

(1)在同一宿舍或者同一班级，1 天内有 3 例或者连续 3 天内有多个学生(5 例以上)患病，并有相似症状(如发热、皮疹、腹泻、呕吐、黄疸等)或者共同用餐、饮水史时，学校疫情报告人应当在 24 小时内报出相关信息。

(2)当学校和托幼机构发现传染病或疑似传染病病人时，学校疫情报告人应当立即报出相关信息。

(3)个别学生出现不明原因的高热、呼吸急促或剧烈呕吐、腹泻等症状时，学校疫情报告人应当在 24 小时内报出相关信息。

(4)学校发生群体性不明原因疾病或者其它突发公共卫生事件时，学校疫情报告人应当在 24 小时内报出相关信息。

2. 报告方式

当出现符合本工作规范规定的报告情况时，学校疫情报告人应当以最方便的通讯方式(电话、传真等)向属地疾病预防控制机构(农村学校向乡镇卫生院防保组)报告，同时，向属地教育行政部门报告。

二、 常见传染病的预防接种

接种疫苗是预防和控制传染病的有效手段。疫苗的发明和预防接种是人类伟大的公共卫生成就。疫苗接种的普及减少了儿童的残疾和死亡的发生。世界各国政府均将预防接种列为优先的公共预防服务项目。

拓展阅读

接种疫苗的作用

我国通过接种疫苗，实施国家免疫规划，有效地控制了传染病的传播。通过口服小儿麻痹糖丸，自 1995 年后，我国即阻断了本土脊髓灰质炎病毒的传播，使成千上万孩子避免了肢体残疾；普及新生儿乙肝疫苗接种后，我国 5 岁以下儿童乙肝病毒携带率已从 1992 年的 9.7%降至 2014 年的 0.3%；20 世纪中期，我国麻疹年发病人数曾高达 900 万，2017 年，发病人数已不到 6000 例；普及儿童计划免疫前，白喉每年可导致数以十万计的儿童发病，2006 年后，我国已无白喉病例报告。20 世纪 60 年代，我国流脑发病最高年份曾达 304 万例，2017 年，发病人数已低于 200 例；乙脑最高年份报告近 20 万例，2017 年的发病数仅千余例。

国家免疫规划的实施有效地保护了广大儿童的健康和生命安全。不断提高免疫服务质量，维持高水平接种率是全社会的责任。

表 4-1-1 是国家规定的婴幼儿时期需接种的一些疫苗接种年龄、名称及所预防的疾病。托育机构的照护者还需要了解几类婴幼儿常见传染病的预防接种注意事项。

表 4-1-1 国家免疫规划疫苗 0～3 岁婴幼儿免疫程序表(部分)

接种年龄	疫苗种类	可预防的疾病
出生 24 小时	乙型肝炎疫苗(1)	乙型病毒性肝炎
	卡介苗	结核病
1 个月	乙型肝炎疫苗(2)	乙型病毒性肝炎
2 个月	脊髓灰质炎灭活疫苗(1)	脊髓灰质炎
3 个月	脊髓灰质炎灭活疫苗(2)	脊髓灰质炎
	百白破疫苗(1)	百日咳、白喉、破伤风
4 个月	脊髓灰质炎减毒活疫苗(3)	脊髓灰质炎
	百白破疫苗(2)	百日咳、白喉、破伤风
5 个月	百白破疫苗(3)	百日咳、白喉、破伤风
6 个月	乙型肝炎疫苗(3)	乙型病毒性肝炎
8 个月	麻腮风疫苗	麻疹、风疹、流行性腮腺炎
18 个月	百白破疫苗(4)	百日咳、白喉、破伤风

注：括号内的数字是表示接种针(剂)次。

(一)流行性感冒

学习笔记

人体对感染流感病毒或接种流感疫苗后获得的免疫力会随时间衰减，衰减程度与人的年龄和身体状况、疫苗抗原等因素有关。为匹配不断变异的流感病毒，世界卫生组织在多数季节推荐的流感疫苗组分会更新一个或多个毒株，疫苗毒株与前一季节完全相同的情况也存在。为保证接种人群最大限度地得到保护，即使流感疫苗组分与前一季节完全相同，鉴于多数接种者的抗体滴度已显著下降，因此不管前一季节是否接种流感疫苗，都建议在当年流感季节来临前接种。

流感疫苗在我国大多数地区属于非免疫规划疫苗，公民自费、自愿接种。《健康中国行动(2019—2030 年)》列出了 15 项重大行动。其中，“慢性呼吸系统疾病防治行动”建议慢性呼吸系统疾病患者和老年人等高危人群主动接种流感疫苗和肺炎球菌疫苗，“传染病及地方病防控行动”明确提出，儿童、老年人、慢性病患者的免疫力低、抵抗力弱，是流感的高危人群，建议在流感流行季节前在医生的指导下接种流感疫苗。流感疫苗接种对象为≥6 月龄所有愿意接种疫苗且无禁忌症的人群。

1. 接种对象及流程

6 月龄～8 岁儿童：首次接种或既往接种 2 剂次以下流感疫苗的 6 月龄～8 岁儿童应接种 2 剂次，间隔≥4 周；以前接种过 2 剂或以上流感疫苗的儿童，则建议接种 1 剂。

通常接种流感疫苗 2～4 周后，可产生具有保护水平的抗体，6～8 个月后抗体滴度开始衰减。我国各地每年流感活动高峰出现的时间和持续时间不同，为保证接种者在流感高发季节前获得免疫保护，建议尽快安排预防接种，最好在 10 月底前完成免疫接种；对 10 月底前未接种的对象，整个流行季节都可以提供免疫服务。同一流感流行季节，已按照接种程序完成全程接种的人员，无须重复接种。

2. 禁忌症

对疫苗中所含任何成分(包括辅料、甲醛、裂解剂及抗生素)过敏者禁止接种。伴或不伴发热症状的轻中度急性疾病者，建议症状消退后再接种。上次接种流感疫苗后 6 周内出现吉兰-巴雷综合征①，不是禁忌症，但应特别注意。

以下人群不建议接种流感疫苗：接种前 48 小时服用过流感抗病毒药物者；2～4 岁患有哮喘的儿童；因使用药物、感染等造成免疫功能低下者；使用阿司匹林或含有水杨酸成分药物治疗的儿童；有脑脊液渗漏(经口咽部、鼻咽部、鼻腔、耳朵等部位)风险的人群(如人工耳蜗植入史等)。因抗病毒药物对流感疫苗中活病毒的影响，接种时需考虑不同药物的代谢时间。在接种前 48 小时使用过奥司他韦、扎那米韦，接种前 5 天使用过帕拉米韦，接种前 17 天使用过巴洛沙韦者，禁止接种流感疫苗。

（二）水痘

水痘感染以后可以获得比较持久的免疫力，打水痘疫苗能够比较有效地预防水痘的发生。水痘减毒活疫苗能够预防儿童发生水痘，保护率为 85%～95%，可以持续 10 年以上。

1. 接种对象及流程

对象：1 岁以上水痘易感人群，未患过水痘且未接种过水痘疫苗者；接种过 1 剂次水痘疫苗 3 年以上者。流程：12～24 月龄接种第 1 剂，4～6 周岁接种第 2 剂。未按程序完成 2 剂次接种者补齐 2 剂次，接种间隔至少 3 个月。

2. 禁忌症

淋巴细胞总计数少于 $1200/mm^3$ 或表现有细胞免疫功能缺陷的原发性或继发性免疫缺陷的个体，如白血病活动期、淋巴瘤等；过敏体质，对新霉素全身超敏者，对疫苗内任何成分过敏者；孕妇；免疫缺陷和接受免疫抑制治疗者。以上人群不得接种。

（三）麻疹

接种麻疹减毒活疫苗是预防麻疹的重要措施，其预防效果可达 90%。虽然部分接种儿可发生轻微反应，如发热、不适、无力等，少数在发热后还会出疹，但不会继发细菌感染，亦无神经系统并发症。

1. 接种对象及流程

(1)8 月龄以上的易感者

初免年龄为 8 月龄，再免疫年龄为 7 周岁。也可 8 月龄初免，1.5～2 岁再免疫 1 针以减少初免失败的易感者。

---

① 吉兰-巴雷综合征是以周围神经和神经跟的脱髓鞘病变及小血管炎性细胞浸润为病理特点的自身免疫性周围神经病，临床表现为急性、对称性、弛缓性肢体瘫痪。

(2)病例发生后的应急接种

其对象是病人活动范围内的易感者。流行地区接种率应在95%以上。接种时间越早越好，在首代病例出现后疫情尚未蔓延之前接种完毕。接种疫苗后7～12天就可产生抗体，比感染后产生抗体的时间短，因此对易感者进行应急接种可控制疫情蔓延或终止流行。麻疹潜伏期的儿童接种疫苗后一般没有不良反应，在麻疹感染后1～2天内接种疫苗可阻止病毒血症的产生，使感染者的临床症状减轻。

2. 禁忌症

对青霉素和鸡蛋有过敏史或类过敏反应者；伴有发热的呼吸道疾病、活动性结核、血液病、恶病质和恶性肿瘤等者；原发性和继发性免疫缺陷病人或接受免疫抑制剂治疗者；个人或家族有惊厥史和脑外伤史者。以上人群不得接种。

（四）手足口病

手足口病，因其所致的重症和死亡病例，已经成为严重的公共卫生问题，引起了社会和卫生部门的高度关注。由于该病在儿童中普遍易感，且缺乏有效的预防和治疗措施，因此接种安全、有效的针对性疫苗已成为防控该病有效的手段。

1. 接种对象及流程

对6月龄以上易感儿童，越早接种越好；鼓励在12月龄前完成接种程序，以便尽早发挥其保护作用。

2. 禁忌症

已知对手足口病疫苗任何一种成分过敏者，发热、急性疾病期患者及慢性疾病急性发作患者不得接种。

学习笔记

拓展阅读

疫苗接种

一、接种反应

常见的接种反应是在注射部位出现短时间的烧灼及刺痛，个别接种者可在接种疫苗后出现发热、皮疹、恶心、呕吐、腹泻等或轻度的局部反应，如红斑、硬结和触痛，极其罕见的会出现过敏反应。

二、补种通用原则

未按照推荐年龄完成国家免疫规划规定剂次接种的小于18周岁人群，在补种时需掌握以下原则。

1. 应尽早进行补种，尽快完成全程接种，优先保证国家免疫规划疫苗的全程接种。

2. 只需补种未完成的剂次，无须重新开始全程接种。

3. 当遇到无法使用同一厂家同种疫苗完成接种程序时，可使用不同厂家的同种疫苗完成后续接种。

三、流行季节疫苗接种

国家免疫规划使用的疫苗都可以按照免疫程序和预防接种方案的要求，全年(包括流行季节)开展常规接种，或根据需要开展补充免疫和应急接种。

学习笔记

三、 传染病的预防与控制

传染病的控制对于维护婴幼儿健康和预防严重疾病具有重要作用。托育机构的婴幼儿、婴幼儿家长、照护者之间的接触，增加了传染病传播的可能性。

（一）传染病的发生

婴幼儿之间以及婴幼儿与照护者之间的频繁互动，很容易导致病菌的传播。在托育机构中易传播传染病的主要原因有以下几点：婴幼儿还没有养成良好的卫生习惯；没有认识到有的病菌会在温暖潮湿的环境下迅速繁殖，而托育机构及身处其中的婴幼儿正好为细菌滋生提供了温暖潮湿的“沃土”；疾病通过空气和人与人的接触得以传播；托育机构中的某些行为(见表 4-1-2)促进了传染病的传播。托育机构应该避免这些行为的发生。

表 4-1-2　导致传染病在托育机构中传播的常见行为

- 没有按要求洗手。
- 婴幼儿将玩具塞到嘴里。
- 年长的孩子和穿尿布的孩子混在一起玩。
- 婴幼儿的数量多，尤其是在一个封闭的空间里。
- 换尿布时没有按照步骤进行处理和清洁。
- 照护者承担双重职责，如准备食物的同时还要照顾婴幼儿。
- 设施不齐全，如没有足够的浴室和小房间，或者换尿布的地方未与其他区域分隔开。
- 供玩水的桌子或水池没有经过清洁处理，或者没有经常换水。
- 婴幼儿和照护者接触流浪宠物。
- 没有通知或核查托育机构中要接种和继续打疫苗的婴幼儿。
- 没有要求工作人员接种疫苗，或者没有核查所有工作人员的疫苗接种记录。
- 没有进行每日健康常规检查。
- 让生病的工作人员继续工作。
- 工作人员生病时，没有有效的替补机制。
- 没有隔离患病的婴幼儿。
- 当婴幼儿接触到传染病时没有及时告知其家长。
- 没有适当的消毒卫生措施，特别是玩具的消毒、食物的准备、盥洗室和睡眠室的卫生。
- 食物储存不当。
- 拿取食物的方法不卫生。
- 空气不流通。
- 婴幼儿共用寝具。
- 对没有预防接种的婴幼儿缺乏相应的措施。
- 进行不同的操作时没有用分开的容器，从而可能导致交叉感染。

（二）传染病的识别

托育机构应当建立婴幼儿晨检、因病缺勤病因追查与疫情监测制度。

1. 晨检

晨检应在机构疫情报告人的指导下进行，由保健员对到园的每个婴幼儿进行观察、询问，了解婴幼儿的出勤、健康状况。保健员发现婴幼儿有传染病的早期症状(如发热、皮疹、腹泻、呕吐、黄疸等)以及疑似传染病病人时，应当及时告知园所疫情报告人，园所疫情报告人要进一步排查，以确保做到对传染病病人早发现、早报告。

2. 因病缺勤病因追查

照护者应当密切关注本班婴幼儿的出勤情况，对于因病缺勤的婴幼儿，应当了解婴幼儿的患病情况和可能的病因，如有怀疑，要及时报告给园所疫情报告人。园所疫情报告人接到报告后应及时追查婴幼儿的患病情况和可能的病因，以做到对传染病病人早发现。

3. 疫情监测

在同一班级，1 天内有 3 例或者连续 3 天内有多个婴幼儿(5 例以上)患病，并有相似症状(如发热、皮疹、腹泻、呕吐等)或者共同用餐、饮水史，应考虑传染病，应当在 24 小时内向辖区主管部门报告相关信息。

（三）发生传染病的处理流程

1. 立即隔离

在晨检或全日观察中，发现患儿或疑似患儿应立即隔离(由家长带回就诊，在家隔离)。

2. 及时通报

立即通知园长。发病 24 小时内报告辖区主管部门，情况紧急可先电话传报。

3. 发病班级的应急处置

①发病班级保育员在保健员的指导下，进行班级终末消毒。

②进行医学观察。

③医学观察期间落实专人晨检。

④使用专用应急通道。

⑤对在家隔离的患儿每天进行情况了解(电话了解病情)。

⑥加强对婴幼儿的观察(主要观察发热、咳嗽、流涕情况)，对缺勤婴幼儿当天家访，及时了解婴幼儿的健康情况。

⑦执行发生传染病之后的班级消毒要求。

⑧医学检疫期内不并班、不进新生、不参加混班活动。

⑨隔离至最后一例患儿满检疫期。

4. 未发病班级应急处置

①加强班级消毒。

②加强晨检全日观察。

③对班级缺勤婴幼儿当天家访，及时了解情况。

④所有生活、活动用品与发病班级严格分开。

⑤至发病班级医学检疫期结束。

学习笔记

5. 人员培训

①对全园工作人员进行关于传染病的主要症状、传播途径、易感人群等内容的培训。

②及时对婴幼儿家长进行传染病防治知识的宣传。

学习效果检测

一、思考题

1.《中华人民共和国传染病防治法》规定的传染病有几种？如何分类？

2. 讨论传染病的四种传播途径，并针对不同的传播途径提出预防疾病传播的方法。

3. 请说出流行性感冒的日常预防措施。

4. 请说出预防接种的常见接种反应。

5. 哪些不良行为可导致传染病在托育机构流行？

二、实践应用

1. 4～5名同学组成一个小组，选择一个托育机构，检查托育机构在传染病防控方面措施是否落实到位。

2. 4～5名同学组成一个小组，以流行性感冒为例，模拟如何识别托育机构发生传染病流行，以及如何进行疫情报告。

3. 4～5名同学组成一个小组，模拟在家长课堂上如何介绍常见儿童传染病的识别及日常预防措施。

三、案例分析

午饭时，丽丽胃口不好，总说嘴巴痛。照护者检查了丽丽的口腔后发现有红点，同时查看了全身，发现手、足、臀部没有明显的皮疹，但是膝盖处有大疱样皮疹，测了体温是正常的。照护者联系了家长，告知家长丽丽可能是手足口病，建议家长带至医院就诊。到医院经医生诊断，丽丽被确诊为患有手足口病，但是症状轻微，无须用药，医生建议在家观察。

请根据所学的知识阐述手足口病的常见症状有哪些，隔离的要求有哪些，如何预防。

学习任务二
卫生保健

学习初体验

标准洗手是个人防护的基本要求。你了解什么是标准洗手吗？手卫生和手消毒的定义分别是什么？托育机构手卫生设施有何要求？手卫生指征是什么？托育机构各项预防性消毒工作如何开展？各种消毒剂配比和使用方法是什么？请记录你的观察和结论，学完本任务后再来看看最初的记录。

学习任务单

项目	内容
学习目标	学完本任务后，你应该能够 ①了解手卫生、如厕卫生等的要求。 ②掌握各类环境和物品预防性消毒方法。 ③理解卫生保健工作的系统性和重要性，培养生命至上的思想和关爱生命的职业情怀。
学习要点	本任务的重点、难点 掌握各类环境和物品预防性消毒方法。
学习建议	学习前 ①完成本任务中的学习初体验活动。 ②查阅《托育机构管理规范（试行）》《托儿所幼儿园卫生保健工作规范》《人群聚集场所手卫生规范》等文件中的相关规定。 学习中 ①完成本任务中的相关活动。 ②观看相关的视频资料，并记录下自己的认识。 学习后 完成本任务后的学习效果检测。

续表

项目	内容
学习运用	你觉得在哪些工作场景中可以运用到所学知识？(学生填写)
学习反思	记录你在学习过程中的思考。(学生填写)

情景导入

学习笔记

班级户外活动结束后，全班孩子在照护者的带领下返回教室准备享用点心。保育员准备了湿巾让孩子擦手后吃点心，照护者看到后予以制止，将全班孩子带到水池边，用流动水加洗手液进行了标准洗手。

下午，小明出现了身体发软、发热现象，保健员仔细检查后发现小明的口腔、手和臀部都有疱疹，怀疑是手足口病，电话联系小明妈妈将他接回去，同时将全班孩子转移到另一个独立的教室，对班里进行了紫外线空气消毒，并对孩子的书桌、凳子等各类物体表面进行了消毒。

在托育机构中，清洁与消毒工作是减少疾病发生和防止传染病的有效措施。清洁就是清洗各种物体，而消毒则是除去或消灭机体以外的各种物体上的病原体(细菌、病毒)。本部分将围绕卫生防护及清洁与消毒展开，为婴幼儿的健康提供支持。

一、 卫生防护

保持良好的个人卫生习惯是预防疾病的重要手段，主要措施包括：勤洗手；保持环境清洁和通风；尽量少到人群密集场所活动，避免接触呼吸道感染患者；咳嗽或打喷嚏后洗手，尽量避免触摸眼睛、鼻或口。在托育机构中，粪便污染会导致疾病由携带者向其他人传播，细菌还会通过尿液传播。使用一次性桌垫、一次性手套，正确洗手、将弄脏的衣服放在一个干的塑料袋中……这些都是控制污染和预防疾病传播的措施。

（一）手卫生

1. 手卫生的概念

①洗手：用流动水和洗手液(或香皂)揉搓并冲洗双手，去除手部污垢、碎屑和部分微生物的过程。

②手消毒：用专用消毒剂揉搓或浸泡双手，杀灭手部微生物并达到无害化的处理过程。

③手卫生：进行洗手或手消毒的过程。手部有可见污染物时，在流动水下用洗手液(或香皂)洗手；无可见污染物时，可用流动的水洗手或用专用消毒剂揉搓双手。

④手卫生设施：用于洗手和手消毒的设备和用品，包括洗手池、水龙头、流动水、洗手液(或香皂)、干手用品、手消毒剂、感应式手消毒设备等。

2. 手卫生的设施要求

人群聚集场所宜配备与人群规模相匹配的手卫生设施，且设施适宜、便捷。

场所设置流动水洗手设施，流动水的水质应符合生活饮用水卫生标准。

洗手池宜选用陶瓷、钢化玻璃或不锈钢等光滑易清洁的材质，上方有自然采光或照明设备。

洗手水龙头宜选用表面易清洁的水龙头，宜配备非手触式水龙头。

人群聚集场所配备洗手液(或香皂)，有条件的场所宜配备非手触式出液器，并符合以下要求。

①盛放洗手液的容器宜为一次性使用。

②可重复使用的洗手液容器在更换或添加洗手液时应清洁、消毒。

③洗手液变质时应及时更换。

④使用的香皂及香皂盒宜定期清洁，并保持干燥。

人群聚集场所宜配备干手用品(烘手机或纸巾)及带盖垃圾桶。

在传染病流行期间，人群聚集场所出入口、电梯间、餐厅、卫生间等处宜配置手消毒剂或感应式手消毒设备。

3. 手卫生的指征

下列四种情况应进行手卫生。

①清洁操作前，如饮食前、加工制作食品前、触摸口鼻和眼睛前、护理婴幼儿前等。

②污染操作后，如咳嗽、打喷嚏用手捂口鼻后、大小便后、护理病患后、触摸钱币后、接触或处理各种垃圾和污物后等。

③手部有明显的污染物。

④在传染病流行期间，触摸门把手、电梯按键等各类高频接触的物体表面后。

4. 手卫生的方法

(1)洗手

在流动水下，双手充分淋湿，取适量洗手液(或香皂)均匀涂抹至整个手掌、手背、手指、指甲缝和指缝，按照七步洗手法认真揉搓双手。

(2)手消毒

①取适量手消毒剂于掌心，双手揉搓，使其均匀涂抹至手的每个部位，揉搓消毒至干燥。

学习笔记

②手消毒时首选速干手消毒剂，醇类过敏者，可选用季铵盐类等非醇类手消毒剂；在某些对醇类不敏感的肠道病毒流行期间，宜选择其他有效的手消毒剂。

（二）如厕卫生

1. 尿布区的要求

换尿布的地方应该与其他地方分开，并且配备安全、清洁装置。尿布区应符合以下卫生要求。

①专设一个地方用于换尿布。

②换尿布前后，用流动的水洗手。

③尿布区要尽可能远离准备食物的地方。

④尿布台表面要平整、安全，而且最好离地面 1 米左右。

⑤确保尿布台表面干净、防水、没有裂痕。

⑥使用一次性的垫子，如方巾、卷纸，用后即扔。

⑦如果换尿布时儿童拿着玩具或其他物品，换完尿布后应该马上消毒。

⑧为安全起见，所有的洗液应置于婴幼儿够不到的地方。

⑨看好婴幼儿，不要让婴幼儿处于无人看管的状态。

⑩换干净的尿布或其他物品时，要记得如果手套被弄脏了，就可能污染干净的尿布和其他物品。

2. 换尿布的要求

设计换尿布的正确步骤，并张贴在尿布区的墙上。严格按照换尿布的步骤，在干净、清洁的尿布区更换尿布，可以大大降低感染风险，具体步骤如下。

①准备好环境和所需物品：包括对尿布台进行清洁和消毒，正确洗手。

②戴一次性手套。

③抱起婴幼儿。如果尿布脏了，抱婴幼儿时尽量离远一些。

④让婴幼儿平躺在尿布台面上；为了防止污染，必要时可以脱去婴幼儿的鞋袜。脱掉弄脏的或湿的尿布，如果衣服被弄脏了，也脱去。

⑤把换下的一次性尿布放到塑料袋中，用绳子扎好，扔进垃圾桶并盖上桶盖。

⑥用一次性湿巾为婴幼儿擦干净屁股，从前向后擦洗，用纸巾擦干。

⑦把用过的一次性湿巾和纸巾扔进带盖的垃圾桶内。

⑧用一次性湿巾擦手，将用过的湿巾扔进带盖的垃圾桶内。

⑨换尿布，帮婴幼儿穿衣服，为婴幼儿洗手。

⑩将尿布台表面上的一次性铺盖物扔掉。

⑪将一次性手套扔进带盖的垃圾桶内，仔细清洗双手。

针对使用棉制尿布的婴幼儿，换下的尿布应该放在专门的塑料袋中；如果尿布弄脏了婴幼儿的衣服，衣服应该放在密封的塑料袋中。避免使用托育机构的清洁设备来清洗、熨烫尿布，防止疾病的传播。如果婴幼儿一天之内腹泻超过 3 次，或者便中带

练一练

可以分小组演练一下换尿布的步骤，并相互点评。

血或黏液，应立即告知家长并送医。

3. 如厕照护卫生

托育机构室内外宜设置方便婴幼儿使用的洗手间，配备婴幼儿规格的厕位，大小适合婴幼儿的生理特点，配备能用流动水洗手的洗手池。婴幼儿如厕时应有一名照护者陪同以便能随时观察，如果只有一名照护者，他需要保证能照看到所有的婴幼儿。洗手间需要每天清洗、消毒。如果婴幼儿腹泻弄脏了厕所，需要立即进行清洁和消毒。

在幼儿使用厕所时，照护者应指导幼儿理解洗手的重要性，并提醒他们如厕前后洗手。观察幼儿的洗手情况，教会幼儿正确洗手，保证洗手时间持续至少 10 秒，如通过唱洗手歌使洗手更加有趣。

对于使用便盆的婴幼儿，这些便盆应远离婴幼儿，并且远离其他可能滋生细菌的表面。照护者指导婴幼儿在上厕所时将自己的便盆交给自己，使用后，照护者应该对便盆进行清洁和消毒，然后洗手。使用一次性手套去拿污染物有助于预防疾病的传播，但这只是一个临时措施，不能取代洗手。

二、 清洁与消毒

在托育机构中，空气流通对控制疾病的传播很重要，阻止病菌传播的有效方法是清洗和消毒并重，单独一项措施是不够的，开窗通风可以减少空气中的病菌，使用清水和清洁剂能够去除灰尘和表面的一些病菌，而用消毒剂则可以更有效地去除残留在表面的病菌。

（一）环境清洁

托育机构应当建立室内外环境卫生清洁和检查制度，每周全面检查 1 次并记录，为婴幼儿提供整洁、安全、舒适的环境。

婴幼儿生活用房应有良好的自然通风条件，保持室内空气清新、阳光充足。每日定时做好环境卫生和物体表面的清洁工作。采取湿式清扫方式清洁地面。室内有防蚊、蝇、鼠、虫及防暑和防寒设备，并放置在婴幼儿接触不到的地方。

厕所做到清洁、无异味，每日定时通风打扫，保持地面干燥。便器每次使用后及时清洗干净。

卫生洁具各班专用专放并有标记。抹布用后及时清洗干净，晾晒、干燥后存放；拖布清洗后应当晾晒或控干后存放。

枕席、凉席每日用温水擦拭，被褥每月曝晒 1～2 次，床上用品每月清洗 1～2 次。

保持玩具、图书表面的清洁卫生，每周至少进行 1 次玩具清洗，每 2 周图书翻晒 1 次。

（二）个人清洁

婴幼儿日常生活用品专人专用，保持清洁。要求每人至少每日一巾一杯专用，毛巾架的间距应合理，并有毛巾消毒设施。婴幼儿有安全、卫生、独自使用的床位和被

想一想

作为一名托育机构的工作人员，你已经非常努力地尽可能保持环境的卫生了。但是，你发现班里一些 2 岁的孩子仍然经常感冒，而且有些孩子还患上了疥疮。你可能忽略了什么？

学习笔记

想一想

你在一家托育机构工作，机构中有许多活动室，孩子们的学习和活动是分别在不同的活动室中进行的。在午睡时间，为了方便看管，所有的孩子都在一个大屋子里睡觉，而且孩子睡的床之间连走路的空隙都没有。你如何向你的主管反映这个问题？

学习笔记

褥，被褥、床单要勤洗勤晒，不得布置双层床。

培养婴幼儿良好的卫生习惯。饭前便后应当用洗手液(或香皂)、流动水洗手，早晚洗脸、刷牙，饭后漱口。做到勤洗头洗澡、勤换衣、勤剪指(趾)甲。

照护者应当保持仪表整洁，注意个人卫生。饭前便后和护理婴幼儿前应用洗手液(或香皂)、流动水洗手；上班时不戴戒指，不留长指甲，不在园(所)内吸烟。

（三）预防性消毒

卫生保健人员定期接受有关消毒隔离技术知识的培训，负责对托育机构内的消毒隔离工作检查指导。

活动室、卧室应当每日开窗通风至少 3 次，每次至少 30 分钟。在不适宜开窗通风时，每日应当采取其他方法对室内空气消毒 1 次。

婴幼儿的餐饮具每餐使用后应当在食堂或清洗消毒间集中清洗消毒。餐桌在每餐使用前消毒，反复使用的餐巾在每次使用后消毒。

婴幼儿的水杯每日清洗消毒，用水杯喝豆浆、牛奶等易附着于杯壁的饮品后，应及时清洗消毒。擦手毛巾每日消毒 1 次。

门把手、水龙头、床围栏等婴幼儿易触摸的物体表面每日消毒 1 次。抹布每次使用后消毒。坐便器每次使用后及时冲洗，接触皮肤部位消毒。

使用符合国家标准或规定的消毒器械和消毒剂。托育机构环境和物品的预防性消毒方法应当符合要求(见表 4-2-1)。

表 4-2-1　托育机构环境和物品的预防性消毒方法

消毒对象	物理消毒方法	化学消毒方法	备注
空气	托育机构开窗通风每日至少 3 次，每次至少 30 分钟。		在外界温度适宜、空气质量较好、保证安全性的条件下，应采取持续开窗通风的方式。
	采用紫外线杀菌灯进行照射消毒，每日 1 次，每次持续照射 60 分钟。		1. 不具备开窗通风条件时使用。 2. 应使用移动式紫外线杀菌灯。按照每立方米 1.5 瓦计算紫外线杀菌灯管的需要量。 3. 禁止紫外线杀菌灯照射人体体表。 4. 采用反向式紫外线杀菌灯在室内无人环境持续照射消毒时，应使用无臭氧式紫外线杀菌灯。

消毒对象	物理消毒方法	化学消毒方法	备注
餐具、炊具、水杯	煮沸消毒 15 分钟或蒸汽消毒 10 分钟。		1. 对餐具先去残渣，清洗后再进行消毒。 2. 煮沸消毒时，被煮物品应全部浸没在水中；蒸汽消毒时，被蒸物品应疏松放置，水沸后开始计算时间。
	餐具消毒柜、消毒碗柜消毒。所用物品自带消毒功能的按产品说明使用。		1. 使用符合国家标准规定的产品。 2. 保洁柜无消毒作用，不得用保洁柜代替消毒柜进行消毒。
毛巾类织物	用洗涤剂清洗干净后，曝晒至干燥。		曝晒时不得相互叠加。曝晒时间不低于 6 小时。
	煮沸消毒 15 分钟或蒸汽消毒 10 分钟。		煮沸消毒时，被煮物品应全部被浸没在水中；蒸汽消毒时，被蒸物品应疏松放置。
		使用次氯酸钠类消毒剂消毒。使用浓度为有效氯 250～400 mg/L，浸泡消毒 20 分钟。	消毒时，被消毒的织物应全部被浸没在消毒液中，消毒后用生活饮用水将残留消毒剂冲净。
抹布	煮沸消毒 15 分钟或蒸汽消毒 10 分钟。		煮沸消毒时，抹布应全部被浸没在水中；蒸汽消毒时，抹布应疏松放置。
		使用次氯酸钠类消毒剂消毒。使用浓度为有效氯 400 mg/L，浸泡消毒 20 分钟。	消毒时，抹布应全部被浸没在消毒液中，消毒后可直接控干或晾干存放；或用生活饮用水将残留消毒剂冲净后控干或晾干存放。

扫一扫

想要学习餐具清洁与消毒的流程，请扫二维码。

扫一扫

想要学习毛巾清洁与消毒的流程，请扫二维码。

学习笔记

扫一扫

想要学习桌面清洁与消毒的流程，请扫二维码。

扫一扫

想要学习玩具清洁与消毒的流程，请扫二维码。

扫一扫

想要学习卫生间清洁与消毒的流程，请扫二维码。

续表

消毒对象	物理消毒方法	化学消毒方法	备注
餐桌、床围栏、门把手、水龙头等物体表面		使用次氯酸钠类消毒剂消毒。使用浓度为有效氯 100～250 mg/L，浸泡消毒 10～30 分钟。	1. 可采用表面擦拭、冲洗消毒方式。 2. 餐桌消毒后要用生活饮用水将残留消毒剂擦净。 3. 家具等物体表面消毒后可用生活饮用水将残留消毒剂去除。
玩具、图书	托育机构至少每天清洗 1 次玩具。 图书每两周至少通风晾晒 1 次。		适用于不能湿式擦拭、清洗的物品。曝晒时不得相互叠夹。曝晒时间不低于 6 小时。
		使用次氯酸钠类消毒剂消毒。使用浓度为有效氯 100～250 mg/L、表面擦拭，浸泡消毒 10～30 分钟。	根据污染情况，每周至少消毒 1 次。
便盆或坐便器与皮肤接触部位、盛装吐泻物的容器		使用次氯酸钠类消毒剂消毒。使用浓度为有效氯 500～1000 mg/L，浸泡或擦拭消毒 30 分钟。	1. 必须先清洗后消毒。 2. 浸泡消毒时，便盆应全部被浸没在消毒液中。 3. 消毒后用生活饮用水将残留消毒剂冲净后控干或晾干存放。
体温计		使用 75%～80% 的乙醇溶液，浸泡消毒 3～5 分钟。	使用符合《中华人民共和国药典》规定的乙醇溶液。

注：1. 表中有效氯剂是指符合《次氯酸钠类消毒剂卫生质量技术规范》规定的次氯酸钠类消毒剂；2. 传染病消毒根据《中华人民共和国传染病防治法》的规定，配合当地疾病预防控制机构实施。

想一想

假如你是托小班的一位照护者。现在是冬天，班里的很多孩子咳嗽、感冒，你会采取哪些措施来阻止病菌的传播？

（四）传染病流行期间的消毒

发现传染病病人或已知有病原微生物污染时，应依据《疫源地消毒总则》

(GB19193—2015)的要求，在辖区疾病预防控制机构的指导下，做好随时消毒和终末消毒。

消毒方法和范围应根据传染病病原体的特点开展，如呼吸道传染病应加强室内通风换气和空气消毒措施，肠道传染病应加强手卫生、饮食卫生和卫生间的消毒措施。

加强物体表面的清洁消毒。保持各类生活、学习、工作场所(如活动室、睡眠室、盥洗室、教师办公室、音乐室、洗手间等)等场所环境的卫生整洁，每日定时消毒并记录。对门把手、水龙头、楼梯扶手、床围栏等高频接触的表面，可用有效氯 250～500 mg/L 的含氯消毒剂进行擦拭。

对各类生活、学习、工作场所(如活动室、睡眠室、盥洗室、教师办公室、音乐室、洗手间等)等加强通风换气。每日通风不少于 3 次，每次不少于 30 分钟，也可采用机械排风。如果使用空调，应当保证空调系统供风安全，保证充足的新风输入，全空气系统应关闭回风。

应当加强对各类生活、学习、工作场所地面和公共区域设施等场所的清洁，定期消毒并记录。可使用有效氯 500 mg/L 的消毒剂进行擦拭。

加强饮食卫生。做好餐车、餐(饮)具的清洁消毒工作，餐(饮)具应当贴名，一人一具一消毒。餐(饮)具去残渣、清洗后，煮沸或流通蒸汽消毒 15 分钟；或采用热力消毒柜等消毒方式；或采用有效氯 250 mg/L 的消毒剂浸泡 30 分钟，消毒后应当将残留消毒剂冲洗干净。食堂工作人员的工作服应当定期洗涤、消毒，可煮沸消毒 30 分钟，或先用有效氯 500 mg/L 的消毒剂浸泡 30 分钟，然后常规清洗。

加强饮水卫生和手卫生。饮水设施应每天进行必要的清洁，每天对出水龙头至少消毒一次。确保操场、厕所、食堂、宿舍等场所或附近洗手设施运行正常。

加强婴幼儿个人用品的消毒，包括玩具、毛巾等，用有效氯250 mg/L 的消毒剂浸泡 30 分钟，再用清水冲洗干净，放在通风处晾干。

加强托育机构的垃圾分类管理。垃圾日产日清。日常使用的废弃口罩按生活垃圾处理。做好垃圾盛装容器的清洁和消毒工作，可用有效氯 500 mg/L 的消毒剂定期进行消毒。

学习笔记

扫一扫

想要了解教室清洁与消毒的相关内容，请扫二维码。

扫一扫

想要了解卧室清洁与消毒的相关内容，请扫二维码。

拓展阅读

使用紫外线灯消毒的注意事项

在使用过程中，应保持紫外线灯表面的清洁，一般每周用酒精棉球擦拭一次。

用紫外线灯对室内空气消毒时，房间内应保持清洁干燥，减少尘埃和水雾。

用紫外线灯对物品表面消毒时，应直接照射其表面，且达到足够的照射剂量。

用紫外线直接照射消毒，人不得在室内，特别要防范老人和孩子误入紫外线灯工作区。

做好使用记录，每半年测定辐射强度一次，并做记录。

用紫外线灯隔离人群消毒 30 分钟，消毒完毕后空气流通 30 分钟是安全的。

拓展阅读

紫外线灯消毒操作人员的个人防护

在没有防护措施的情况下，短波紫外线会对人体造成直接伤害：人的眼睛与皮肤暴露在紫外线灯的光线下不能超过 3 分钟。

如果直接照射 15 分钟，会使眼角膜损伤导致电光性眼炎，双眼突然剧烈疼痛，有异物感，畏光、流泪或眼睑痉挛等。

长期照射会损害眼睛及皮肤，导致眼部创伤及皮肤严重灼伤，并可能导致皮肤癌。用紫外线灯消毒时，操作人员一定要佩戴防护装备，如利用多功能防护眼镜对眼睛进行保护，千万不可直接被照射；同时也应避免皮肤接触到紫外线的辐射。

扫一扫

想要学习消毒液的配制的流程，请扫二维码。

拓展阅读

消毒液配制的注意事项

1. 含氯消毒液使用时应注意现用现配。
2. 做好个人防护。消毒人员在配置和使用化学消毒剂时应做好个人防护，穿工作服，戴长袖橡胶手套、护目镜和口罩。消毒完成后立即洗手。若不慎溅入眼睛，应立即用水清洗，严重者应就医。
3. 置于阴凉、干燥处密封保存，远离火源。避免儿童接触。不可与洁厕灵等同时使用。
4. 根据实际情况，正确选择经济、方便、有效的消毒方法。
5. 按照说明书配制消毒液，确保消毒液在有效期内使用，消毒药械应符合国家消毒产品的相关要求。
6. 酒精等消毒液使用、存放时应远离火源。

学习效果检测

一、思考题

1. 请说出手卫生的概念。
2. 请说出手卫生的指征。
3. 请列举出三种以上托育机构环境和物品预防性的消毒方法。
4. 请说出预防性消毒的定义及步骤。

二、实践应用

1. 4～5 名同学组成一个小组，相互检查七步洗手法是否正确。
2. 4～5 名同学组成一个小组，相互检查换尿布的方法是否正确。
3. 4～5 名同学组成一个小组，参观一个托育机构，观察托育机构的预防性消毒是否到位。
4. 4～5 名同学组成一个小组，模拟托育机构发生传染病后的消毒措施。

三、案例分析

某托育机构的保健员在班级每日健康观察时，发现婴幼儿相继出现口腔、手、足等不同部位有疱疹，部分伴发热、咳嗽、呕吐等症状。他立刻采取相应措施，并通知其家长及时送到医院就诊。对疑似病例的班级采用含氯消毒剂消毒，同时启动教室紫外线消毒。玩具、桌椅、门把手、水龙头等每天进行擦拭或浸泡消毒。

请从传染病防控的角度评价保健员采取的措施是否合理。

学习任务三
护理与急救

学习初体验

观察当地托育机构的保健员对孩子的护理方法。对于托育机构，保健员需要掌握哪些护理技术，以及意外伤害的预防？有没有需要改进的地方？应该怎样改进？请记录你的观察和结论，学完本任务后再来看看最初的记录。

学习任务单

项目	内容
学习目标	学完本任务后，你应该能够 ①叙述托育机构婴幼儿疾病的常见症状，并能根据不同的疾病症状选择合适的护理方法。 ②掌握托育机构婴幼儿常见的护理技术，示范具体的操作方法。 ③陈述托育机构常见的意外伤害，演示急救方法，根据不同的意外伤害类型选择恰当的急救措施。 ④通过实操体会婴幼儿护理和急救的专业性，培养生命至上的思想和关爱生命的职业情怀。
学习要点	本任务的重点、难点 ①掌握托育机构婴幼儿的常见护理和急救技术。 ②能根据常见疾病不同的症状展开护理。 ③能根据不同的意外伤害开展急救。
学习建议	学习前 ①完成本任务中的学习初体验活动。 ②查阅《托育机构管理规范(试行)》《托育机构婴幼儿伤害预防指南(试行)》等文件中的相关规定。 学习中 ①完成本任务中的相关活动。 ②观看相关的视频资料，并记录下自己的认识。 学习后 完成本任务后的学习效果检测。

续表

项目	内容
学习运用	你觉得在哪些工作场景中可以运用到所学知识？（学生填写）
学习反思	记录你在学习过程中的思考。（学生填写）

情景导入

学习笔记

午睡叫醒时间，20月龄的凡凡一直在睡觉，不愿起床，保育员张阿姨哄叫无果后就去照顾别的小朋友吃点心了。16点，奶奶来接凡凡，凡凡还睡在床上，奶奶一摸额头，说“我家凡凡发烧了”。张阿姨立即呼叫了保健员朱医生，测了体温39℃，给他喂了退热药后，奶奶就带着孩子去医院就诊了。奶奶表达了对托育机构照护者的不满情绪。

点心时间，26月龄的凯凯突然流鼻血，孩子们一阵恐慌。张阿姨一边安慰孩子们，一边给凯凯止血，但是凯凯一直哭，张阿姨非常紧张，便呼叫了保健员。保健员朱医生赶来后进行了处理，凯凯很快安静了，出血也止住了。朱医生询问了家长，家长诉说他的鼻子出血不止一次了，医院就医说没有大问题。

托育机构的婴幼儿常见疾病的症状有哪些？托育机构的照护者需要了解婴幼儿的疾病及护理知识吗？婴幼儿的常见意外伤害有哪些？照护者需要了解并掌握意外伤害的急救知识和技能吗？本部分将围绕托育机构婴幼儿的疾病护理及急救展开，主要关注婴幼儿常见疾病的症状与护理以及常见意外伤害的预防与处理等。

一、 常见疾病的症状与护理

婴幼儿语言和认知能力的发展有限，照护者需要用心观察婴幼儿的各种症状体征，及时发现异常，做到疾病的早发现和早治疗。托育机构提供的是针对0～3岁婴幼儿的保育和保健服务，因此，照护者必须熟悉常见婴幼儿疾病的症状及可能的病因，并掌握常见疾病症状的护理和预防措施。

（一）发热

正常婴幼儿的耳温为 36.4～37.8℃，腋表体温为 36～37℃(肛表测得的体温比口表高约 0.3℃，口表测得的体温比腋表高约 0.4℃)，腋表若超过 37.3℃则为发热，体温超过 39℃为高热，超过 41℃称超高热。发热患儿可表现为精神状态不佳，嗜睡、面色潮红、哭闹等。

1. 致病因素

①感染性发热：呼吸道系统感染，其他系统如肠道感染、泌尿系统感染等；全身性感染如伤寒、真菌感染等。

②非感染性发热：风湿性疾病，产热过多如甲状腺功能亢进、癫痫状态等；散热减少如广泛性皮炎、大量失水等；其他如小儿积食、药物中毒等。

2. 日常护理

第一，鼓励患儿多饮水，给他们提供营养丰富、清淡、易消化的食物。让他们多吃富含维生素的食物，少食油腻、煎炸食物。

第二，及时采取正确、合理的降温措施。

①物理降温：可采用退热贴敷前额、温水擦浴等方法。

②必要时按医嘱采用药物降温，严格按照家长的嘱托或者保健员的医嘱喂服。

③若超高热应及时送医院。

④可以适当降低环境的温度，如冬季降低室内的空调温度。

第三，监测体温，密切观察体温的变化及其伴随症状，高热患儿降温处理后半小时到 1 小时测体温，并密切观察其精神状态及出汗情况。如果患儿的精神状态很差，甚至抽搐、昏迷，在通知家长的同时，及时送医院。

第四，让患儿卧床休息，如果他们出汗较多，应及时给他们更换衣服及被褥，防止受凉。

第五，预防抽搐：要掌握班内所有婴幼儿的信息，了解他们有无发热抽搐史，如果有发热抽搐病史，一旦出现发热，及时通知家长，并通知保健员降温处理。

拓展阅读

物理降温

物理降温是指运用物理方法给发热的婴幼儿降低体温的一种方法。温水擦浴是常用的一种物理降温方法。

擦拭方法：

1. 38.5℃以下的发热采用温水擦浴的效果显著。
2. 在大血管暴露处如腋窝、肘窝、腹股沟、腋窝加强按摩 3～4 分钟，禁止擦拭心前区、腹部、后项部。
3. 擦拭时，足底可以放置温水袋。
4. 水温选择 38～40℃，以不烫手为宜。

（二）咳嗽

咳嗽是机体的重要防御反射，反复剧烈咳嗽会影响休息、生活。咳嗽分为三种：急性咳嗽(小于 2 周)、迁延性咳嗽(2～4 周)、慢性咳嗽(大于 4 周)。

1. 致病因素

①生理解剖的异常，如气管狭窄、气管食管瘘、支气管软骨化。

②犬吠样咳嗽或刺激性咳嗽，常提示喉支气管炎。

③呼吸道感染后咳嗽。

④上气道咳嗽综合征。

⑤胃食道反流，是夜间咳嗽的一种。

⑥咳嗽变异性哮喘。

⑦毛细支气管炎、肺炎、支气管哮喘。

2. 日常护理

①给予易消化饮食，多喂水，让患儿多吃蔬菜水果，补充维生素。耐心喂养，少量多餐，喝奶时防止呛咳。

②保持室内空气新鲜，温湿度适宜。

③气温变化时及时让患儿增减衣服，避免受凉。

④让患儿保持安静，避免剧烈哭闹加重病情。

⑤午睡时让患儿半卧位或者头高位以利于呼吸。

⑥发现患儿呼吸困难及时通知家长并送医院。

⑦及时给患儿叩背，利于痰液排出。

叩背排痰： 通过胸壁振动使附着在肺、支气管内的分泌物通过患儿咳嗽排出体外。

方法：

1. 时间在餐前 30 分钟或者餐后 2 小时。避免呕吐。
2. 叩背的手应微微蜷起，呈空杯状。
3. 叩背顺序应由下到上、由外到内，两侧交换。
4. 叩背时避开脊柱和肾区。

（三）腹泻

腹泻是一种由多因素引起的以大便次数增多、大便形状改变为特点的消化道疾病。

1. 致病因素

①感染性因素主要考虑细菌、真菌、病毒等病菌感染。

②非感染性因素主要考虑饮食不当、气候变化、腹部受凉等。

2. 日常护理

第一，进食粥、面条加蔬菜末等，少量多餐，腹泻严重时进食米汤；暂停添加辅食，腹泻停止后，逐渐恢复正常饮食。

第二，若发现以下情况，应及时送医院。

①观察患儿的意识、精神状态、尿量等。是否有精神萎靡、嗜睡、尿量减少等症状。

②观察患儿有无精神萎靡、呼吸深快、口唇樱红等代谢性酸中毒的表现。

③观察患儿是否有精神萎靡、喝奶费力、腹胀、四肢无力、呼吸不规则等低钾表现。

④出现呕吐，大便次数增多及大便呈水样。

学习笔记

第三，根据家长的嘱托正确喂服药物。

第四，加强基础护理。

①每次便后及时更换尿不湿，用温水清洗臀部并擦干，衣裤被污染时及时更换。

②做好消毒隔离，防止交叉感染。

拓展阅读

消毒隔离方法

1. 护理患儿前后正确按照七步洗手法洗手。
2. 食具、衣物、尿布应专用，使用后消毒。
3. 给腹泻的孩子更换纸尿裤后及时处理。
4. 如果出现呕吐，呕吐物先用吸水性好的棉布或纸张吸附并弃去，然后局部消毒。

学习笔记

（四）红臀

红臀是婴儿臀部皮肤长期受尿液、粪便及漂洗不净的湿尿布刺激，摩擦或局部湿热引起的皮肤潮红、溃破等，又称尿布皮炎，多发生在外生殖器、会阴及臀部。

1. 致病因素

婴儿皮肤表皮的角质层发育不完善，在尿液、粪便、潮湿环境和尿布摩擦的刺激下，皮肤表皮结构及皮肤屏障功能被破坏，继发细菌、真菌感染，从而导致红臀的出现。

2. 日常护理

①保持臀部清洁、干燥，勤换纸尿裤。

②便后及时清洗臀部，并涂护臀膏。

③勿用油布或塑料布直接包裹患儿的臀部。

④若出现轻度红臀，加强护理的同时，配合使用药膏按时涂擦。

二、 常见意外伤害的预防与处理

在托育机构中，婴幼儿由于乏自身保护能力或客观因素和条件所限等容易发生擦伤、跌伤、烫伤、异物窒息等意外事故。

托育机构的照护者应有较强的安全意识和对潜在事故的预见性，关注婴幼儿生活的每一个细小环节，若发现危险的苗头，应及时加以处理，并掌握初步的对意外事故的急救处理方法。

（一）流鼻血

流鼻血是一种常见的鼻腔疾病。不足 2 岁者，鼻中隔易出血区(利特尔区)尚无特殊血管结构，因此流鼻血较为少见；2 岁时该处逐渐出现岛状血管网，3 岁以后形成典型的扇形血管网，加之幼儿喜欢挖鼻孔等不良习惯导致流鼻血频率在 2 岁后增加。

学习笔记

1. 原因

外伤、挖鼻孔损伤鼻黏膜、鼻腔异物、鼻炎等。

2. 处理方法

①安慰婴幼儿，使婴幼儿放松，头部略前倾，张口呼吸。

②压迫出血侧鼻翼 10 分钟，同时用湿毛巾冷敷婴幼儿鼻子的根部和前额。

③出血后 2～3 小时内不做剧烈运动。

④出血较多，用脱脂棉卷，塞入鼻腔，填塞紧些才能止血。

⑤若以上处理无法止血，应及时送医院处理。

3. 预防

①教育婴幼儿活动时注意安全，同时注意避免活动区域的桌角、凳角，可以给予软包装。

②在婴幼儿自由活动时，照护者要做好监管。人员配比适宜。

③教育婴幼儿不要用手挖鼻孔。

④培养婴幼儿良好的饮水习惯。

（二）跌倒擦伤

1～3 岁幼儿因为其生理和心理特点，处于好动、好奇的年纪，是容易发生各种意外的时期。日常活动中最容易发生的就是跌倒擦伤。

1. 原因

婴幼儿由于身体发育特点，跌倒后很容易头先着地。

2. 处理方法

第一，皮下出血、瘀青、红肿：冷/冰敷 5～10 分钟，使血管收缩，止血、消肿、缓解疼痛。24 小时后热敷，消肿。血肿部位不要用手去揉。头部摔伤后虽然未见出血，但要对婴幼儿进行 24 小时密切观察，防止颅内出血的发生。

第二，破皮出血：检查伤口大小、深度、有无污染。对伤口进行冲洗，然后用棉签蘸碘伏从伤口中心向周围画圈涂抹，涂抹面积要大于伤口边缘 5～10 厘米，暴露伤口。

第三，如果出现以下症状，应及时送往医院。

①受伤后有恶心、呕吐的现象。

②受伤后有意识丧失的现象，或正处于意识丧失的状态。

③头部剧烈疼痛。

④眼、耳、鼻周围有出血症状。

⑤有抽搐、言语障碍等症状。

第四，教育幼儿摔伤头部后务必及时告诉照护者。

3. 预防

①地面应平整、防滑、无障碍、无尖锐突出物，并宜采用软质地坪；清除可能绊

学习笔记

倒婴幼儿的家具、电线、玩具等物品。

②楼梯处装有楼梯门，确保婴幼儿不能打开。

③规范安装娱乐运动设备，设备周围的地面使用软质铺装。

④婴幼儿床有护栏。

⑤在窗户、楼梯、阳台等周围不摆放可攀爬的家具或设施。

⑥墙角、窗台、暖气罩、窗口竖边等阳角处应做成圆角，家具选择圆角或使用保护垫。

⑦照护者与家长沟通，为婴幼儿选择适宜活动的鞋、衣服等。

⑧为婴幼儿换纸尿裤、衣物时，照护者应专心看护，始终与其保持近距离，中途不能离开。

⑨在婴幼儿使用娱乐运动设备过程中或上下楼梯时，照护者应加强看护，与其保持较近距离并确保婴幼儿在视线范围内。

⑩在婴幼儿运动前，照护者对运动环境、设备设施进行安全性检查。

（三）异物

1. 气管异物

气管异物也称异物吸入，是指异物不慎被吸入呼吸道，可能停留在呼吸道内的任何部位，重者可造成窒息死亡。大多发生在学龄前儿童，以婴幼儿多见。

(1)原因

婴幼儿的咀嚼及喉反射功能不健全；喜欢将小玩具或食物含在口中，在突然惊吓、哭闹、嬉笑时，易将口含物吸入；会厌软骨发育不成熟。

(2)处理方法

海姆立克急救法是目前最常用、最简单易学的解决呼吸道异物堵塞的方法。在这个过程中，还要观察孩子的脸色和嘴唇的颜色，一岁以上的儿童和成人都适用这种方法。需要注意的是，海姆立克抢救不是越用力越好。力度太大也会对孩子造成伤害。

2. 其他部位的异物的处理

(1)鼻腔异物的处理

①用手按压没有异物的一侧鼻孔，让婴幼儿做擤鼻涕的动作。

②用棉花或纸捻刺激鼻腔，使其打喷嚏，将异物喷出。

③勿用手挖或用镊子钳，那会使异物通向鼻腔深处。

④若无法取出，及时送医院处理。

(2)眼部异物的处理

①用冷开水冲洗，或用消毒棉签蘸生理盐水将异物拭去。

②勿用手揉擦眼睛，避免擦伤角膜引起感染。

③若无法取出，及时送医院处理。

(3)消化道异物的处理

有任何消化道异物，及时送医院处理，避免处理不当，造成二次伤害。

3. 预防

①将硬币、电池、小磁铁等小件物品放置在婴幼儿接触不到的区域。

②使用玩具、儿童用品等前后，检查有无零件、装饰物、扣子等破损、脱落或丢失。

③定期检查家具、娱乐运动设备有无易掉落的零件、装饰物等，若有将它们固定。

④及时收纳可能被婴幼儿放入口、鼻、耳等身体部位的小件物品。

⑤及时制止婴幼儿把硬币、电池等小件物品放入口、鼻、耳等身体部位的行为。

⑥选择适龄玩具，不提供含有小磁铁、小零件等的玩具。

（四）烫伤

在日常生活中，婴幼儿烫伤的情况较为常见。当发生烫伤时，照护者应及时进行急救处理，最大可能减少烫伤对婴幼儿的伤害。

1. 原因

婴幼儿好奇、好动，对外界环境的认知探索一般通过手碰触获得。若照护者监管不力，就可能会导致婴幼儿碰洒盛放热汤、热水、热菜的容器等，从而发生烫伤。

2. 处理方法

①立即脱离热源，先不要脱去衣服，冷水冲淋或浸泡 10～20 分钟，降低局部皮下组织的温度后，再脱衣服处理。

②若衣服和皮肤有粘连，不要强行剥离，用剪刀剪掉粘连周围没有粘牢的衣服，用干净的被单包裹后送医院。

③若皮肤未破，可涂烫伤膏，有水疱不能挑破，送医院处理。

3. 预防

①设置热水器出水的最高温度应低于 45℃。

②设置专门区域存放热水、热饭菜、温奶器、消毒锅等物品，专用房间放置开水炉，并设置防护措施防止婴幼儿接触；使用门栏或护栏等防止婴幼儿误入厨房、浴室等可能造成烫伤的区域。

③桌子、柜子不使用桌布等覆盖物，以避免婴幼儿拉扯桌布，使热源物倾倒、坠落。

④对化学用品、打火机、火柴等物品专门保管并上锁。

⑤婴幼儿饮食、盥洗前应先检查温度。

⑥加热、取放热物时观察周围有无婴幼儿，避免因碰撞、泼洒造成烫伤。

⑦安全使用暖水袋等可能造成婴幼儿烫伤的用品。

学习笔记

想一想

如果烫伤，你会怎样处理？如果是托育机构的孩子烫伤，你又会怎样处理？

学习笔记

拓展阅读

烫伤

烫伤是指单纯由热水、蒸汽、火焰等高温所造成的热烧伤。婴幼儿的好奇心强、对危险因素的认知能力不足，在日常环境中存在危险因素时容易发生烫伤意外。严重时可造成局部和全身严重伤害，甚至致残、致死。

婴幼儿烫伤的程度取决于烫伤的方式和烫伤面积。皮肤受高热后(超过 60℃)，组织内蛋白即可发生凝固，以致细胞坏死。一般皮肤与 70℃热物接触 1 秒即可发生水疱，新生儿常因 50℃的热水袋烫伤。严重烫伤者可出现休克。

学习笔记

（五）惊厥

惊厥是指全身或局部骨骼肌群突然发生不自主收缩，常伴有意识障碍，多见于婴幼儿。临床表现为突然意识丧失，头向后仰，面部及四肢肌肉呈强直性或阵挛性收缩，眼球固定、上翻或斜视，口吐白沫，牙关紧闭，面色青紫，部分患儿大小便失禁。

1. 原因

感染性疾病，如脑膜炎、败血症等；非感染性疾病，如癫痫、脑占位性病变等。

2. 处理方法

要镇定，保持安静，不要摇晃，禁止给患儿不必要的刺激。让患儿立即就地平躺，解开患儿的衣领，头侧向一边，擦去口鼻腔分泌物，使患儿呼吸通畅。若牙关紧闭，不要强行掰开，不要去掰僵硬的四肢，避免造成骨折或外伤。可以用拇指按压人中穴或合谷穴，注意不要太用力，避免损伤皮肤，给患儿带来不必要的痛苦。必要时送医院或者拨打 120。

3. 预防

①充分沟通了解婴幼儿的身体情况，尤其是既往有无惊厥史。

②随时观察班里婴幼儿的一般情况，如精神状态、体温，如有发热，及时处理。

（六）食物中毒

食物中毒可以表现为恶心、呕吐、腹部不适，如腹胀、腹痛，有时会出现急性腹泻。

1. 原因

①细菌性食物中毒。食物在制作、储存、运输及出售时被细菌及其毒素污染。常见的细菌有沙门氏菌等。

②真菌性食物中毒，指有毒的真菌污染食物致中毒。

③有毒的动植物中毒。食物本身含毒，人们食用后发生中毒。

④化学性食物中毒。食物中掺杂有毒的化学物质等引起中毒。

2. 处理方法

①停用可疑食物，并留样存冰箱。

②如果估计食物中毒发生的时间在 2～4 小时，可对患儿进行催吐，使胃内残留的

食物尽快排出，防止毒素的进一步吸收。

③如果进食时间在 4 小时以上，可给患儿吞饮淡盐水，以稀释进入血液的毒物，并配合指压的方法催吐。

④简单处理后，送医院做进一步诊治，以免延误病情。

3. 预防

①患儿带药时，必须由家长对所带药物进行登记，注明药品的名称、服用剂量、什么时间服用，并签名。患儿的药物放在班级药箱或者药柜里，药箱放在婴幼儿拿不到的地方，由照护者统一管理，避免误服。

②班级的消毒物品，如 84 消毒液、洁厕洗污用品、灭蚊剂等要放在高处的储物柜里，严禁出现在洗手间、卫生间，由照护者负责管理。

（七）溺水

溺水为一个因水进入而导致呼吸损伤的过程。常见的婴幼儿溺水地点有浴缸、水盆、水桶等室内设施和池塘、游泳池等室外场所。溺水的症状因溺水程度而不同，重度的溺水者若抢救不及时，很快就会死亡。照护者必须争分夺秒地进行现场急救，切不可急于送医院而失去宝贵的抢救时机。

1. 原因

婴幼儿溺水最主要的原因是意外落水。

2. 处理方法

①以最快的速度脱离水源，紧急呼救，拨打 120。

②评估意识：对于 1 岁以下的婴儿，轻拍足底；对于 1 岁以上的幼儿，轻拍肩膀。

③注意保暖。

④若溺水的婴幼儿有呛咳，立即取侧卧位，拍背，让他自行咳出水。

⑤若溺水的婴幼儿有心跳但无正常呼吸，应立即清除异物，开放气道，给予人工呼吸。

⑥若溺水的婴幼儿心脏骤停且无正常呼吸，应立即进行心肺复苏。

3. 预防

①托育机构内的池塘、涉水景观等要安装护栏、护网。

②水盆、水桶等储水容器加盖，并避免婴幼儿进入储水容器的所在区域。用完水盆、水桶等后及时排水。

③保证婴幼儿在工作人员的视线范围内，避免婴幼儿误入有水区域。

④婴幼儿在水中或水边时，照护者应专心看护，始终与其保持近距离，中途不能离开。

（八）道路交通伤害

道路交通伤害是指道路交通碰撞造成的致死性或非致死性损伤。道路交通碰撞是指发生在道路上至少牵涉一个行进中的车辆的碰撞或事件。

学习笔记

学习笔记

1. 原因

①婴幼儿的安全意识淡薄，不遵守交通规则。

②存在道路安全缺陷，如道路线形损坏、路面不平整、交叉口视线不清晰、交通设施不完善等。

③在接送时间点，局部区域拥挤。

2. 处理方法

在救护工作中，时间就是生命。救护人员要珍惜每一秒，火速急救，护送患儿到医院。

①立即拨打 120。

②首先判断婴幼儿有无呼吸和心跳，意识是否清醒。

③保持呼吸通畅，对心脏骤停或休克的婴幼儿应立即进行现场抢救，待伤情稳定后转送医院继续救治。

④对外伤出血、骨折的婴幼儿，应及时处理，妥善固定，尽早转送医院继续治疗。

⑤对怀疑有脊柱损伤的婴幼儿，搬运时必须十分小心，可采用担架搬运、平抱平抬搬运或多人搬运法，切忌一人抱头，另一人抬脚。

3. 预防

①托育机构内婴幼儿活动区域与车辆行驶和停靠区域分隔开。

②托育机构出入口设立专门安全区域。

③托育机构出入口与道路间设置隔离设施。

④携婴幼儿出行时，应严格遵守道路交通法规。

⑤携婴幼儿出行时，密切看管并限制婴幼儿的随意活动。

⑥携婴幼儿出行时，给婴幼儿穿戴有反光标识的衣物。

⑦婴幼儿乘坐童车出行时，规范使用童车安全带。

三、 危重症的识别与处理

婴幼儿若出现以下症状，建议立即就诊。

①精神状态较平时差，进食量明显减少，不能喝水或喝奶。

②抽搐或囟门凸起。

③频繁呕吐。

④呼吸加快(1 分钟计数呼吸次数，＜2 月龄超过 60 次、2～12 月龄超过 50 次、2～3 岁超过 40 次)。

⑤鼻翼扇动、胸凹陷等呼吸困难，呼吸暂停伴紫绀。

⑥腹泻水样大便持续 2～3 天，大便带血，小便明显减少或无尿。

⑦眼窝凹陷或囟门凹陷，皮肤缺乏弹性，哭时泪少。

⑧脐部脓性分泌物多，脐周皮肤发红和肿胀。

⑨新生儿皮肤严重黄染(手掌或足底)、皮肤脓疱。

⑩眼或耳部有脓性分泌物。

学习效果检测

一、思考题

1. 婴幼儿发热的表现有哪些?

2. 咳嗽的日常护理有哪些?

3. 婴幼儿流鼻血的处理方法是什么?

4. 托育机构对婴幼儿烫伤的预防措施有哪些?

5. 托育机构如何预防婴幼儿溺水?

二、实践应用

1. 4～5名同学组成一个小组，选择一个托育机构，检查托育机构在溺水方面的预防措施是否到位。

2. 4～5名同学组成一个小组，在家长接送孩子时，检查托育机构在交通意外伤害方面的预防措施是否到位，有哪些需要加强的地方。

3. 以小组演示的形式实操不同年龄阶段的孩子发生异物窒息时的急救措施。

三、案例分析

苹果班里都是刚入园的24～36月龄的孩子。吃点心时间，大家都很开心，有的孩子一边玩一边吃，还有的孩子边跑边吃，实习照护者小丁一边帮圆圆梳头，一边说:“不要跑，不要跑，别摔着了。”现场很是热闹。

这样的点心时间存在什么问题? 有什么隐患? 照护者应该怎么做?

参考文献

[1]陈荣华，赵正言，刘湘云．儿童保健学(第 5 版)[M]．南京：江苏凤凰科学技术出版社，2017.
[2]崔焱，仰曙芬．儿科护理学(第 6 版)[M]．北京：人民卫生出版社，2017.
[3]戴耀华，王书荃，王小萍，等．玩出大能力：0～3 岁婴幼儿早期运动发展指南[M]．北京：中国妇女出版社，2019.
[4]冈萨雷斯-米纳，埃尔．婴幼儿及其照料者——尊重及回应式的保育和教育课程[M]．张和颐，张萌，译．北京：商务印书馆，2016.
[5]济南阳光大姐服务有限责任公司．母婴护理职业技能实训手册[M]．北京：高等教育出版社，2020.
[6]蒋一方．0～3 岁婴幼儿营养与喂养[M]．上海：复旦大学出版社，2011.
[7]凯西·罗伯逊．儿童早期教育中的安全、营养与健康[M]．刘馨，等译．北京：北京师范大学出版社，2018.
[8]康松玲，贺永琴．婴幼儿营养与喂养[M]．上海：上海科技教育出版社，2017.
[9]李健．婴幼儿运动技能的培养[J]．北京教育学院学报(自然科学版)，2011(2).
[10]刘大维．儿童动作协调能力的内涵、影响因素及其培养策略[J]．学前教育研究，2011(6).
[11]刘燕华．婴幼儿护理与习惯养成[M]．北京：北京理工大学出版社，2015.
[12]欧阳鹏程．幼儿居家精心照料[M]．上海：第二军医大学出版社，2005.
[13]潘建明，谢玉琳，马仁海．幼儿照护职业技能教材(初级)[M]．长沙：湖南科学技术出版社，2020.
[14]人力资源和社会保障部，中国就业培训技术指导中心．育婴员[M]．北京：海洋出版社，2009.
[15]深圳市深投幼教运营有限公司．幼儿园一日生活组织与实施[M]．北京：北京师范大学出版社，2016.
[16]宋彩虹．幼儿生活活动保育[M]．上海：华东师范大学出版社，2020.
[17]万钫．学前卫生学[M]．北京：北京师范大学出版社，2012.
[18]王俊，宋慧，刘苗．学前儿童保育学[M]．长沙：湖南师范大学出版社，2020.
[19]文颐．0—3 岁婴儿的保育与教育[M]．北京：高等教育出版社，2016.
[20]许琼华．幼儿生活护理与保健实务[M]．北京：中国人民大学出版社，2020.
[21]杨海河，游川．0～3 岁婴幼儿营养与喂养[M]．北京：北京师范大学出版社，2020.
[22]中国就业培训技术指导中心．保育员[M]．北京：中国劳动社会保障出版社，2021.